AF369392

LES
GRANDES INVENTIONS
SCIENTIFIQUES ET INDUSTRIELLES
CHEZ LES ANCIENS ET LES MODERNES

PARIS. — IMPRIMERIE DE CH. LAHURE ET Cie

Rues de Fleurus, 9, et de l'Ouest, 21

LES
GRANDES INVENTIONS

SCIENTIFIQUES ET INDUSTRIELLES

CHEZ LES ANCIENS ET LES MODERNES

PAR

LOUIS FIGUIER

OUVRAGE DESTINÉ

A SERVIR DE LIVRE DE LECTURE DANS LES ÉCOLES PRIMAIRES

ET DANS LES CLASSES D'ADULTES

PARIS

LIBRAIRIE DE L. HACHETTE ET Cⁱᵉ

RUE PIERRE-SARRAZIN, Nᵒ 14

1859

AVERTISSEMENT.

Les ouvrages destinés à servir à la lecture courante,
dans les écoles primaires et dans les classes d'adultes,
n'ont guère eu jusqu'ici pour sujet que la morale et l'histoire. Il nous a paru que l'exposé élémentaire des
grandes inventions scientifiques et industrielles chez les
anciens et les modernes, remplirait le même objet avec
beaucoup d'avantages. Les préceptes de la morale, les
beaux traits de l'histoire sacrée ou profane, les précieux
enseignements qui résultent de l'étude et de la médita-
tion des chefs-d'œuvre des anciens, sont, sans nul
doute, ce qui doit être mis constamment sous les
yeux de la jeunesse; mais, le séjour dans les écoles
étant d'une assez longue durée, il en résulte que les
mêmes livres doivent repasser plus d'une fois entre les

mains des élèves. Une certaine variété dans ce genre d'ouvrages ne peut donc être une circonstance indifférente, tant pour l'écolier que pour l'instituteur. Pour réaliser cette variété dans les lectures, on ne saurait trouver une matière plus intéressante que l'histoire et la description des grandes inventions scientifiques dans lesquelles éclate toute la grandeur du génie humain. L'histoire de l'imprimerie, celle de la machine à vapeur, celle de l'électricité, etc., doivent nécessairement offrir un vif attrait à l'esprit de jeunes lecteurs.

Il serait superflu d'insister longuement sur l'utilité du modeste ouvrage que nous présentons au public des écoles. Les jeunes gens sont appelés à retrouver partout, à l'issue de leurs études, ce qui fait la matière de ce livre. L'ouvrier des fabriques, le cultivateur des campagnes, l'employé, le commerçant, auront constamment à recourir à la machine à vapeur, à l'électricité, au gaz d'éclairage, etc., car la science a partout aujourd'hui pénétré dans la vie commune. Il est donc indispensable de se familiariser dès l'enfance avec les sciences qui nous rendent tant de services dans le cours de notre vie. Dans les loisirs de son labeur quotidien, l'ouvrier de la ville ou des champs aimera à relire le livre qui, dès l'école primaire, lui a fourni les premiers renseignements positifs sur ce qui fait l'objet de son travail habituel.

Les *livres de morale*, les *contes instructifs*, qui forment le plus grand nombre des ouvrages destinés à servir de lecture dans nos écoles, donnent aux enfants la notion du bon et du beau ; les lectures sur les sciences positives leur donnent la notion du vrai. Ainsi ces deux genres d'ouvrages concourent au même but ; ils portent les jeunes esprits à la contemplation du beau, du bon et du vrai, c'est-à-dire à l'adoration du divin auteur de toutes choses.

Loin d'être un obstacle au développement des idées religieuses, l'étude des sciences a pour résultat d'élever notre âme à Dieu par l'admiration raisonnée des merveilles de la création et des bienfaits que sa bonté nous prodigue. Dans une circonstance solennelle, à l'inauguration du chemin de fer du Midi, le 2 avril 1857, un membre éminent de l'épiscopat français, Mgr le cardinal Donnet, archevêque de Bordeaux, s'exprimait en ces termes, en parlant des grandes découvertes de la science moderne : « Célébrer ces découvertes, en marquer l'in-« fluence, ce n'est pas une œuvre étrangère à la reli-« gion : la science, dans ses applications populaires, a « été et sera toujours un des objets de sa touchante « prédilection. » Il n'y a rien à ajouter à ces paroles de notre illustre prélat.

L'exposé élémentaire de quelques-unes des questions considérées dans cet ouvrage n'était pas sans offrir certaines difficultés. Nous nous sommes efforcé de les présenter sous la forme la plus aisément accessible à de jeunes intelligences. Quatre-vingt-six figures distribuées dans le courant du texte nous ont permis d'abréger et de rendre plus claire la description des appareils qu'il importait de faire connaître. Nous avons mêlé à ces notions quelques détails biographiques sur les principaux auteurs des grandes inventions scientifiques et industrielles, convaincu que la vie et les combats des savants illustres qui ont enrichi l'humanité du fruit de leurs travaux immortels, est un des plus dignes exemples que l'on puisse offrir aux méditations de la jeunesse.

LES
GRANDES INVENTIONS

SCIENTIFIQUES ET INDUSTRIELLES

DES TEMPS ANCIENS ET MODERNES.

I

L'IMPRIMERIE.

Époque de la découverte de l'imprimerie. — L'imprimerie, c'est-à-dire l'art de multiplier rapidement et à bon marché les copies d'un même livre, et de rendre ainsi accessibles à tout le monde les produits de l'intelligence et de la pensée, a été découverte et mise en pratique au milieu du xvᵉ siècle. On ne saurait rapporter à aucune époque antérieure l'origine de cette invention immortelle, car les Chinois et quelques autres peuples de l'Europe, auxquels on a voulu l'attribuer, n'ont jamais fait usage que des moyens de reproduction qui servent à obtenir les estampes, c'est-à-dire de tablettes de bois gravées en relief ou en creux. La mobilité et la fonte des caractères sont le fondement de l'imprimerie; or, ce n'est qu'au milieu du xvᵉ siècle, vers 1450, c'est-à-dire quarante années avant l'époque de la découverte de l'Amérique (1492), que les caractères mobiles et la fonte de ces caractères ont été imaginés par le génie de Gutenberg.

Avant le xve siècle, l'imprimerie était inconnue ; on ne se servait que de manuscrits, et voici comment s'exécutaient ces manuscrits qui, en très-petit nombre, composaient la bibliothèque des cloîtres et des châteaux.

Le *libraire* qui était un *homme instruit en toutes sciences*, confiait au copiste le manuscrit à reproduire ;

Le *parcheminier* préparait les peaux douces, reluisantes et polies sur lesquelles l'*écrivain* exécutait son travail ;

L'*artiste* rehaussait les pages du manuscrit de peintures et de dorures ;

Le *relieur* réunissait les feuilles du livre, qui revenait dès lors, à l'état d'achèvement, entre les mains du *clerc-libraire*.

On comprend d'après les travaux multipliés que nécessitait son exécution, qu'un livre constituât à cette époque un objet rare et précieux. On le serrait dans un coffre richement sculpté, ou bien on l'attachait, au moyen d'une chaîne, au pupitre de lecture. Beaucoup de ces manuscrits valaient plus de 600 francs de notre monnaie. Ils avaient pourtant fini par rendre peu de services, car les copistes multipliaient tellement les abréviations, que es savants eux-mêmes avaient quelquefois de la peine à les lire.

Impression tabellaire. — Dans les premières années du xve siècle, le désir de s'instruire devenant de plus en plus général, et le prix élevé des manuscrits étant un obstacle presque insurmontable à la satisfaction de ce désir, on eut l'idée de graver sur une planche de bois des cartes géographiques, des figures de dévotion, etc., que l'on accompagnait d'une courte légende explicative. On recouvrait ces planches d'encre grasse, et on y appuyait dessus des feuilles de parchemin ou de papier, sur lesquelles on transportait, par cette pression, les signes gravés sur le bois. Peu après, la longueur de la légende ainsi gravée augmenta ; on finit par reproduire par ce moyen des pages entières. Une *Bible des pauvres* imprimée par ce procédé parut dans les premières années du xv⁰ siècle.

Ce mode primitif d'*impression tabellaire* fut, dit-on, connu des Chinois dès le xiii⁰ siècle de notre ère. Mais ces simples tables de bois sculpté ne sauraient être considérées comme les débuts de l'imprimerie qui a pour base essentielle la mobilité des caractères.

Gutenberg. — Jean Gutenberg, le père de l'imprimerie, naquit à Mayence en 1409, d'une famille noble de cette cité allemande. Il passa une partie de sa jeunesse dans la maison paternelle. Cette maison était décorée de sculptures et d'ornements allégoriques, selon l'usage des imagiers en pierre du moyen âge. Au-dessus de la porte d'entrée principale, était sculptée la tête d'un taureau colossal, avec cette inscription : « *Rien ne me résiste.* » Cette devise inscrite au front de la *maison du taureau noir* de Mayence, devint celle de Gutenberg ; et n'est-elle pas aussi celle de l'imprimerie ?

A 15 ans, Jean Gutenberg ayant perdu son père, qui ne lui laissait pour héritage qu'une petite rente, quitta Mayence, et se rendit à Strasbourg. C'est là que lui vint, pour la première fois, la pensée de créer l'art nouveau de multiplier les manuscrits à l'aide d'un moule unique qui, recouvert d'encre grasse, permettait d'obtenir sur le papier un nombre indéfini de reproductions du texte. Pendant 10 ans, il travailla seul à Strasbourg, cherchant le *grand arcane*, *l'invention merveilleuse*, en un mot l'imprimerie. Déjà parvenu à d'importants résultats, mais obligé par ses recherches à beaucoup de dépenses, il associa à ses travaux trois bourgeois de la ville qui devaient fournir les fonds nécessaires à la continuation de l'entreprise.

Ces dix ans de travaux avaient porté des fruits précieux : Gutenberg était parvenu à graver facilement des lettres métalliques mobiles ; mais il restait à obtenir un métal ou un alliage convenable pour la confection de ces lettres et pour l'usage auquel on les destinait. Le fer était trop dur : il perçait le papier ; le plomb trop mou : il s'écrasait sous l'effort de la presse. Quant au bois, il n'aurait offert ni la force ni la durée nécessaire pour un tel emploi. Il fallait donc, au moyen de l'alliage de certains métaux, obtenir des caractères pourvus du degré de dureté convenable et susceptibles d'être coulés dans des moules.

L'inventeur touchait au but ; mais les nombreuses dépenses occasionnées par tant de travaux et d'essais avaient ruiné ses courageux associés. Pour arriver à créer l'œuvre glorieuse qu'ils avaient entreprise, les associés de Gutenberg n'hésitèrent pas à vendre leurs meubles, leurs bijoux et même leur patrimoine. Aucune plainte ne sortit jamais de leur bouche, tant ils avaient conscience de la grandeur de l'œuvre et du génie de l'ouvrier qui la dirigeait.

Tout ce qui touche à l'histoire de la découverte de l'imprimerie est d'un si puissant intérêt, que nous inscrirons ici les noms des trois hommes qui aidèrent Gutenberg de leur fortune ou de leur intelligence pour enfanter ce grand art : c'étaient Heilmann, André Dryzehn et Riff.

Découragé par la mort de ses associés, arrivée sur ces entrefaites, poursuivi par ses créanciers, Gutenberg abandonna ses travaux et quitta Strasbourg.

Faust et Schœffer; mort de Gutenberg. — Revenu à Mayence, sa ville natale, et livré à ses propres forces, Gutenberg reprit le cours interrompu de ses travaux. Il dessine, grave, fond, essaye des alliages, fait de véritables essais d'impression. Mécontent de ses résultats, il recommence dans une direction nouvelle. Mais comme les ressources lui manquaient pour continuer son œuvre, il forma une nouvelle association avec Jean Faust.

Jean Faust était un riche orfévre de Mayence. Rusé et retors, il prêta de l'argent à Gutenberg, mais après avoir pris ses précautions pour attirer à lui tous les bénéfices de l'œuvre future. Pierre Schœffer était un jeune clerc très-instruit, un copiste d'une adresse inimitable, que Faust choisit bientôt pour son gendre.

On pense généralement que Gutenberg, ayant inventé les lettres mobiles en métal, n'était pas encore parvenu à combiner l'alliage nécessaire pour la perfection de son œuvre. Ce fut Pierre Schœffer qui réussit à produire, par l'union, faite en proportions convenables, du plomb et de l'antimoine, ce précieux alliage au moyen duquel on obtient des lettres aux fines arêtes, moins dures que celles de fer, mais d'une résistance suffisante à l'effort de la presse. Dès ce moment, l'imprimerie était créée.

Mais dès ce moment aussi, la scène changea. L'invention étant accomplie, et l'inventeur étant devenu désormais inutile, le perfide Faust ne songea plus qu'aux moyens de se débarrasser de Gutenberg. Créancier impitoyable, il force Gutenberg à abandonner les droits qui lui reviennent dans l'exploitation de sa découverte; il l'arrache à ses fourneaux, à ses presses, à son imprimerie. Réduit à la misère par l'ingratitude de Faust, le père de l'imprimerie fut forcé de quitter Mayence.

Après le départ de Gutenberg, Faust s'associe à son gendre Schœffer pour exploiter les produits de cet art nouveau. Il fait travailler avec ardeur à l'impression de livres, qu'il vend, sans scrupule, comme des manuscrits. A ses ouvriers, défiants et mécontents de sa conduite envers « le maître, » il fait jurer sur la Bible de garder le secret de cette fabrication. Pour mieux s'assurer leur silence, le vieil usurier leur fait souscrire des billets dont il retiendra le montant sur leur salaire en cas d'indiscrétion. Comme dernière garantie de sûreté, il établit ses ateliers au fond de sombres caves, et y tient ses ouvriers sous clef. Grâce à ces précautions, Faust put vendre à Paris un nombre considérable de livres que l'on prenait généralement pour des manuscrits. Mais au milieu de ses succès, la peste l'emporta.

Son gendre Schœffer, devenu propriétaire de l'imprimerie de Faust à Mayence, continuait à exploiter l'invention nouvelle, lorsque cette ville fut prise d'assaut et livrée au pillage. Schœffer périt dans ce désastre, et sa mort fut le signal de la dispersion de ses ouvriers. Cependant, son fils Jean Schœffer reconstitua, quelque temps après, l'imprimerie de Mayence.

Jean Schœffer n'imita pas la déloyauté de Faust envers le malheureux Gutenberg. Faust aurait peut-être réussi, par ses manœuvres perfides, à dépouiller Gutenberg aux yeux de la postérité de la gloire qui lui revient pour l'admirable création de l'imprimerie, si Jean Schœffer, qui avait succédé à son père Pierre Schœffer, n'eût écrit ce qui suit en tête d'un livre imprimé en 1505 et dédié à l'empereur Maximilien : « C'est à Mayence que l'art admirable de la typographie a été inventé par l'ingénieux Jean Gutenberg l'an 1450, et postérieurement amélioré et propagé pour la postérité par les travaux de Faust et de Schœffer. »

Gutenberg survécut deux ans à son associé Faust. Après avoir quitté Mayence, il erra pendant dix ans en proie à la misère, et l'on ne peut savoir aujourd'hui comment l'inventeur de l'imprimerie employa ces tristes années. Tout ce que l'on sait, c'est qu'en 1465, il n'avait pas de pain. Vers la fin de ses jours, il fut recueilli, par l'archevêque de Mayence, qui le mit au nombre de ses gentilshommes et lui fit une pension. Grâce à cette généreuse, mais tardive protection, Gutenberg put consacrer les dernières années de sa vie à perfectionner les procédés d'impression. Il mourut le 14 février 1468.

Développement de l'imprimerie. — Après la mort de l'inventeur de l'imprimerie, « les enfants de Gutenberg » comme on appelait les ouvriers imprimeurs, se dispersèrent sur divers points de l'Europe, disciples nouveaux de la science et du progrès. Ils allèrent s'établir à Cologne, à Augsbourg, à Nuremberg, à Bâle, etc. L'Allemagne, la Suisse et la France, virent bientôt s'ouvrir des imprimeries plus ou moins importantes.

L'invention de l'imprimerie fut accueillie avec faveur par la plupart des souverains de cette époque, qui méritèrent bien de l'humanité en favorisant les progrès d'une invention destinée à ouvrir les yeux des peuples aux lumières de la vérité et de la raison. Louis XI accorda des lettres de naturalité aux typographes allemands. Charles VIII admit l'imprimerie et la librairie à participer aux priviléges et prérogatives de l'Université. Louis XII confirmant ces priviléges, considère cette invention : comme plus divine qu'humaine, laquelle, grâce à Dieu, a été inventée et trouvée de notre temps. » François Iᵉʳ exempta les imprimeurs-libraires de tout service militaire.

Cependant cette ère d'encouragement pour l'imprimerie naissante n'eut pas une longue durée. En 1521, commença la censure des livres imprimés. Désormais aucun ouvrage ne put être imprimé avant d'avoir été examiné préalablement et approuvé par les délégués du roi. L'autorisation donnée au libraire portait le nom de *privilége*. On en trouve le texte à la fin de tous les anciens ouvrages.

La même année, des lettres patentes constituèrent le syndicat de l'imprimerie. Ses officiers, qu'on appelait *gardes de l'Université*, avaient mission de visiter les imprimeries, de s'assurer si les livres étaient imprimés correctement, en bons caractères, sur papier convenable, etc.

Pendant la révolution de 1789, tous les priviléges établis dans les siècles antérieurs en faveur des corporations professionnelles, comme en faveur des divers ordres de l'État, ayant été détruits, chacun put imprimer comme chacun pouvait parler et écrire. Mais sous l'Empire, la censure reparut et se montra très-rigoureuse.

Imprimeries célèbres. — L'imprimerie impériale de Paris a été fondée par Louis XIII, ou pour mieux dire par son ministre le cardinal Richelieu, qui l'installa au rez-de-chaussée et à l'entre-sol de la grande galerie du Louvre. En 1809, elle fut transportée dans l'ancien hôtel de Rohan, situé rue Vieille-du-Temple. C'est l'imprimerie la plus riche qui existe au monde pour la variété des caractères. Elle possède une collection complète de caractères grecs, hébreux, arabes, chinois, etc. Elle est organisée pour employer des milliers d'ouvriers, qui travailleraient à l'aise dans le vaste local qu'elle occupe et avec son admirable matériel. Cependant elle n'emploie ordinairement que 40 fondeurs, 200 compositeurs, 250 imprimeurs, 20 relieurs et 130 régleuses, brocheuses, etc. L'État y fait imprimer tous les ouvrages nécessaires aux services publics ; il y trouve des garanties de discrétion qui sont souvent d'une grande importance.

L'imprimerie impériale de Vienne mérite d'être citée, comme s'étant particulièrement distinguée dans notre siècle par l'adoption et la mise en pratique de tous les procédés propres à l'impression, qui sont issus des applications des découvertes de la science moderne. La photographie et la galvanoplastie ont reçu dans l'imprimerie impériale de Vienne de nombreuses applications, qui ont beaucoup ajouté aux ressources de l'art typographique.

Imprimeurs célèbres. — De l'année 1488 à 1580, florissait la famille des imprimeurs célèbres connus sous le nom des *Aldes*, et dont le chef avait pour nom *Alde Manuce*. Le chef de cette famille *Alde Manuce*, dit l'*Ancien*, fonda à Venise une imprimerie qui avait pour objet spécial de reproduire les chefs-d'œuvre de l'antiquité. Alde Manuce se plaça au premier rang des imprimeurs. Ses éditions ont l'autorité des manuscrits. La marque de son imprimerie est un dauphin enlacé autour d'une ancre. Paul Manuce et Alde Manuce, dit *le Jeune*, fils de Paul, continuèrent la gloire de leur père. Ils furent protégés par les papes et composèrent plusieurs ouvrages d'érudition.

Les Elzévir, imprimeurs hollandais, florissaient aux

xvie et xviie siècles. C'est à Bonaventure Elzévir, imprimeur à Leyde (1618-1653) et à Abraham son frère et son associé, qu'on doit les chefs-d'œuvre typographiques qui ont illustré leur nom et qui brillent par la beauté et la netteté des caractères.

En France, les Didot ont beaucoup contribué aux progrès de l'imprimerie. François-Ambroise Didot, mort en 1804, fondit d'admirables types de caractères et publia de très-remarquables éditions. Son fils, Firmin Didot, continua la gloire de sa maison.

Citons encore Baskerville, célèbre imprimeur anglais, mort en 1775, qui fut lui-même le dessinateur, le graveur et le fondeur des caractères qu'il employait.

Description des appareils et des moyens qui servent à l'impression. — L'impression en caractères mobiles s'exécute au moyen de lettres isolées que l'on réunit de manière à en composer successivement des mots, des lignes et des pages.

La matière des caractères d'imprimerie est un alliage de quatre-vingts parties de plomb et vingt parties d'antimoine. Ce dernier métal, ajouté au plomb, lui donne toute la dureté nécessaire pour résister à l'action de la presse.

On obtient les caractères d'imprimerie en coulant l'alliage fondu dans un moule qui forme une sorte de petit canal allongé. Au fond de ce canal on a placé une *matrice* qui reproduit avec fidélité la lettre gravée en creux fournie par le graveur de caractères qui a exécuté en acier le type primitif de cette lettre. Avec un seul de ces types d'acier, fourni par le graveur de caractères, on tire un grand nombre de matrices, et ces matrices elles-mêmes que l'on place au fond du moule peuvent donner au fondeur de caractères un nombre très-considérable de lettres.

La lettre préparée par le fondeur de caractères se compose de deux parties : 1° la lettre même ; 2° une tige aplatie sur laquelle cette lettre est fixée, et qui doit permettre à l'ouvrier imprimeur de la manier facilement pendant le travail de la composition.

Composition. — Les lettres fournies par le fondeur de caractères sont livrées aux ouvriers imprimeurs, qui les rangent dans des *casses*, c'est-à-dire dans des boîtes divisées en plusieurs compartiments.

Pour assembler les lettres destinées à former un mot, le compositeur prend un petit instrument nommé *com-*

Fig. 1.

posteur (fig. 1), dans lequel il place successivement les lettres convenables pour former les mots qu'il lit

Fig. 2.

sur la copie. Cet instrument consiste en une règle métallique sur laquelle glisse une sorte d'équerre en rasant un de ses bords. Ce bord est percé de trous également espacés, qui permettent de fixer l'équerre avec un petit boulon quand l'ouvrier a obtenu l'écarte-

ment voulu ou la longueur de ligne qu'il désire. Quand
la première ligne est composée, on applique sur elle une
lame ou une *interligne* de cuivre poli contre laquelle on
pose les lettres de la seconde ligne, etc.

La figure 2 représente l'ouvrier compositeur occupé
à son travail.

Un compositeur peut *lever* dix mille lettres par jour, et
l'on a calculé que pendant les 300 jours de l'année la main
droite de l'ouvrier compositeur parcourt en moyenne
1300 lieues.

Quand le *composteur* est rempli, on enlève les lignes
en les serrant entre le pouce et l'index et on les met

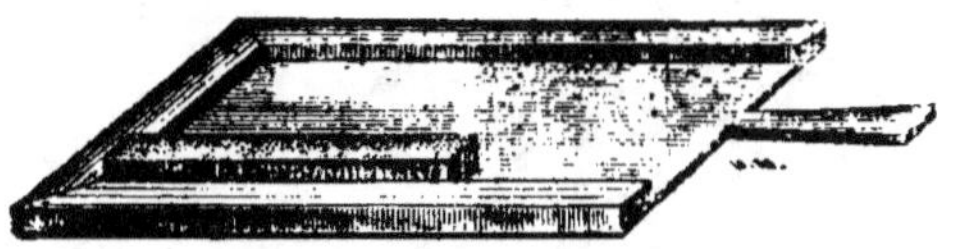

Fig. 3.

dans la *galée* (fig. 3), petite planchette carrée dont l'angle
inférieur est muni d'un rebord en équerre.

Quand il y a assez de lignes pour faire un paquet ou
page, on les réunit, on les lie avec des ficelles, et on place
le paquet sur une table de marbre.

Tirage. — Les formes étant prêtes, il reste à en
faire le *tirage* sur papier. Depuis l'époque de l'invention de l'imprimerie jusqu'à notre siècle, le tirage
s'est exclusivement pratiqué au moyen de *presses à bras*.
Mais aujourd'hui, dans la plupart des imprimeries, le
tirage s'opère à la mécanique, c'est-à-dire par des machines appropriées. Parlons d'abord des anciennes *presses à bras*.

La figure 4 représente la presse à bras qui est encore
aujourd'hui en usage.

Les formes étant placées sur la table plane P, l'ouvrier
les recouvre d'encre à l'aide d'un rouleau qu'il tient à la
main. Il abaisse ensuite le papier, préalablement mouillé

et appliqué sur le cadre Z, sur les formes encrées. Enfin,
il presse la feuille de papier contre les formes à l'aide

Fig. 4.

Fig. 5.

de la presse N et la feuille est imprimée.
La figure 5 montre comment on enduit le rouleau

d'encre pour porter ensuite cette encre sur les formes. Une provision d'encre demi-fluide est placée dans une rainure qui termine la table T. A l'aide de la manivelle M, l'ouvrier fait tourner le rouleau D, qui fait passer une certaine quantité d'encre sur la surface plane de la table. L'ouvrier prenant ensuite le rouleau portatif R prend ainsi de l'encre qu'il transporte enfin sur la presse comme l'a montré la figure 4.

Tirage à la presse mécanique. — La première presse mécanique a été inventée en 1790 par un mécanicien anglais, nommé Nicholson.

La figure 6, qui représente un très-bon système de presse mécanique, fera comprendre les moyens qui servent aujourd'hui à effectuer les tirages d'imprimerie avec une très-grande rapidité, et sans nécessiter l'assistance de plus de deux ouvriers.

A, est une roue mise en mouvement par la vapeur. Une courroie B transmet le mouvement à la roue C. Celle-ci engrène avec la grande roue dentée qui est au-dessus d'elle et celle-ci avec sa voisine. Ces deux roues et tous les cylindres auxquels elles sont fixées sont donc doués d'un mouvement de rotation. Une table D bien plane et bien dressée, qui porte les formes, c'est-à-dire les pages composées en caractères, reçoit de la roue C un mouvement horizontal de va-et-vient. Quand le commencement de la feuille de papier blanc M, poussée par l'ouvrier sur la pente de trois rouleaux tournants, E, F, G, qui l'entraînent sur le cylindre H, vient ensuite passer sur la table D, il rencontre le commencement d'une forme encrée qui s'avance dans le même sens, en sorte que, par ce contact et la pression, le papier se trouve entièrement imprimé.

Mais il n'y a encore qu'un côté de la feuille imprimé. Voici comment se fait l'impression du second côté. Quand la feuille a été imprimée d'un côté, le côté imprimé de la feuille de papier s'enroule, à l'aide de quelques rubans convenablement disposés sur son passage,

Fig. 6.

sur la surface du cylindre I, le côté blanc en dehors ; le côté blanc s'enroule ensuite sur la surface du rouleau K, et le côté imprimé est ainsi en dehors. Enfin ce côté imprimé s'enroule lui-même sur la surface du rouleau L, et le côté blanc demeure en dehors pour recevoir l'impression sur une seconde forme dont le va-et-vient est lié à la rotation du cylindre L.

Un jeu ingénieux de rubans maintient comme nous l'avons dit la feuille de papier enroulée sur les cylindres, et la fait passer de l'un à l'autre. Enfin, c'est la machine elle-même qui met l'encre sur les formes au moyen d'un mécanisme particulier produit par un système de rouleaux qu'on aperçoit à l'extrémité gauche de la figure.

II

LA POUDRE A CANON.

Historique. Ancienneté des mélanges inflammables employés dans les combats. — Une opinion presque universellement répandue attribue l'invention de la poudre à canon à un moine très-versé dans les connaissances scientifiques, Roger Bacon, qui vivait au xiiie siècle. Cette opinion est pourtant inexacte. On ne peut rapporter d'une manière exclusive à aucun savant en particulier l'invention de notre poudre de guerre. Dès les temps les plus reculés, les mélanges inflammables ont été en usage comme moyens d'attaque ou de défense, tant dans l'Occident que dans l'Orient. Mais c'est surtout dans les contrées de l'Asie que, de temps immémorial, on fit usage dans les combats de ces mélanges inflammables qui, perfectionnés de siècle en siècle, ont fini par constituer la poudre à canon actuelle. Nous allons voir comment les mélanges inflammables primitivement employés en Orient se sont peu à peu modifiés, ont fini, en Europe, par acquérir la propriété de lancer des projectiles, et par quels moyens on a pu parvenir à créer l'artillerie moderne.

Emploi des feux de guerre chez les Orientaux. — L'Asie produit en abondance divers combustibles naturels, entre autres le naphte, le bitume ou asphalte, l'huile de pétrole, etc. En mêlant ces substances à du goudron et à des huiles grasses, les Chinois, les Indiens et les Mongols obtenaient des matières inflammables susceptibles de s'attacher aux objets contre lesquels on les lançait. Au vii⁰ siècle, ces mélanges incendiaires, dont l'invention première se perd dans la nuit des temps, furent introduits en Europe. Les Grecs du bas Empire durent la connaissance de ces mélanges, auxquels on donna dès lors le nom de *feu grégeois*, à un architecte syrien nommé Callinique.

Le feu grégeois. — Le mélange des produits inflammables connu sous le nom de *feu grégeois* était loin de posséder ce degré extraordinaire d'activité de combustion que tant d'historiens se sont plu à lui accorder. C'était plutôt, pour les guerriers de l'Orient, un moyen de semer l'épouvante dans les rangs ennemis, qu'une arme offensive et redoutable.

On connaît aujourd'hui, d'une manière exacte, quelle était la composition du feu grégeois. C'était un mélange d'huile de naphte, de goudron, de résine, d'huiles végétales et de graisses, des sucs desséchés de certaines plantes, auxquels on joignait certains métaux combustibles réduits en poudre. Le salpêtre n'entrait pas encore dans la composition du feu grégeois aux premiers temps où l'on en fit usage.

Comment faisait-on servir le feu grégeois aux usages de la guerre? Dans les siéges, on le lançait au moyen de balistes ou d'arbalètes, pour incendier les tours en bois et les travaux de défense. Dans les batailles navales, des brûlots, remplis de cette matière enflammée et poussés par le vent, allaient porter et attacher le feu aux flancs des navires. Quelquefois on lançait le feu grégeois au moyen de tubes de cuivre ou d'airain établis sur la proue des bâtiments. Dans les combats sur terre, le feu grégeois était très-rarement employé ; il ne servait guère, comme nous l'avons déjà dit, que comme moyen d'étonner et de terrifier l'ennemi.

Le feu grégeois introduit chez les Arabes. — Le feu grégeois valut aux Grecs du bas Empire, beaucoup de victoires navales depuis le ixe siècle jusqu'à la prise de Constantinople par les croisés en 1204. Après la prise de cette capitale, la connaissance du feu grégeois se répandit chez les peuples musulmans.

A cette époque, c'est-à-dire au commencement du xiiie siècle, la composition du feu grégois reçut un grand perfectionnement. On y introduisit le salpêtre, c'est-à-dire le produit qui porte vulgairement le nom de *nitre* et scientifiquement celui d'azotate de potasse ou de soude. Les Chinois avaient eu de bonne heure connaissance de ce sel qui *fuse* sur les charbons ardents, c'est-à-dire qui fait brûler le charbon avec un vif éclat en activant singulièrement sa combustion. En effet, ce sel se rencontre tout formé en Chine à la surface du sol, où il constitue des efflorescences. Il suffit de recueillir ces terres chargées de salpêtre, de les délayer dans l'eau chaude qui dissout ce sel, et de faire évaporer cette dissolution, pour obtenir du salpêtre, impur sans doute, mais capable néanmoins de fuser, c'est-à-dire d'activer énergiquement la combustion des matières inflammables, telles que le soufre, le charbon, les matières grasses ou résineuses. En ajoutant des proportions convenables de ce salpêtre impur aux matières inflammables dont ils faisaient usage depuis longtemps comme moyen de guerre, les Chinois accrurent considérablement la combustibilité de ces mélanges. De cette manière le feu grégeois acquit entre leurs mains un degré nouveau de puissance.

Les Arabes empruntèrent aux Chinois l'idée d'ajouter au feu grégeois le salpêtre naturel, mais on ne saurait dire avec exactitude à quelle époque précise ils reçurent des Chinois cette importante application du salpêtre.

Les Grecs du bas Empire n'avaient guère employé le feu grégeois que dans les combats maritimes. Les Arabes, au contraire, s'en servirent surtout dans les combats de terre et dans les siéges. Pour lancer le feu grégeois, les Sarrasins possédaient des machines très-diverses et quelquefois très-perfectionnées. Dans les siéges, on lançait le feu grégeois avec des balistes, des machines à levier, des machines à fronde contre les tours et les ouvrages de bois que l'on voulait incendier. Dans les combats corps à corps, on avait les *arbalètes à tour*, les *flèches à feu*, les *lances à feu* : le nom de ces divers instruments indique assez la manière dont on les employait. Dans leurs combats contre les chrétiens, les Sarrasins faisaient encore usage des *massues à asperger* qui, en se brisant sur l'ennemi, le couvraient de feu grégeois brûlant. Des cavaliers portaient avec eux des flacons de verre remplis de ce mélange incendiaire ; le bout du verre était enduit de soufre; à un moment donné, on mettait le feu au soufre, le flacon se brisait en tombant, et le cheval et son cavalier, enveloppés de flammes, allaient répandre l'épouvante dans les rangs ennemis.

Les croisés, qui ne savaient se battre qu'avec le fer, étaient saisis d'effroi quand ils voyaient leurs armes couvertes de feu par la *massue à asperger* ou les *lances à feu* des infidèles, et l'historien Joinville, qui prit part lui-même aux guerres de la terre sainte, nous a laissé des témoignages de l'impression profonde que faisaient sur l'esprit des guerriers chrétiens ces armes étranges et inusitées.

On a longtemps prétendu que le feu grégeois brûlait avec tant d'activité qu'il était impossible de l'éteindre, et que l'eau jetée pour arrêter ses ravages ne faisait, au contraire, que les accroître. Mais il est aujourd'hui bien reconnu que le feu grégois s'éteignait dans l'eau.

Invention de la poudre à canon.— Il paraît bien établi que ce sont les Arabes qui, en ajoutant du salpêtre aux matières qui entraient dans la composition du feu grégeois, c'est-à-dire au soufre et au charbon, ont les premiers composé un mélange tout à fait analogue à notre poudre à canon actuelle. Au XIV⁰ siècle, les connaissances chimiques étant déjà fort avancées chez les Arabes, on réussit chez ces peuples à purifier le salpêtre et à le débarrasser des produits étrangers qui retardaient sa déflagration. Le salpêtre ainsi purifié, et par conséquent plus actif, étant ajouté au soufre et au charbon, donna un mélange dont la combustion pouvait se faire assez brusquement pour que la subite expansion des gaz formés pendant cette combustion pût chasser un projectile.

Cependant, le salpêtre préparé chez les Arabes était encore trop impur pour donner à la poudre de guerre une grande force de projection. La poudre préparée au XIV⁰ siècle n'aurait pu imprimer aux projectiles une vitesse assez considérable pour percer les armures massives des hommes d'armes de cette époque. Aussi, pendant le XIV⁰ siècle, la poudre ne servit guère qu'à lancer de grosses pierres qui écrasaient sous leur poids les édifices et les remparts des villes assiégées. Ces premières bouches à feu portaient le nom de *bombardes*.

Il faut bien faire remarquer ici que la découverte de la poudre de guerre ne fit pas renoncer, dans les premiers temps, à l'usage du feu grégeois chez les musulmans et chez les Européens eux-mêmes. En effet les premières *bombardes* ne servaient pas seulement à lancer des pierres contre les remparts ou les défenses des villes assiégées ; elles servirent encore à lancer le feu grégeois.

Ce dernier fait prouve suffisamment d'ailleurs, contrairement à une opinion encore bien répandue, que le secret de la préparation du feu grégeois ne s'était jamais perdu en Europe. Les artificiers du moyen âge connaissaient parfaitement et savaient employer ce feu grégeois qui avait causé tant d'épouvante à leurs ancêtres dans les combats de la Palestine. Loin d'avoir été perdu, le feu grégeois était encore au xiv° siècle en usage dans les siéges, et on l'avait même appliqué à l'art des mines; seulement, on l'abandonna de plus en plus à mesure que la préparation de la poudre à canon alla se perfectionnant.

Les canons employés pour la première fois à Florence en 1325. — En 1325, d'après un document authentique, le *gonfalonier* et les douze *bons hommes* (magistrats) de la ville de Florence, avaient la faculté de nommer deux officiers chargés de faire fabriquer des boulets de fer et des canons pour la défense des châteaux et des villages, appartenant à la République. C'est donc en Italie que l'on a fait la première fois usage du canon.

On employa pour la première fois en France la **poudre** à canon au siége de Cambrai par Edouard III, en **1339.** En 1345, on fabriquait des canons à Cahors et on employait, dès cette époque, des boulets et des balles de plomb.

Si les Anglais n'ont adopté la poudre à canon qu'après nous, ils furent les premiers de tous les peuples à s'en servir en rase campagne, et ce fut contre nos troupes. A la fatale journée de Crécy, le 26 août 1346, les Anglais tirèrent trois canons qui lançaient de petits boulets de fer. Notre désastre ayant été attribué à l'emploi des bouches à feu dans cette bataille, toutes les nations militaires de l'Europe adoptèrent bientôt l'usage de l'artillerie.

L'opinion se prononce contre les armes à feu. — Le canon qui jusqu'alors n'avait tonné que contre les murs et les remparts des villes assiégées, se tourna bientôt contre les combattants eux-mêmes. Cependant l'emploi de l'artillerie paraissait une félonie aux hommes d'armes de ce temps. Il leur répugnait d'employer à la guerre des instruments avec lesquels un lâche pouvait abattre de loin et à couvert, un guerrier intrépide. Le concile de Latran défendit de diriger contre les hommes ces machines de guerre *trop meurtrières et déplaisant à Dieu*. Les artilleurs allemands devaient jurer de ne s'en servir jamais pour la destruction des hommes. Mais depuis le succès des Anglais à la journée de Crécy, ces scrupules généreux s'effacèrent, l'usage des armes à feu se généralisa et se répandit dans toute l'Europe.

En France, vers 1350, les communes avaient des canons, des *artillers*, et un maître d'artillerie, pour résister aux attaques de la féodalité. En 1376, les Anglais qui n'avaient eu que trois bouches à feu à la bataille de Crécy, attaquaient Saint-Malo avec 400 canons.

En 1380, les canons apparurent pour la première fois à bord des navires.

Berthold Schwartz perfectionne les bouches à feu. — On a souvent attribué à Berthold Schwartz, moine cordelier de Fribourg, qui vivait vers 1350, l'invention de la poudre à canon. Cette opinion est très-mal fondée, comme le montrent suffisamment les détails historiques qui précèdent, mais il est hors de doute que c'est à Berthold Schwartz que revient l'invention des bouches à feu coulées au moyen d'un alliage de plomb et d'étain.

Avant l'année 1378, un canon était composé de pièces de fer reliées entre elles par des liens circulaires. A cette époque, Berthold Schwartz fit connaître à la république de Venise, alors en guerre contre ses voisins, un alliage dur, élastique, très-résistant et propre à fabriquer d'excellentes bouches à feu. Les Vénitiens se servirent de ses canons au siége de Chiozza ; après leur victoire, ils jetèrent l'inventeur dans un cachot, en manière de récompense.

Création et progrès de l'artillerie. — Née en Italie et en Allemagne, par suite du perfectionnement apporté par Berthold Schwartz à la fabrication des bouches à feu, l'artillerie reçut bientôt une organisation définitive dans les principales armées de l'Europe. C'est aux nombreuses

bouches à feu qu'il traînait à sa suite, que le roi de
France Charles VIII dut sa prompte conquête du royaume
de Naples. François Ier, qui créa en France de nombreuses
fonderies de canons, et beaucoup d'ateliers pour la fabrication de la poudre, rendit la première ordonnance
relative à l'institution de l'administration des poudres et
salpêtres.

**Résumé de l'histoire de la découverte de la poudre
à canon.** — D'après le récit qui précède, on voit en définitive que la découverte de la poudre de guerre ne
saurait être rapportée, comme on l'a fait si souvent,
à un inventeur isolé. La poudre à canon est l'œuvre
non d'un individu, mais des efforts des siècles réunis.
Une longue série de perfectionnements successifs apportés, par les différents peuples de l'Asie et de l'Europe,
à la préparation des mélanges incendiaires qui étaient
de temps immémorial employés dans les combats, a
donné naissance, par le progrès naturel des choses, à ce
terrible agent de destruction qui a exercé une si profonde
influence sur la destinée des peuples modernes.

Causes de l'explosion de la poudre. — La poudre est
un mélange combustible qui doit sa puissance d'expansion et sa propriété de chasser au loin les projectiles à cette
circonstance physique, savoir : la subite transformation
de cette matière solide en gaz qui occupent un espace
très-considérable, et dont le volume est encore augmenté par la dilatation que la chaleur leur imprime.

Le soufre, le charbon et le salpêtre sont des matières
solides. Pendant la combustion qui est provoquée par
l'oxygène que le charbon cède au salpêtre et au soufre,
il se produit du gaz acide carbonique et du gaz azote, et
la production de ces gaz est extrêmement rapide. De
plus, comme toute combustion développe de la chaleur,
cette chaleur développe considérablement les gaz qui
proviennent de l'inflammation de la poudre. Aussi a-
t-on reconnu qu'un litre de poudre en brûlant donne
8000 litres de gaz. C'est, nous le répétons, cette subite

transformation de la poudre en gaz occupant un volume considérable qui produit les puissants effets mécaniques dont son explosion s'accompagne.

Fabrication de la poudre. — La poudre est un mélange de soufre, de charbon et de salpêtre, matières solides et très-combustibles. Deux moyens différents sont employés pour la fabriquer : 1° le *procédé des pilons*, qui est le plus ancien et qui sert encore dans les poudreries de France pour la fabrication de la poudre de guerre; 2° le *procédé des meules*, qui donne la poudre de chasse. La différence entre ces deux procédés ne consiste que dans la manière d'opérer le mélange des substances entrant dans la composition de la poudre.

III

LA BOUSSOLE.

On donne le nom d'*aimant naturel* à un minéral composé de deux oxydes de fer combinés, que certains terrains recèlent en abondance et qui a la propriété d'attirer à soi le fer et quelques autres métaux, tels que le nickel et le cobalt.

D'après une tradition extrêmement ancienne, un berger, nommé *Magnès*, étant à la recherche d'une de ses brebis égarée sur le mont Ida, sentit que sa chaussure ferrée et le bout ferré de son bâton adhéraient fortement à un bloc noirâtre sur lequel il s'était reposé un moment : ce bloc était une pierre d'aimant. L'ancienneté de cette légende prouve que la *pierre d'aimant* a dû être connue dans les temps les plus reculés chez différents peuples.

Aiguille aimantée. — Au VIIe et au VIIIe siècle de notre ère, les commerçants chinois faisaient de longues courses maritimes. On prétend que c'est l'usage de l'aiguille aimantée qui assurait leur route à travers les mers, et quelques érudits ont avancé que les Chinois possédaient, dès l'année 121 après Jésus-Christ, ce moyen si précieux pour la navigation. Toutefois, le document le plus ancien que l'on trouve dans les ouvrages chinois relativement à cet objet, n'est que du xı^e siècle.

La pierre d'aimant chez les Romains et les Grecs. — Les Grecs et les Romains ont connu l'*aimant*, qu'ils appelaient la *pierre*, c'est-à-dire la pierre par excellence, mais ils se contentaient de l'admirer sans en tirer le moindre parti. Ils savaient que l'aimant attire le fer, mais ils ont toujours ignoré sa vertu principale, c'est-à-dire la propriété dont il jouit de se diriger toujours vers le nord.

La boussole connue en Europe au XIIe siècle. — C'est vers le xıı^e siècle que l'aiguille aimantée paraît avoir été connue pour la première fois en Europe. Pendant les Croisades, les Européens s'étant trouvés en contact continuel avec les Arabes, obtinrent de ces peuples cette précieuse révélation. Les Arabes eux-mêmes avaient appris des Indiens l'usage de la boussole, car, grâce aux commerçants chinois, l'emploi de l'aiguille aimantée s'était répandu dans les mers de l'Inde.

Un document, fourni par l'histoire littéraire de la France, établit avec une évidence complète la connaissance de la boussole en Europe à la fin du xıı^e siècle. Un poëte troubadour français, Guyot de Provins, vers l'année 1180, décrit

> Une pierre laide et brunière
> Où li fer volontiers se joint.

Ces deux vers constituent le titre historique le plus ancien et le plus authentique en faveur de la boussole européenne.

Ce n'est donc que vers le xıı^e siècle que la boussole fut connue des navigateurs de l'Europe. Hugo Bertin, qui vivait du temps de saint Louis, à peu près en même temps que Guyot de Provins, raconte comment on enfermait l'aiguille aimantée dans une fiole de verre à moitié remplie d'eau, et comment on la faisait flotter sur l'eau au moyen de deux petits fétus. Mais qui eut l'heureuse idée d'enlever *la calamite* (c'est ainsi qu'on appelait l'aiguille aimantée) au fétu sur lequel elle flottait et au bocal qui la renfermait, pour la placer sur un pivot d'acier pointu s'élevant du centre d'une boîte, c'est-à-dire pour composer la boussole?

Les Italiens en ont revendiqué le mérite en faveur d'un capitaine ou pilote nommé Flavio Gioia, natif du royaume de Naples; mais cet honneur leur est bien contesté. Ce qu'on ne peut nier pourtant, c'est que les Italiens n'aient donné son nom à ce précieux instrument.

Les Anglais ont prétendu, de leur côté, à la découverte de la boussole, pour avoir attaché à l'aiguille aimantée un carton circulaire divisé en trente-deux aires de vents. Quoi qu'il en soit, la fleur de lis qui, chez toutes les nations maritimes, désigne le nord sur le carton où est figurée la rose des vents, ne permet pas de douter que la boussole n'ait reçu des Français des perfectionnements notables.

Explication des phénomènes que présente l'aiguille aimantée. — Le phénomène essentiel que nous présente l'aiguille aimantée, c'est-à-dire sa propriété constante de se diriger vers le nord et de revenir toujours vers ce même point quand on l'écarte de cette direction, s'explique facilement si l'on considère, avec les physiciens, le globe terrestre lui-même comme un immense aimant naturel. La terre, dans son action magnétique, nous présente, en effet, tous les phénomènes qui sont particuliers aux aimants naturels et artificiels.

Si l'on roule dans de la limaille de fer un aimant naturel de forme oblongue, ou simplement un barreau aimanté, on remarque que la limaille de fer attirée par l'action magnétique n'est pas également distribuée sur

toute la longueur de l'aimant ou du barreau aimanté.
On voit la limaille de fer se fixer principalement aux
deux extrémités du barreau, et sa quantité décroître rapidement à mesure qu'on s'éloigne de ces extrémités : à la
partie moyenne du barreau, l'attraction est nulle, aucune parcelle de limaille ne s'y attache. On nomme
pôles les extrémi-
tés *a b* de l'aimant,
et *ligne neutre n t*
la partie moyenne
du barreau où la
force magnétique
est presque nulle.

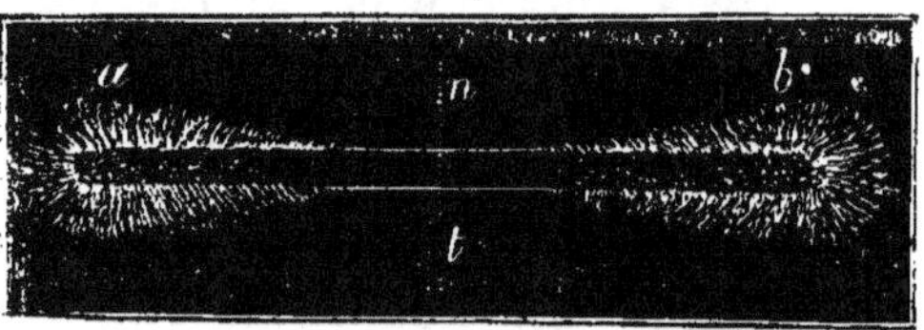

Fig. 7.

Les deux pôles d'un aimant ou d'un barreau aimanté
paraissent exercer une action identique quand on les
présente à de la limaille de fer; mais cette identité n'est
qu'apparente. Les physiciens admettent, dans un aimant,
l'existence de deux sortes de fluides agissant chacun par
répulsion sur lui-même
et par attraction sur l'autre fluide, et dont les ré-
sultantes d'action seraient
situées aux extrémités ou
pôles de l'aimant.

En effet, si l'on suspend
à un fil une petite aiguille
aimantée *a b*, et que, tenant à la main une autre
aiguille aimantée A, on
approche successivement
l'extrémité A de cette aiguille des deux pôles *a b*
de l'aiguille aimantée
suspendue, on voit que
l'aiguille aimantée A at-

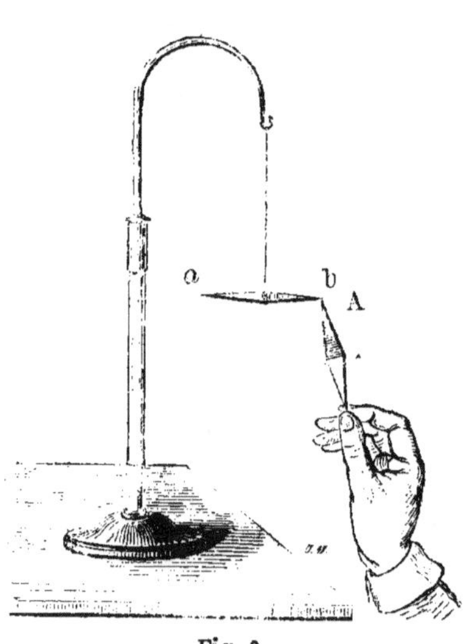

Fig. 8.

tire l'extrémité ou pôle *b* de l'aiguille suspendue, et
repousse, au contraire, l'extrémité ou pôle *a*.

Tous les aimants jouissent de cette propriété : ils se repoussent par leurs pôles respectifs de même nom , et l'on a posé en physique la loi suivante sur l'action réciproque des aimants :

Les pôles magnétiques de même nom se repoussent, et les pôles de nom contraire s'attirent.

La terre peut être considérée comme un aimant de dimensions colossales, car elle produit, en agissant sur les différents corps magnétiques, tous les phénomènes que l'on observe dans l'action réciproque que les aimants exercent les uns sur les autres. Si une aiguille aimantée, librement suspendue et mobile sur un pivot, se dirige constamment vers le nord , c'est-à-dire subit de la part du globe terrestre une attraction dont le sens est toujours le même, cela tient à ce que le globe, agissant à la manière ordinaire des aimants attire l'un des pôles de cette aiguille vers son propre pôle de nom contraire est absolument e cas de deux aimants agissant l'un sur l'autre et s'attirant par leurs pôles de nom contraire : l'un de ces aimants, c'est la terre, l'autre, c'est l'aiguille aimantée que nous considérons.

Comme tous les aimants naturels ou artificiels, la terre présente deux pôles jouissant de propriétés opposées et une *ligne neutre.* Comme on l'observe sur tous les autres aimants, l'attraction magnétique du globe est la plus puissante à ses deux extrémités ou à ses deux *pôles*, et presque nulle à son centre de figure, c'est-à-dire à l'*équateur.* En effet, l'action magnétique de la terre s'accroît à mesure que l'on s'approche de l'un ou de l'autre des pôles terrestres, et cette action est presque nulle à l'équateur.

En résumé, les phénomènes que nous présente l'aiguille aimantée s'expliquent aisément, si l'on considère notre globe comme un aimant immense, dont les deux pôles seraient situés aux pôles terrestres, et dont la ligne neutre coïnciderait avec l'équateur.

Boussole marine. — La boussole qui sert à diriger les

navigateurs traversant les mers, n'est autre chose que l'aiguille aimantée, qui, tenue en équilibre sur un pivot et pouvant prendre ainsi son mouvement en toute liberté, se dirige constamment vers le pôle nord de la terre, et signale par là aux navigateurs la direction du nord.

Les premiers navigateurs n'osaient trop s'écarter des côtes, et s'ils gagnaient la grande mer, ils n'avaient pour guides que le soleil ou l'étoile polaire. Mais les nuages voilent souvent le soleil, et bien des nuits sont obscures. Comment alors gouverner le navire et ne pas rouler au hasard avec les vagues? C'est l'aiguille aimantée, cette pierre *laide et brunière,* qui assure aujourd'hui la route des navigateurs. En effet, une aiguille aimantée, librement et horizontalement placée sur un pivot, prend et conserve toujours la même direction, celle du nord au sud.

La figure suivante représente l'élément essentiel de la boussole, c'est-à-dire, d'une part, l'aiguille aimantée A, d'autre part, le pivot B muni d'une chape d'agate, sur lequel repose l'aiguille aimantée, libre de se mouvoir dans le plan horizontal.

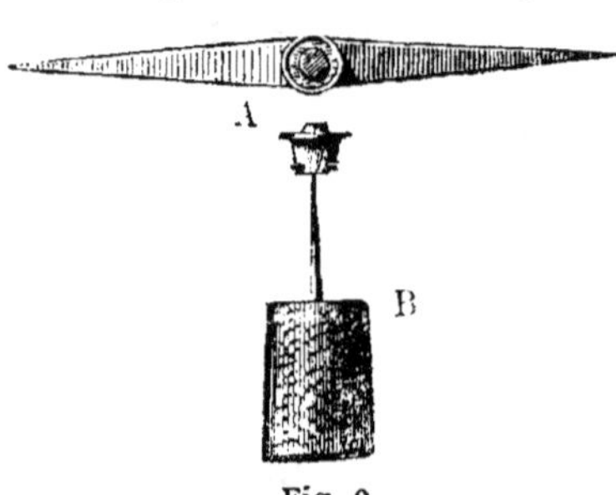

Fig. 9.

La *boussole marine* ou *compas de route,* se compose d'une aiguille aimantée en équilibre et très-mobile sur un pivot. On la place dans une boîte. Cette boîte est en bois ou en cuivre. Le fer doit être banni de sa construction, car ce métal changerait la direction naturelle de l'aiguille en l'attirant. L'aiguille aimantée est disposée de manière à pouvoir se prêter à tous les mouvements du navire sans perdre son horizontalité. A cet effet, on maintient la boîte qui la renferme, par un système particulier de suspension, dans une direction constamment horizontale, quelle que soit l'inclinaison du vaisseau. Un carton circulaire est placé au-dessous de l'aiguille : son centre correspond à la fois au milieu de la longueur de l'aiguille et à la verticale du pivot. Ce disque accompagnant l'aiguille dans tous ses mouvements, en modère les oscillations.

La figure suivante représente la coupe d'une boussole

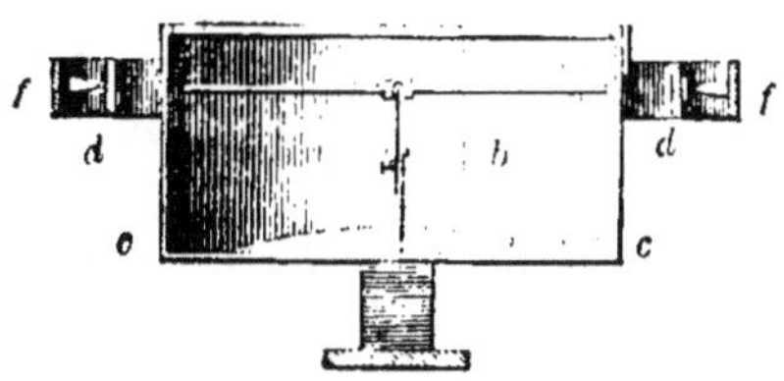

Fig. 10.

et donne une idée du mode de suspension de l'aiguille aimantée. *c d* représente la boîte dans l'intérieur de laquelle l'aiguille aimantée *b* est suspendue ; *f*, *f*, sont des ouvertures transversales pour observer, sans ouvrir la boîte, la situation de l'aiguille.

On appelle *rose* un cercle tracé au-dessous de l'ai-guille de la boussole et dont le centre est placé dans la verticale du pivot. La circonférence de ce cercle porte trente-deux divisions égales, qu'on nomme *rumbs* ou *aires de vents*. Les quatre principales pointes de la rose désignent les quatre points cardinaux. On les nomme nord, sud, est et ouest. Ces quatre divisions princi-pales se subdivisent ensuite en quatre autres intermé-diaires, qui sont le nord-est, le sud-est, le sud-ouest et le nord-ouest : on les appelle aussi *demi-rumbs*. Ceux-ci se divisent en quarts de rumb, et ces derniers en demi-quarts de rumb.

La figure 11 représente la *rose* avec ses divisions ; le milieu de l'aiguille en occupe le centre.

La boussole sert à diriger la proue du navire, ou, comme on dit, le *cap*, vers le lieu où l'on veut se rendre. On a tracé dans l'intérieur de la boîte, qui est parfaitement carrée, un trait vertical *t* placé de manière que le rayon qui y aboutit soit exactement parallèle à l'axe longitudinal du vaisseau. En examinant la situation de l'aiguille sur le cadran de la boussole par rapport à

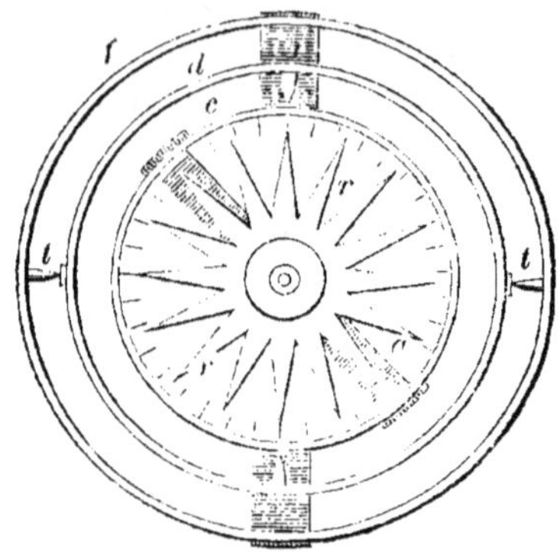

Fig. 11.

la boîte, on sait donc dans quelle direction la proue du navire s'avance, sans être obligé de regarder plus loin. Quand le capitaine ordonne au timonnier de gouverner selon tel ou tel *rumb* de vent, le timonnier maintient le gouvernail de manière que le cap réponde toujours au rumb qui lui est prescrit, car la direction de la quille varie selon que le trait du cap correspond à tel ou tel rayon de la rose.

Déclinaison de l'aiguille aimantée. — Pendant longtemps on a cru que l'aiguille aimantée se dirigeait partout exactement vers le nord. C'est Christophe Colomb qui s'aperçut le premier en 1492, dans le célèbre voyage où fut découvert le nouveau monde, que l'aiguille déviait sensiblement du vrai nord.

En 1599, les navigateurs hollandais dressèrent des tables pour constater cette variation dans différents lieux de la terre. D'autres observateurs remarquèrent que non-seulement la déviation de l'aiguille variait en passant d'un lieu à un autre, mais encore qu'elle variait avec le temps dans le même lieu. Dès lors on distingua la direction variable de l'aiguille de la direction constante du méridien astronomique, et par analogie on lui donna le nom de *méridien magnétique*. L'angle que font entre eux les deux méridiens se nomme la *déclinaison*, et selon que la pointe du nord de l'aiguille se tient à l'est ou à l'ouest de la méridienne, on dit que la déclinaison est *orientale* ou *occidentale*. Les marins appellent la déclinaison *variation*.

La déclinaison de l'aiguille aimantée est très-variable d'un lieu à un autre. Elle est occidentale en Europe, orientale en Amérique et dans le nord de l'Asie. Mais dans un même lieu elle présente de nombreuses variations : les unes sont régulières, les autres irrégulières et se nomment *perturbations*. Les aurores boréales, les éruptions volcaniques, les chutes de foudre, troublent accidentellement la déclinaison de l'aiguille aimantée. Quant aux variations régulières elles sont séculaires, annuelles, ou diurnes. Ainsi on a pu constater d'après des tables très-rigoureusement tenues, qu'à Paris, la déclinaison a varié de plus de 31° depuis 1580. Elle était alors de 11° 30′ à l'est. En 1851 elle était de 20° 25′ à l'ouest. On a remarqué que la déclinaison était nulle en 1663, c'est-à-dire que le méridien magnétique et le méridien terrestre se sont trouvés cette année confondus dans le même plan.

Inclinaison de l'aiguille aimantée. —Jusqu'en 1576, on avait toujours supposé que l'aiguille aimantée devait être parfaitement horizontale. Quand on la voyait s'abaisser plus d'un côté que d'un autre, on l'attribuait à ce que le centre de gravité de l'aiguille était mal déterminé. A cette époque, Robert Norman, fabricant d'instruments dans un des faubourgs de Londres, reconnut, par une expérience bien simple, qu'il y avait dans cette inclinaison de l'aiguille une influence autre que celle de la pesanteur. S'étant avisé de mesurer le poids nécessaire pour rétablir l'horizontalité complète d'une aiguille aimantée, il trouva que ce poids n'était pas en rapport avec la différence de longueur des deux branches de l'aiguille, et que, par conséquent, il y avait une autre cause que celle du poids inégal des deux côtés de l'aiguille qui provoquait cette inclinaison.

Qu'on suspende une aiguille aimantée *gg′* de manière qu'elle se meuve librement autour de son centre de gravité dans le plan vertical du méridien, et qu'elle soit empêchée par un châssis de se mouvoir dans le sens horizontal, on la verra s'incliner sur l'horizon. C'est ce que montre la figure 12. Cette inclinaison est d'autant plus grande qu'on s'avance davantage vers l'un ou l'autre pôle de la terre, de sorte que dans la zone équatoriale, il y a une série de points où l'aiguille se tient parfaitement horizontale, tandis que dans les régions polaires il existe un point où l'aiguille est parfaitement verticale. On a donné le nom d'*inclinaison* à ces diverses positions de l'aiguille par rapport à l'horizon. Les points situés vers les pôles où l'aiguille est verticale se nomment *pôles magnétiques*. La ligne de la région équatoriale où

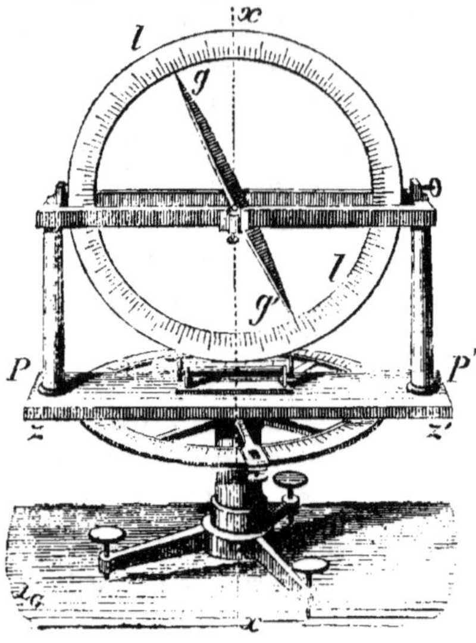

Fig. 12.

l'aiguille demeure au contraire horizontale, se nomme l'*équateur magnétique*.

Utilité de la boussole. — La boussole est pour le navigateur l'instrument le plus précieux; c'est grâce à ses indications qu'il peut toujours connaître avec certitude la marche de son navire. Cet instrument rend les mêmes services à terre. Au sein d'une épaisse forêt, au fond d'une mine profonde, la boussole indique à l'observateur la direction du nord ; elle lui permet par conséquent de reconnaître le lieu qu'il occupe, et lui trace la marche qu'il doit suivre pour se rendre au lieu desiré.

IV

LE PAPIER.

Historique. — Les fibres végétales préparées de manière à recevoir l'écriture sont d'une origine extrêmement ancienne. Les Égyptiens en faisaient usage de temps immémorial, et transmirent aux Romains les procédés pratiques qui permettaient de transformer les fibres végétales en surfaces brillantes, souples, polies et susceptibles d'une longue conservation.

Le *papyrus* est une plante qui croissait autrefois avec abondance dans les marais de l'Égypte. C'est avec cette matière que les Égyptiens préparèrent les premières feuilles propres à recevoir des caractères : on les désigna sous le nom de *papyrus* pour rappeler leur origine.

Les plus beaux papyrus avaient reçu le nom de *papyrus hiératique :* les prêtres s'en servaient pour les écrits religieux et, de peur qu'on ne le consacrât à des ouvrages profanes, les lois de l'Égypte défendaient de le vendre aux étrangers. Aussi le papyrus demeura-t-il longtemps la propriété exclusive des prêtres égyptiens.

Cependant, pour jouir à leur tour de ce précieux papyrus, quelques amateurs romains achetèrent en Égypte des livres religieux, et les lavèrent, pour pouvoir écrire à leur tour sur le même papier. Ce papier lavé, très-estimé à Rome, se nommait *papier Auguste.*

C'est en Orient que l'on a préparé pour la première fois le papier. Les Chinois le fabriquaient au moyen de la soie, les Japonais avec le coton, le chanvre, l'écorce de mûrier et la paille de riz.

Les procédés de fabrication du papier étaient de temps

immémorial mis en pratique en Orient lorsque des manu-
facturiers arabes allèrent, vers le xi° siècle, établir en Espagne des fabriques de papier de coton. Les procédés de
cette fabrication une fois connus en Europe, on ne tarda
pas à les appliquer, ce qui rendit bientôt général dans tout
l'Occident l'usage du papier. Les Arabes avaient établi
des manufactures de papier de coton à Septa (aujourd'hui
Ceuta) ainsi qu'à Xantia (aujourd'hui San-Felipe). Dans
les manufactures dues aux Arabes, le papier se fabriquait
avec du coton cru, et comme on ne connaissait pas
encore les moulins à eau ni les divers procédés qui rendent le papier propre à recevoir l'écriture, ce papier
était fort imparfait : il avait peu de corps et se déchirait
à la moindre traction.

Papier de lin. — Postérieur au papier de coton, le
papier de lin n'a pas été fabriqué avant l'an 1300. Une
lettre adressée vers l'année 1315 par l'historien Joinville
au roi de France, Louis X dit le Hutin, est écrite sur
du papier de lin. Dans les manufactures de l'Europe, on
fut naturellement conduit à substituer le lin au coton
cru, qui, dans les premiers temps, et d'après le procédé
des Arabes, servait à la confection du papier. Seulement,
au lieu d'employer la matière végétale crue, on fit usage
de chiffons de toile. Ces chiffons hachés, bouillis dans
l'eau et maintenus dans une sorte de fermentation,
étaient ainsi amenés à former une pâte propre à être
convertie en papier. Les chiffons de coton avaient, du
reste, été consacrés à cet usage, en Europe, dès que
l'on fut parvenu à y établir des manufactures d'étoffes
de cette matière. L'invention des moulins à bras, et
bientôt celle des moulins à martinet mus par l'eau,
dont on se servit en Italie pour la première fois pour
le papier de coton, donnèrent ensuite le moyen de perfectionner la fabrication du papier.

Les premiers papiers qui furent fabriqués en Europe
étaient destinés à l'écriture ; aussi avaient-ils beaucoup
de corps, et étaient-ils collés. Les premiers ouvrages

imprimés furent exécutés sur des papiers collés, ce qui permettait d'ailleurs plus facilement de les recouvrir de peintures et d'ornements à la main pour les faire ressembler aux manuscrits. On ne commença qu'au XVIe siècle à imprimer les livres sur du papier sans colle ; aussi dès ce moment le prix du papier destiné à l'impression diminua-t-il de moitié.

Au XVIIe et au XVIIIe siècle la fabrication du papier prit en France et en Allemagne de grands développements. En 1658, la France exportait déjà en Hollande et en Angleterre pour plus de deux millions de livres tournois de papiers de toutes sortes.

Papiers de tenture. — La fabrication des papiers solides et à très-bas prix qui servent à recouvrir les murs de nos appartements, est originaire de la Chine et du Japon. Vers l'année 1555, les Hollandais et les Espagnols introduisirent leur usage en Europe.

Le papier de tenture remplaça ces tapisseries d'herbes ou de jonc que l'on fabriquait à Pontoise, et ces tentures de cuir doré, si richement gaufrées qui, au moyen âge, décoraient les salons et couvraient les murs des châteaux. On en trouve encore çà et là de magnifiques débris chez les marchands antiquaires, ou dans le musée de Cluny à Paris.

Ce n'est qu'en 1760 que l'on a trouvé le moyen d'appliquer sur les papiers de tenture une couleur solide qui porte avec elle son vernis et n'a pas à redouter que la poussière s'y attache.

Progrès dans la fabrication du papier. — Les perfectionnements de l'industrie de la fabrication du papier furent lents ou peu sensibles pendant le XVIIe et le XVIIIe siècle. Les procédés employés pendant ce long intervalle exigeaient un nombre considérable d'ouvriers, car toutes les opérations s'exécutaient à la main. La découverte de la fabrication du papier au moyen de machines, c'est-dire du papier dit *à la mécanique*, vint imprimer à cette industrie une impulsion immense.

La gloire de cette invention capitale revient à un Français, nommé Louis Robert, employé à la papeterie d'Essonne.

C'est en 1799 que Louis Robert imagina une série d'appareils mécaniques permettant de produire des feuilles de papier d'une longueur indéfinie sur une largeur déterminée. L'inventeur obtint, pour toute récompense du gouvernement français, une somme de 8000 francs.

Le système de Louis Robert avait besoin, pour rendre de grands services, d'être perfectionné. C'est en Angleterre, en 1803, que la pensée féconde de Robert reçut définitivement son application pratique. M. Didot Saint-Léger, propriétaire de la papeterie d'Essonne, avait acheté de Louis Robert son brevet d'invention pour la fabrication du papier continu. N'ayant pas trouvé en France les secours ou les encouragements nécessaires pour perfectionner cette invention importante, il partit pour l'Angleterre espérant y trouver plus de ressources. Son espoir ne fut point trompé. C'est à sa persévérance et aux sommes immenses qui furent mises à sa disposition par plusieurs fabricants de Londres, que l'on doit la réussite définitive de l'admirable machine qui sert aujourd'hui à la fabrication du papier continu.

En 1814, M. Didot Saint-Léger importa en France cette machine perfectionnée. Il établit chez M. Berthe, propriétaire de la papeterie de Sorel, près Anet, une machine qui avait été construite par M. Calla. Ainsi, ce nouveau mode de fabrication du papier fut imaginé en France; mais, négligé dans notre pays, il eut besoin d'aller chercher en Angleterre les encouragements nécessaires pour le porter à sa perfection. Nous verrons plus tard le même fait se reproduire à propos de l'invention et de la mise en pratique de l'éclairage par le gaz.

En 1827, il existait déjà en France quatre papeteries travaillant par les procédés mécaniques; il en existait douze en 1834 ; aujourd'hui on en compte plus de deux cent trente. Les efforts de MM. Chapelle, Canson et Montgolfier ont été pour beaucoup dans le développement de cette importante industrie.

Procédés employés pour la fabrication du papier. — Le papier se fabrique aujourd'hui par deux procédés distincts : la fabrication à la main et la fabrication par des appareils mécaniques. La fabrication du papier par des appareils mécaniques a presque entièrement remplacé aujourd'hui la fabrication à la main. Limitée à un petit nombre de papiers spéciaux et de qualité généralement supérieure, cette dernière méthode ne sert plus aujourd'hui qu'à satisfaire aux exigences de certaines consommations. La fabrication mécanique, au contraire, fournit l'immense généralité des différents papiers versés dans l'industrie, et qui sont destinés soit à l'écriture manuscrite, soit à l'impression.

Nous allons décrire successivement, et à part, ces deux procédés de fabrication.

Fabrication du papier à la main. — Les chiffons apportés à la fabrique, et qui sont exclusivement formés de vieux débris d'étoffes de toile ou de coton, sont divisés en fragments de petit volume, humectés d'eau et entassés dans un lieu nommé *pourrissoir*. Cette masse organique, abandonnée à elle-même sous l'influence de l'air et de l'eau, commence, au bout d'un certain temps, à présenter le phénomène de la fermentation : les matières étrangères à la substance organique, qui porte le nom de *ligneux*, et qui constitue la substance pure du papier, subissent une décomposition, une altération plus ou moins complète, tandis que le *ligneux*, beaucoup moins altérable, résiste à la décomposition putride. Le *pourrissage* des chiffons a donc pour effet de débarrasser la substance ligneuse, qui doit constituer le papier, de toutes les matières étrangères qui l'accompagnent dans les chiffons vieux, usés et salis, au moyen desquels on doit obtenir le papier.

Dans un espace de dix à vingt jours, selon la température du lieu, l'espèce ou l'état des chiffons et la nature
du papier à obtenir, cette fermentation est terminée ; par
suite de la disparition des matières étrangères au ligneux,
cette masse s'est transformée en une sorte de pulpe fétide.
Il faut alors la réduire en une pâte propre à fournir
le papier. A cet effet, on la transporte dans des cuves
remplies d'eau qui portent le nom de *piles à maillets*.
Ces cuves sont garnies, chacune, de trois à cinq mail-
lets-pileurs, ferrés, placés de front et mis en mouvement par un arbre horizontal armé de cames, qui les
soulève et les laisse retomber en commençant par une
des extrémités du rang et finissant par l'autre. Cette
succession de chutes déplace la matière, la pousse constamment dans le même sens, et y détermine un mouvement très-favorable à la destruction des tissus. Quand
on le juge convenable, on arrête le mouvement des maillets, et on transporte la pâte dans une cuve spéciale où
elle subit sa dernière trituration, ou, comme on le dit,
elle est *raffinée*.

Il s'agit maintenant de transformer cette pâte en papier. Pour cela, on la transporte dans une cuve et
on lui donne, selon les quantités d'eau qu'on y ajoute,
un degré de fluidité qui servira à déterminer l'épaisseur de la feuille de papier. Un ouvrier, qu'on appelle
l'*ouvreur*, tient à la main un cadre ou *forme*, composé d'un châssis de bois recouvert de fils de cuivre,
dont on aperçoit les traces ou *vergures* quand on regarde par transparence une feuille de papier ainsi
façonnée. Ces fils sont soutenus, de distance en distance, par d'autres fils plus gros placés en travers.
Le nom du fabricant qu'on lit aussi sur la feuille est
figuré au moyen d'autres fils de cuivre. Enfin, pour
déterminer la longueur et la largeur de la feuille de
papier, et aussi son épaisseur, conjointement avec le
degré de liquidité de la pâte, un autre cadre mobile,
nommé *frisquette*, s'applique sur la forme. L'ouvreur

plonge la forme recouverte de la *frisquette* dans la pâte, l'y maintient horizontalement, puis la retire dans la même position. Il lui imprime alors divers mouvements saccadés et de balancement pour lier les filaments de la pâte et en faire une distribution égale. Il faut à l'ouvrier une grande habitude pour opérer ici d'une manière convenable. Un ouvrier peut préparer 4800 feuilles par jour. *L'ouvreur* pousse ensuite la forme sur un plan incliné et retire la frisquette. Un autre ouvrier prend cette forme, la fait un peu égoutter, puis la renverse sur un morceau de drap. La feuille de papier se détache de la forme, et on la recouvre d'un nouveau morceau de drap, qui recevra tout à l'heure une nouvelle feuille. Par cet échange successif entre les deux ouvriers d'une forme pleine et d'une forme vide, les feuilles s'accumulent entre les morceaux de drap superposés. Quand il y en a un nombre suffisant, on porte le tout sous une presse pour en exprimer l'eau. On sépare ensuite les feuilles, on les fait sécher, on les colle, si le papier doit servir à l'écriture, dans une dissolution de gélatine obtenue avec de la peau de gants, on remet en presse pour faire pénétrer la colle partout, on sèche de nouveau, enfin on met les feuilles en *mains*, puis en *rames*.

Fabrication du papier à la mécanique. — Comme nous venons de le dire, le papier ne se fabrique à la main que très-rarement ; il faut même ajouter que l'opération du *pourrissage* des chiffons et l'emploi des *piles à maillets* dont nous avons parlé ne sont plus employés aujourd'hui que dans quelques anciennes fabriques. Le procédé de fabrication mécanique du papier représente donc la méthode presque universellement suivie aujourd'hui dans les usines de l'Europe. Aussi devons-nous entrer maintenant dans l'exposé de diverses opérations préliminaires antérieures à la mise en feuille de la pâte du papier, opérations que nous n'avons signalées qu'en quelques mots en parlant de la fabrication du papier à la main.

Triage, lessivage et lavage des chiffons. — Les chiffons bruts arrivent à la fabrique grossièrement triés. Là, on les sépare en chiffons de lin, coton, soie, laine, et l'on rejette les deux derniers qui sont impropres à la fabrication du papier. On les classe aussi en chiffons neufs ou usés, en chiffons blancs ou colorés. Pour arriver à ce résultat, il a fallu préalablement découdre, couper les chiffons, séparer ceux qui ne se ressemblent pas, mettre de côté les ourlets et les coutures, détacher les boutons et agrafes, etc. On doit avoir soin aussi de régulariser la dimension des chiffons en rognant ceux qui dépassent une longueur déterminée. Ce travail préparatoire occupe un grand nombre d'ouvrières et demande beaucoup de soins. Après le triage des chiffons, on les lessive à la soude qui détruit certaines couleurs, dissout quelques principes gras, et désagrége les autres; on les lave ensuite à l'eau pure.

Défilage des chiffons. — C'est à cette opération que commence la préparation proprement dite du papier. Il s'agit ici de détruire les tissus, de désassocier les fibres textiles, de les nettoyer totalement, enfin de les mêler ensemble de manière à en faire une sorte de pâte.

Le défilage des chiffons s'exécute dans une cuve, dans l'intérieur de laquelle est un cylindre métallique présentant deux plans inclinés formés de planches de bois. En regard de ce cylindre, est disposée une platine métallique portant plusieurs lames également de métal. C'est entre la surface de cette platine et celle du cylindre que s'effectue la division du chiffon. Grâce au moteur de l'usine, qui peut être une chute d'eau ou une machine à vapeur, les chiffons repassent continuellement entre les espèces de dents qui résultent de la réunion des diverses parties de cet appareil, et continuellement baignés par l'eau qui facilite ces divers mouvements, ils finissent par se transformer en une véritable pâte.

Ainsi préparée, la pâte reçoit un degré encore plus

avancé de division dans une cuve dite *raffineuse*, qui ne diffère de la précédente qu'en ce que le cylindre est pourvu d'un plus grand nombre de lames et se meut au sein du liquide avec une plus grande vitesse.

Blanchissage de la pâte. — Après cette opération, la pâte conserve encore une couleur qui dépend de celle qu'avaient les chiffons : il s'agit de la blanchir. Pour cela on lui enlève par la compression une grande partie de l'eau qu'elle renferme. Ensuite on la place dans un réservoir bien fermé et on y fait affluer du chlore gazeux.

On obtient ce gaz, qui jouit de propriétés décolorantes très-prononcées, en chauffant un mélange de sel marin, d'acide sulfurique et d'un composé très-fréquemment employé dans les laboratoires de chimie et qu'on nomme *peroxyde de manganèse.* Pour blanchir 500 kilogrammes de chiffons défilés, il faut produire un dégagement d'environ 4 mètres cubes de chlore. On blanchit encore la pulpe du papier avec du chlorure de chaux ou du chlorure de soude.

Quand la pâte est complétement décolorée, on la lave et on la fait repasser encore sous des cylindres pour en séparer le chlore et la diviser davantage. Elle est alors prête à être transformée en papier.

Mise en feuilles. — Nous allons maintenant donner une idée de l'opération compliquée et rapide qui convertit la pâte en papier continu.

Amenée, par les moyens qui viennent d'être exposés, à l'état de pâte parfaitement blanche, et maintenue dans l'eau à l'état de suspension, cette pâte est conduite, à l'aide d'une pompe, dans un bassin peu profond. Par l'action du mécanisme moteur, elle passe de là sur un cylindre tournant qui est recouvert d'une étoffe de flanelle, sur laquelle elle s'attache et se fixe par une sorte d'aspiration qui résulte du mouvement rapide dont le cylindre est animé. Ainsi recouverte d'une couche de pâte de papier, cette flanelle s'enroule successivement autour d'une séric de larges rouleaux métalliques creux qui sont chauffés par la vapeur à leur partie interne. Par ce passage successif sur des rouleaux chauffés, la pâte sèche, durcit peu à peu, et finit par acquérir la consistance d'une feuille de papier humide. Il se forme de cette manière une bande de papier continue, que des ciseaux mus par la machine, découpent en feuilles de la dimension voulue. Ces feuilles sont placées une à une, entre des plaques de zinc que l'on soumet à l'action de la presse pour en exprimer l'humidité. Enfin les feuilles sont séchées dans une étuve et sont alors propres à l'usage.

Fabrication du carton. — Le carton s'obtient avec de vieux papiers que l'on ramène, par le pourrissage, à l'état de pâte. On broie cette pâte entre des meules de pierres, on met ensuite cette pâte en feuilles épaisses au moyen des formes, comme dans la fabrication du papier à la main.

V

LES HORLOGES ET LES MONTRES.

Historique. — Les anciens partageaient en heures le temps qui s'écoule entre deux levers de soleil : ils distinguaient les heures du jour de celles de la nuit. On déterminait les premières par la hauteur du soleil au-dessus de l'horizon, et les secondes par la place qu'occupaient dans le firmament les étoiles les plus brillantes.

La clepsydre ou l'horloge des anciens. — La première horloge dont l'histoire fasse mention est la *clepsydre* simple : c'est un vase plein d'eau et percé d'un petit trou à sa partie inférieure.

La clepsydre est fondée sur le principe suivant : des

quantités égales de liquide s'écoulent d'un vase en des temps égaux, quand on maintient constant le niveau de l'eau. D'après ce principe on peut mesurer le temps en recueillant et mesurant le volume d'eau qui s'est écoulé d'un vase dans un intervalle de temps.

La *clepsydre simple* que nous venons de décrire, appareil insuffisant et grossier, fut employée longtemps par les Grecs et les Romains sans aucune modification[1]. Par un premier perfectionnement, on traça à l'extérieur du vase d'où l'eau s'écoulait, des divisions égales entre elles, ce qui donna, en fractions égales, la subdivision du temps.

Par un progrès nouveau, la clepsydre perdit son antique simplicité. On la munit d'un cadran dont les aiguilles marchaient par le mécanisme suivant : à la surface de l'eau, contenue dans le réservoir, nageait un flotteur qui, en s'abaissant au fur et à mesure de l'écoulement de l'eau, tirait verticalement un fil enroulé sur l'axe d'une aiguille, laquelle recevait ainsi un mouvement rotatoire autour du cadran. C'était là un progrès; car si l'agent moteur de l'horloge était toujours grossier, la manière de mesurer les fractions du temps avait reçu un perfectionnement réel.

Ce cadran indiquait les heures; mais la période du temps ainsi mesuré était trop courte. On parvint à résoudre le problème d'une plus longue durée de la marche des horloges, en faisant mouvoir les aiguilles du cadran au moyen de deux roues dentées de diamètre différent, dont l'une indiquait les heures et l'autre les minutes. Ctésibius d'Alexandrie fit construire, 250 ans avant Jésus-Christ, une clepsydre célèbre et très-compliquée.

Il paraît que la clepsydre avait également reçu chez les Orientaux d'importants perfectionnements, car, lors-

---

1. On trouve dans les discours de Démosthène des allusions à la manière de fixer la durée des discours au moyen de la clepsydre. Ainsi on disait « Vous empiétez sur mon eau. »

que, 62 ans avant Jésus-Christ, Pompée rentra à Rome triomphant de Tigrane, d'Antiochus et de Mithridate, on admirait, comme le plus glorieux trophée de sa victoire, une clepsydre perfectionnée conquise sur un roi d'Asie.

Le sablier. — Le sablier qui sert à la mesure du temps se compose de deux petites bouteilles dont les goulots très-étroits sont réunis. Une des petites bouteilles contient du sable fin. L'intervalle que ce sable met à s'écouler d'une bouteille dans l'autre sert à la mesure du temps. Le sablier fut employé en Égypte, dès les temps les plus anciens, comme moyen de mesurer le temps. Les Romains l'employaient concurremment avec la clepsydre. Le sablier était encore en usage dans les assemblées de Sorbonne, en 1656.

Le cadran solaire. — Le cadran solaire est un instrument dans lequel le temps est mesuré par le mouvement de l'ombre que projette, sur une surface plane, une tige éclairée par le soleil.

Les indications du cadran solaire reposent sur les différentes positions du soleil et de l'ombre aux différents moments du jour; c'est une des belles applications de la géométrie. On attribue son invention à l'école d'Alexandrie, c'est-à-dire aux savants grecs qui s'étaient établis dans cette ville d'Égypte, où ils fondèrent une école justement renommée.

Le cadran solaire était un instrument très-important sans doute, mais incomplet, puisque ses indications disparaissent la nuit et pendant l'absence des rayons du soleil.

Imperfection des procédés connus au moyen âge pour la mesure du temps. Découverte des horloges à poids. — Du IVe au Xe siècle de l'ère chrétienne, les sciences demeurèrent, en Europe, enveloppées des épaisses ténèbres de la barbarie. Le dépôt des sciences appartenait, à cette époque, aux races mahométanes, c'est-à-dire aux Arabes d'Afrique et aux Maures d'Espagne. Au ix⁰ siècle, un kalife d'Orient, Haroun-al-Raschid, étonnait la cour de Charlemagne par l'envoi d'une clepsydre. Dans ces temps d'ignorance, l'Europe avait oublié jusqu'à l'art de mesurer le temps, que les anciens lui avaient transmis. Les religieux du moyen âge en étaient réduits à observer le ciel pour faire sonner les matines, et il est établi qu'en 1108, dans la riche abbaye de Cluny, le sacristain consultait les astres quand il voulait savoir s'il était l'heure de réveiller les religieux pour les offices de la nuit.

Au x⁰ siècle, les moines de plusieurs monastères allemands réglaient leurs offices d'après le chant du coq.

La première mention des horloges se trouve dans les *Usages de l'ordre de Cîteaux*, compilés vers l'an 1120, livre où il est prescrit au sacristain de régler l'*horloge* de l'abbaye de manière qu'elle sonne avant les matines.

En 1370, du temps de Charles V, parut en France une horloge très-remarquable. Elle avait été construite par un Arabe, Henri de Vic. Charles V, qui fit venir ce savant à Paris pour y construire l'horloge du palais, lui assigna six sous parisis par jour pour ce travail.

L'horloge de la tour du palais, renfermait les principaux éléments de précision des horloges actuelles. Elle avait pour agent moteur un poids, pour régulateur une pièce oscillante, et était pourvue d'un échappement.

Ce n'était là pourtant que l'enfance de l'art de l'horlogerie. Ces machines chronométriques étaient nécessairement lourdes et incommodes; le moteur de l'horloge du palais pesait cinq cents livres.

C'est au xv⁰ siècle que l'on commença à se servir des horloges dans les observations astronomiques, et l'on sait quels rapides progrès l'application de ces instruments imprima à l'astronomie. Le maître de Képler, l'astronome danois Tycho-Brahé, possédait, en 1560, dans son magnifique observatoire d'Oranienbourg, une horloge à minutes et à secondes.

Application du pendule aux horloges. — La plus grande découverte qui ait été faite pour la construction des instruments chronométriques, c'est l'emploi du pendule pour régler l'égalité des mouvements d'une horloge.

Qu'est-ce que le pendule? C'est une tige métallique terminée par un corps pesant en forme de lentille. Si on suspend cet appareil par l'extrémité de sa tige, et qu'on le dérange de sa position verticale, il décrira à droite et à gauche de cette position des allées et des venues qu'on nomme *oscillations*. Ces oscillations seront toujours d'égale durée, c'est-à-dire *isochrones* selon le terme consacré, si elles sont petites, bien que l'arc décrit par la lentille diminue de grandeur par suite de la résistance de l'air et du frottement au point de suspension.

Fig. 13.

La découverte de *l'isochronisme* des oscillations du pendule est due à l'immortel Galilée. En 1582, Galilée, alors dans sa jeunesse, reconnut pour la première fois ce fait capital, en constatant l'uniformité complète des oscillations d'une lampe suspendue à la voûte de l'église métropolitaine de Pise. Ce n'est que plus de quarante ans après avoir fait cette observation fondamentale, que Galilée eut la pensée de construire une horloge d'après le principe des oscillations isochrones du pendule. Mais Galilée n'exécuta point ce projet, il se borna à indiquer théoriquement la possibilité de tirer parti du pendule, pour donner une égalité absolue aux impulsions du moteur des horloges. Cette magnifique application fut réalisée par un savant hollandais, Christian Huyghens de Zuylichem, qui avait fixé sa résidence en France, grâce aux encouragements du ministre Colbert.

Christian Huyghens, l'un des plus beaux génies du XVIIe siècle, ne se borna pas à transporter dans la pratique l'idée de Galilée sur l'application du pendule à la mesure du temps ; il fit une seconde découverte d'une importance égale à la première, celle du ressort en spirale qui, par l'effort qu'il exerce en se détendant, permet de remplacer le poids dont on avait fait exclusivement usage jusque-là comme moteur des horloges.

En 1657, Christian Huyghens envoya aux États de la Hollande la description d'une horloge destinée à mesurer avec une exactitude absolue les plus petites divisions du temps. Cet instrument renfermait les deux inventions capitales qui servent de base à l'horlogerie moderne : le ressort en spirale comme moteur, et le pendule servant à régulariser et à rendre isochrone l'action de ce moteur. En effet, le ressort en spirale, le régulateur et l'échappement, résument à eux seuls les moyens mécaniques qui sont le fondement de toute l'horlogerie.

Huyghens avait compris dès le début toute la portée de ses découvertes. Voici ce qu'il écrivait en 1673 à Louis XIV en lui dédiant son *horologium oscillatorium* (*horloge oscillatoire*) ; « Je ne perdrai pas le temps, grand roi, à vous en démontrer toute l'utilité, puisque mes *automates*, introduits dans vos appartements, vous frappent chaque jour, par la régularité de leurs indications et les conséquences qu'ils vous promettent pour les progrès de l'astronomie et de la navigation. »

Découverte des montres. — La découverte du ressort spiral qui produit, par sa force d'élasticité, l'effet du poids moteur des horloges, permit de faire des horloges portatives qui, plus tard, étant réduites à de plus petites dimensions, furent appelées *montres*. On ne connaît ni l'époque, ni l'auteur de la construction des premières montres.

Quoique très-commodes, les premières montres qui furent construites ne pouvaient encore donner l'heure avec exactitude, parce qu'on n'avait pas fait à ces instruments l'application de la *fusée* qui égalise et rend uniforme la force motrice.

L'inventeur de la *fusée* n'est pas connu, et la fusée est une des plus belles inventions de l'esprit humain.

Les montres à répétition furent inventées en Angleterre en 1676. Les horlogers Barlow, Quare, et Tompion
s'en disputèrent la découverte : Louis XIV reçut de
Charles II les premières montres à répétition que l'on
ait vues en France.

Le XVIIIᵉ siècle, fécond en inventions nouvelles, vit
briller les noms des Sully,
Pierre et Julien Le Roi, Fer-
dinand Berthoud, Lepaute,
Harrisson, Bréguet. C'est
alors qu'on fabriqua les montres marines, instruments
admirables par leur précision
et leur exactitude.

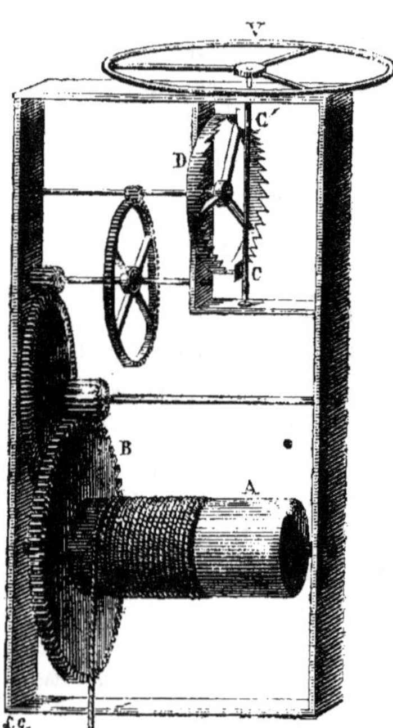

Fig. 14.

**Description des horloges,
des pendules et des mon-
tres.** — L'art de l'horlogerie
moderne, qui résulte des inventions successives dont
nous venons de présenter
l'histoire abrégée, s'occupe de
construire des horloges, des
pendules, des montres, enfin
des chronomètres, genre
d'instruments destinés à mesurer des fractions de temps
avec la justesse la plus rigoureuse, et qui sont d'un mécanisme plus
compliqué que celui des montres. Nous
nous bornerons à examiner ici les horloges, les pendules d'appartement et les
montres. Notre but n'est pas de décrire
complétement ces appareils, ni d'expliquer
le jeu réciproque de tous leurs rouages;
nous essayerons seulement de faire comprendre le jeu des pièces principales qui produisent le
mouvement des aiguilles sur le cadran.

Horloges fixes. — Dans les horloges fixes, telles que les grandes horloges des édifices publics, l'agent moteur est un poids P (fig. 13), suspendu à l'extrémité d'une corde qui fait un certain nombre de tours sur la surface d'un cylindre horizontal A. Ce cylindre peut tourner autour de son axe, et il reçoit un mouvement de rotation du poids qui tend constamment à descendre. Ce mouvement de rotation est transmis aux deux aiguilles du cadran au moyen d'une roue dentée B, soudée au cylindre A et qui fait tourner par son pignon et par un engrenage intermédiaire, une autre roue dentée CC' et enfin le *volant* V.

Les rouages de l'horloge, ainsi mis en mouvement par le moteur, tourneraient d'une manière continue, mais non uniforme, c'est-à-dire que les aiguilles auxquelles le mouvement est communiqué par l'action du poids moteur ne parcourraient pas des espaces égaux, pendant des temps égaux, par suite de l'inégalité des frottements des divers rouages. Il faut donc remédier à ce défaut d'uniformité dans l'action motrice. On y parvient au moyen d'une pièce qui oscille régulièrement et qui, à chaque oscillation arrête entièrement, et à des intervalles égaux, le mouvement des rouages; on obtient par cet artifice un mouvement intermittent périodiquement uniforme : cette pièce oscillante a reçu le nom de *régulateur*.

Régulateur des horloges. — Pour les horloges fixes, le régulateur, c'est le pendule des physiciens qui est habituellement désigné dans ce cas sous le nom de *balancier*. En lui donnant une longueur bien rigoureusement calculée, le pendule produit une oscillation par seconde, ét sert à indiquer ainsi sur le cadran cette fraction du temps.

Les pièces par l'intermédiaire desquelles le pendule ou balancier arrête à chaque seconde le mouvement produit par le poids moteur, constituent ce qu'on nomme l'*échappement*. L'échappement le plus employé est dit à *ancre*. Nous allons le décrire rapidement.

Une pièce *q n*, en forme d'ancre de vaisseau disposée à

l'extrémité de la course du pendule, reçoit de celui-ci un mouvement d'oscillation autour d'un axe horizontal de suspension A. Entre ces deux extrémités q, n, se trouve une roue dentée $p\,m$ que le moteur de l'horloge fait tourner. Les dents de cette roue s'appuient alternativement sur la face inférieure d'une des extrémités de l'ancre et sur la face supérieure de l'autre extrémité, et ces extrémités sont elles-mêmes taillées de manière que pendant tout le temps qu'une dent de la roue est arrêtée par l'une des extrémités de l'ancre, cette dent reste immobile comme la roue elle-même. Le mouvement est rendu intermittent et égal, parce qu'il n'est mis en action que par les oscillations isochrones du pendule.

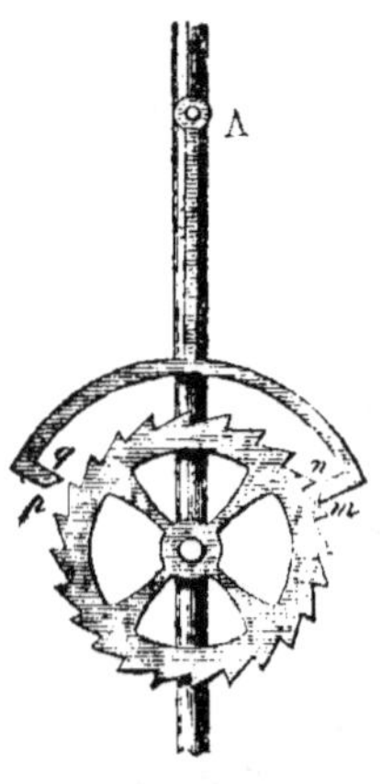

Fig. 15.

On voit donc que les aiguilles d'un cadran ne marchent pas sur ce cadran d'une manière continue, mais par petites saccades. Comme les aiguilles se déplacent à chaque saccade d'une très-faible quantité, on les croit animées d'un mouvement continu; mais, si l'on observe avec attention les aiguilles, on verra que leur mouvement n'est pas continu, mais procède par impulsions régulières.

Pendules d'appartement. — Ce n'est que dans les horloges fixes que l'agent moteur est un simple poids. Le moteur qui est en usage dans les pendules d'appartement, c'est-à-dire dans les horloges portatives, est un ressort formé d'une lame d'acier mince et longue, enroulée autour d'elle-même en spirale, comme le montre la figure 16.

Supposons qu'on lie l'extrémité intérieure du ressort, celle qui occupe le centre de la spirale, à un axe qui puisse tourner sur lui-même, l'extrémité extérieure A 'étant fixée à un point immobile; qu'arrivera-t-il lorsqu'on fera tourner cet axe sur lui-même au moyen d'une clef? Il entraînera avec lui l'extrémité intérieure du ressort : les spirales se serreront de plus en plus en s'appliquant l'une sur l'autre : le ressort sera alors *tendu*, selon

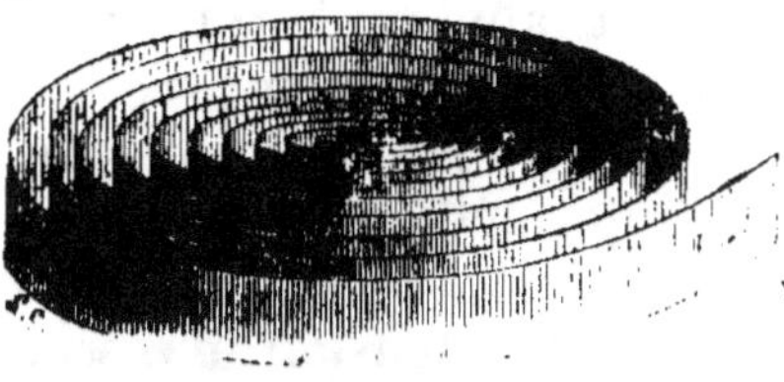

Fig. 16.

l'expression ordinaire. Si l'on abandonne l'axe à lui-même, maintenant, que fera le ressort? Il reprendra sa position primitive, il se détendra, c'est-à-dire que ses lames s'écarteront, mais en même temps, et par l'effet de ce mouvement dû à son élasticité, il imprimera à l'axe auquel il est attaché un mouvement de rotation. Tel est le mécanisme du ressort en spirale qui fait marcher les pendules d'appartement.

Mais l'action du ressort est-elle constante, toujours égale comme l'est celle du poids moteur des horloges? Il n'en est rien. La force d'un ressort va en diminuant sans cesse depuis le moment où il commence à agir en se détendant jusqu'au moment où il a repris sa forme primitive. Le moteur spiral n'a donc pas cette action constante nécessaire à l'harmonie du mécanisme. Voyons, comment on est parvenu à lui rendre cette qualité indispensable.

La fusée et le barillet. — On enferme le ressort dans

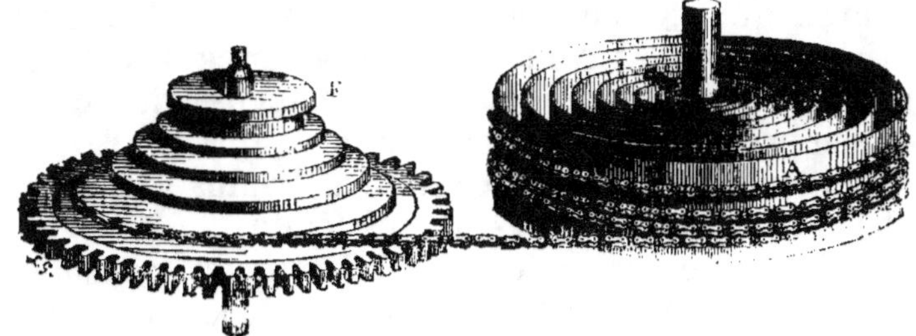

Fig. 17.

une petite boîte circulaire A, en forme de tambour, nommée *barillet*. Sur la surface extérieure de ce barillet, est enroulée une chaînette d'acier qui, après avoir fait un certain nombre de tours sur cette surface, vient s'enrouler sur un tambour conique creusé d'une rainure disposée en spirale qui reçoit les divers tours de la chaînette : ce tambour conique F a reçu le nom de *fusée*. Quand le ressort est complétement tendu, la chaîne est enroulée sur toute la surface de la fusée ; mais à mesure que le ressort se détend, il fait tourner le barillet auquel il est attaché, et en même temps la fusée par l'intermédiaire de la chaîne. Celle-ci se déroule donc sur la fusée et s'enroule sur le barillet. Nous savons que la force de tension du ressort sur la chaîne va en diminuant depuis le moment où il commence à se détendre jusqu'à celui où il a repris sa forme primitive : mais, comme nous allons le voir, cette force, qui diminue d'une part, augmente d'une autre, de façon que les deux effets se compensant, l'action du ressort demeure égale et constante.

Voici comment la force du ressort augmente par le jeu de la fusée, malgré la diminution de son intensité réelle.

A mesure que le ressort se détend et perd progressivement de sa force, il agit successivement sur de plus grands rayons du cône de la fusée, et sa force en est augmentée de manière à rétablir l'équilibre. S'il est vrai que le ressort au moment où il commence à se détendre, a acquis une force telle qu'il pourrait entraîner le rouage avec une grande rapidité, il est vrai aussi qu'à ce moment il agit au sommet de la fusée par les plus petits rayons, et que sa force s'en trouve sensiblement diminuée. La force compensatrice de cet appareil provient donc de ce que le ressort agit successivement sur la fusée, à l'extrémité d'un plus grand bras de levier à mesure qu'il est moins tendu.

Le mouvement régulier ainsi obtenu est transmis à tout le mécanisme par l'intermédiaire de la roue que la fusée entraîne en tournant.

Montres. — Le moteur des montres est le même que celui des pendules d'appartement, c'est-à-dire un ressort

d'acier en spirale semblable à celui que représente la
figure 16. On régularise, comme dans les pendules d'appartement, le jeu de ce ressort par l'emploi de la *fusée* et
du *barillet*.

Mais les montres ne pouvaient recevoir, en raison de
leur mobilité, le même balancier qui, dans les horloges
fixes et dans les pendules d'appartement, sert à régulariser le mouvement du moteur. Il fallait donc trouver
un mécanisme, autre que le pendule, qui rendît absolument isochrone l'impulsion du moteur, tout en s'ac-
commodant à la mobilité de la montre. C'est Huyghens
qui a imaginé le régulateur des montres qui a reçu le
nom de *balancier spiral*.

Cet appareil, que représente la figure 18, se compose d'une roue ou petit volant, dit *balancier*, mobile autour d'un axe vertical, et d'un ressort spiral semblable au
grand ressort moteur de la montre, mais de dimensions
beaucoup plus petites. Son extrémité intérieure est fixée
à l'axe de la roue, et l'autre extrémité à une des pla-
tines de la montre. Lorsqu'on fait tourner le balancier en tendant le ressort spiral au moyen de la clef,
ce spiral se trouve déformé ; mais, par son élasticité, ce
ressort tend à reprendre sa figure primitive, et il entraîne le balancier avec lui. Après avoir reçu cette
impulsion, le balancier ne s'arrête pas à cette première
position ; animé d'une certaine vitesse, il continue encore à tourner dans le même sens, alors que le spiral
a déjà repris sa figure d'équili-
bre : alors le spiral se déforme
en sens contraire, résiste de plus
en plus au balancier et finit par
l'arrêter : continuant à agir sur
lui, il ramène de nouveau le ba-

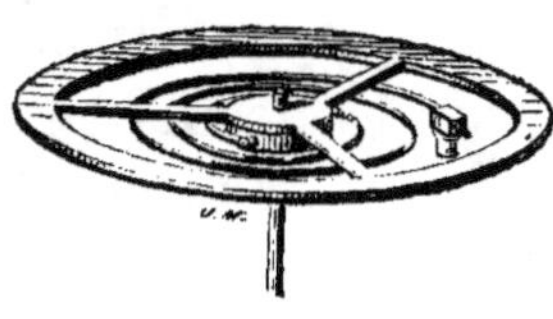

Fig. 18.

lancier à sa position primitive, le balancier la dépasse de
nouveau en vertu de sa vitesse acquise, et ainsi de suite.

Ainsi le balancier oscille de part et d'autre de sa
position primitive, comme le pendule oscille de part et

d'autre de la verticale. Il remplit dans la montre cet effet régulateur ou d'*isochronisme* que le pendule produit dans les horloges fixes : il régularise le mouvement du moteur et rend isochrone son action. Dans le pendule des horloges fixes, c'est la force de la pesanteur qui produit l'isochronisme ; avec le ressort spiral des montres, c'est l'élasticité du ressort qui produit le même isochronisme.

Un échappement spécial met le régulateur dans les horloges fixes ou portatives, comme dans les montres, en communication avec un système de trois roues dentées qui ont des dimensions convenables pour que les aiguilles qui en reçoivent leur mouvement indiquent régulièrement sur le cadran les heures, les minutes et les secondes.

Sonnerie. — Dans les horloges fixes et les pendules d'appartement la sonnerie est produite par un ressort qui met en action un petit marteau venant frapper au moment voulu un timbre métallique très-sonore.

VI

LA PORCELAINE ET LES POTERIES.

Composition générale des poteries. — On donne le nom d'*argiles* à des mélanges naturels de silice et d'alumine. Les argiles qui forment des couches horizontales situées à peu de profondeur dans le sol, ont beaucoup d'influence sur la disposition des eaux souterraines. Les eaux souterraines s'arrêtent à leur surface ; ainsi se forment les nappes d'eau que l'on rencontre dans les régions profondes du sol, et que va chercher la tige de l'ouvrier foreur pour en faire jaillir les sources artésiennes.

Les argiles se caractérisent par leur toucher gras et onctueux, et leur propriété de former, quand on les pétrit avec de l'eau, une pâte liante et ductile qui peut être lissée, polie sous le doigt, et prendre toutes les formes que l'on désire. Un autre caractère essentiel de l'argile, c'est que, quand on l'expose à l'action d'un feu violent, elle perd toutes les propriétés que nous venons d'énumérer, devient impénétrable à l'eau et à tous les liquides, et acquiert une dureté si prononcée qu'elle peut faire feu au briquet.

L'emploi de l'argile pour la confection des poteries repose sur cette modification profonde que la chaleur lui fait subir. Toutes les poteries, quelle que soit leur valeur, depuis la porcelaine la plus précieuse jusqu'aux plus infimes qualités des vases de terre employés dans les ateliers et dans les cuisines, sont préparées au moyen d'une terre argileuse préalablement moulée par l'intermédiaire de l'eau, et calcinée ensuite à une haute température. Cette calcination les rend dures et impénétrables aux liquides, inattaquables par la plupart des agents chimiques. Les poteries si nombreuses et si variées, qui servent à tant d'usages dans les arts et dans l'économie domestique, ne diffèrent donc entre elles que par la pureté de l'argile employée à leur confection. Nous traiterons successivement des poteries communes et de la porcelaine.

Briques. — Les premiers objets en terre cuite que l'homme ait su fabriquer, sont les briques qui servent aux constructions.

Les briques se préparent au moyen d'une argile grossière, telle qu'on la rencontre dans beaucoup de terrains. Après avoir fait, par l'intermédiaire de l'eau, une pâte avec ces terres argileuses, on donne à cette pâte la forme de briques et on l'expose à la chaleur d'un four. On se contente quelquefois de sécher les briques à un soleil ardent; mais elles ont alors très-peu de solidité. Les briques cuites doivent leur couleur rouge à l'oxyde de fer qu'elles contiennent. On les façonne à la main ou dans des cadres rectangulaires saupoudrés de sable. Pour les cuire, on les met en tas en ménageant çà et là des intervalles où l'on brûle le combustible. On les cuit aussi dans des fours.

Poteries communes. — Les poteries communes se fabriquent avec des argiles impures qu'on laisse pourrir pendant plusieurs années dans des fosses afin de les rendre plus plastiques. Les pots à fleur, les formes à sucre, etc., etc., sont fabriqués sur le tour à potier.

Tour à potier. — Le tour à potier est un des plus anciens instruments de l'industrie humaine. Il consiste en un grand disque de bois auquel le pied de l'ouvrier imprime un mouvement de rotation. Un second disque plus petit, qui porte la pâte à travailler, est fixé sur l'extrémité supérieure de l'axe vertical auquel est fixé le grand disque inférieur. Assis sur un banc, l'ouvrier place au centre de ce plateau une certaine quantité de pâte humide et molle, et, faisant tourner le tour avec son pied, il façonne la pâte avec les deux mains, de manière à lui donner la forme voulue. Il n'y a pas de plus joli spectacle que de voir un potier habile donner à la pâte, avec une rapidité étonnante, les formes les plus variées. Il semble que, par miracle, le vase naisse, se forme, se moule de lui-même entre les doigts industrieux de l'ouvrier.

Vases étrusques. — Les poteries campaniennes, improprement désignées sous le nom de *poteries étrusques*, et les poteries grecques anciennes, appartiennent à la classe des poteries tendres, lustrées, qu'on ne fabrique plus aujourd'hui. Les vases étrusques sont les modèles les plus remarquables de la poterie antique ; ils sont d'une forme pure, simple et élégante, qu'on s'efforce d'imiter de nos jours. La pâte de ces poteries est fine, homogène, recouverte d'un lustre ou enduit vitreux particulier, mince et résistant, rouge ou noir, formé de silice rendue fusible par un alcali. On les cuisait à une basse température.

Faïences. Historique. — La faïence émaillée a été connue des Perses et des Arabes avant de l'être des Européens. On admet généralement que les ouvriers arabes ont introduit des îles Baléares, en Italie l'émail opaque stanifère. « L'introduction, dit M. Alexandre Brongniart, aurait eu lieu vers 1415, à peu près à l'époque où Luca della Robia, sculpteur de Florence, fit ses figures et bas-reliefs en terre cuite, et les empâta dans un émail d'étain. » Cette faïence s'appelait *Majolica* dans toute l'Italie, nom dérivé de *majorica*, Mayorque. La fabrication de la *majolica* se fit d'abord à Castel-Durante et à Florence, sous la direction des frères Fontana d'Urbin. Des manufactures s'établirent ensuite dans toutes les villes d'Italie, et entre autres à *Faenza*, qui aurait depuis donné son nom à cette espèce de poterie. Selon Mézerai, son nom viendrait plutôt de *Faïence*, petit bourg situé en Provence, « et renommé pour les vaisselles de terre qui s'y font, » dit cet historien. François Ier fit établir une fabrique de faïence près de Paris; celle de Nevers fut créée par Henri IV, en 1603.

Mais revenons sur nos pas. Les manufactures italiennes exécutaient des pièces de luxe pour les princes : c'étaient des faïences sculptées, recouvertes d'admirables peintures. Cependant, à partir de l'année 1560, la *majolica* commença à tomber en décadence; ce qui était un art devint un métier, les potiers remplacèrent les artistes. Le secret de la fabrication de la faïence finit même par se perdre en France, bien qu'en 1530 un petit neveu de Luca della Robbia fût venu décorer en carreaux émaillés le château du bois de Boulogne.

C'est à Bernard de Palissy que l'on doit l'art de composer des émaux diversement colorés et de les appliquer sur la faïence.

Bernard Palissy. — Cet homme illustre était né dans l'Agénois vers 1500. Il s'appliqua, dans sa jeunesse, à la peinture et à l'arpentage; mais son grand mérite fut d'être, comme il le dit lui-même, *ouvrier de* *terre*. Après seize ans d'efforts, il réussit à fabriquer ces admirables faïences émaillées qui sont encore très-recherchées à cause de l'éclat de leur émail et de la perfection des objets qui les décorent. Ce sont des reptiles, des poissons, des coquilles, etc., d'une vérité saisissante.

Bernard Palissy nous a laissé l'histoire de ses découvertes dans un *Traité de la nature des eaux et fontaines, des métaux, des terres, émaux,* etc. Le récit de ses recherches est du plus vif intérêt. On assiste à ce grand combat d'un homme armé d'une idée et d'une volonté fortes, qui lutte de toute l'énergie de son âme contre l'envie, les reproches des petits esprits, la misère, le découragement et la douleur. Quelquefois il s'affaisse sous les coups de l'infortune ou se brise contre l'insuccès de ses expériences, mais il se relève bientôt et dit à son âme : « Qu'est-ce qui t'attriste, puisque tu as trouvé ce que tu cherchais ? Travaille, à présent, et tu rendras honteux tes détracteurs. » Ailleurs, il est si malheureux, et il raconte ses chagrins avec un style d'une bonhomie si naïve et si poignante à la fois, que le lecteur a le cœur serré et pourtant le sourire sur les lèvres :

« Toutes ces fautes, nous dit-il, m'ont causé un tel labeur et tristesse d'esprit, qu'auparavant que j'aye eu mes émaux fusibles à un même degré de feu, j'ay cuidé entrer jusques à la porte du sépulchre. Aussi, en me travaillant à tels affaires, je me suis trouvé l'espace de plus de dix ans si fort escoulé en ma personne, qu'il n'y avait aucune forme ny apparence de bosse aux bras ny aux jambes : ains estoient mes dites jambes toutes d'une venue ; de sorte que les liens de quoy j'attachois mes bas de chausses estoient, soudain que je cheminois, sur mes talons.... J'étois méprisé et moqué de tous.... L'espérance que j'avois me faisoit procéder en mon affaire si virilement, que plusieurs fois, pour entretenir les personnes qui me venoyent voir, je faisois mes efforts de rire, combien que intérieurement je fusse bien triste.... J'ai été plusieurs années que, n'ayant rien de quoy faire couvrir mes fourneaux, j'étois toutes les nuits à la mercy des pluyes et vents sans avoir aucun secours, aide, ny consolation, sinon des chats-huants qui chantoyent d'un costé et les chiens qui hurloyent de l'autre.... Me suis trouvé plusieurs fois qu'ayant tout quitté, n'ayant rien de sec sur moy à cause des pluyes qui estoient tombées, je m'en allois coucher à la minuit ou au point du jour, accoustré de telle sorte comme un homme que l'on auroit traîné par tous les bourbiers de la ville; et, m'en allant ainsi retirer, j'allois bricollant sans chandelle, et tombant d'un costé et d'autre, comme un homme qui seroit ivre de vin, rempli de grandes tristesses!..... »

Bernard Palissy avait embrassé la religion réformée, qu'il refusa d'abjurer. On le jeta dans une prison où il mourut en 1589.

Confection des poteries de faïence. — Les faïences s'obtiennent, comme toutes les poteries, en calcinant dans des fours la pâte argileuse préalablement moulée. La pâte des faïences est une argile qui reste blanche après la cuisson, quand elle est pure, et se colore en rouge ou en brun quand elle est impure. La faïence anglaise, ou faïence fine, est d'une pâte qui demeure blanche après la cuisson; au contraire, les faïences communes de France, que l'on désigne souvent sous le nom de *terre de pipe*, donnent par la cuisson une pâte colorée.

Toutes les faïences doivent être couvertes d'un vernis qui donne à la poterie l'éclat et le poli nécessaires aux usages auxquels on la destine. Si la pâte est incolore après la cuisson, telle que la faïence fine anglaise, qui reçut de 1760 à 1770 de grands perfectionnements entre les mains de Wedgvood, et qui est caractérisée par une pâte blanche, opaque, à texture fine, on la recouvre d'un vernis transparent, que l'on obtient par un mélange de sable et d'oxyde de plomb. Par sa translucidité, ce vernis laisse apercevoir à travers sa substance la couleur blanche et mate de la poterie. Si, au contraire, la pâte de la faïence est d'une couleur rougeâtre, et tel est le cas de nos faïences communes de France, il faut l'envelopper d'une couverte en vernis opaque, afin de masquer la couleur désagréable de la poterie. Ce vernis opaque est un émail, c'est-à-dire, une combinaison de silice avec de l'oxyde d'étain ou de plomb.

Voici comment en opère pour appliquer sur les faïences la couverte ou vernis. On pulvérise, de manière à la réduire à un état de grande division, la matière destinée à servir de couverte, et qui consiste, comme nous l'avons dit, en un émail ou verre à base d'oxyde d'étain ou de plomb. On délaye cette poudre dans de l'eau, que l'on agite de manière à la tenir en suspension, et l'on plonge dans ce liquide la pièce de poterie cuite et par conséquent poreuse et très-absorbante. Par cette immersion rapide, la pièce absorbe une certaine quantité d'eau qui pénètre à l'intérieur de sa substance, en laissant à sa surface une légère couche d'émail pulvérulent. En portant ensuite la pièce au four, l'eau s'évapore, l'émail, matière très-fusible, fond par la chaleur, et forme à la surface de la pièce une enveloppe de vernis opaque ou translucide, selon la nature des matières employées.

Porcelaine. Historique. — La porcelaine est la plus précieuse des poteries, parce qu'elle est obtenue avec une argile particulière nommée *kaolin*, qui est d'une pureté absolue.

L'art de fabriquer la porcelaine a été connu et mis en pratique de temps immémorial en Chine et au Japon, où il existe de très-riches gisements de kaolin. Ce n'est pourtant que dans les premières années du xviiᵉ siècle, que des voyageurs revenant de l'Orient apportèrent en Europe et firent connaître ce précieux produit céramique. On s'occupa tout aussitôt avec ardeur, en différentes parties de l'Europe, d'imiter et de reproduire cette poterie qui étonnait par sa pureté, son éclat, sa

translucidité et sa blancheur. Les souverains consacrè-
rent des sommes considérables à provoquer cette découverte qui aurait enrichi leurs États.

C'est en 1707, que l'art d'imiter la porcelaine de Chine
fut trouvé en Saxe, par l'alchimiste Bötticher, après de
longues recherches faites pour le compte de l'électeur
de Saxe. Un gisement de kaolin, trouvé près d'Auë,
avait permis de réaliser cette remarquable découverte.
En 1707, l'électeur de Saxe créait à Dresde la première
manufacture de porcelaine que l'on ait vue en Europe.

En France, les efforts faits pour arriver à imiter la
porcelaine de la Chine et du Japon, finirent également
par aboutir à d'heureux résultats. En 1727, on commença à fabriquer en France une poterie blanche,
translucide, à couverte brillante, qui diffère beaucoup,
par sa composition, de la porcelaine dure, et qu'on appelle *porcelaine à pâte tendre* ou *vieux Sèvres*. Mais la
fabrication de cette pâte très-coûteuse et très-difficile
cessa dès qu'on eut découvert à Saint-Yrieix, près de Limoges, un gisement d'une véritable terre à porcelaine.

La manufacture royale de Sèvres fut fondée en 1756
et, l'année suivante, l'impératrice Marie-Thérèse recevait
de Louis XV un service de cette porcelaine. Depuis, un
grand nombre de manufactures s'établirent en France
et ailleurs.

**Préparation de la porcelaine. — Façonnage des
pièces.** — L'argile employée pour la fabrication de la
porcelaine à la manufacture de Sèvres est le kaolin de
Saint-Yrieix, matière blanche et douce au toucher; on
y mêle un peu de sable et de craie.

On commence par chauffer ces matières au rouge
et on les jette dans l'eau froide; on les réduit en
poudre sous des meules, puis on les lave pour séparer
les grains grossiers. Après les avoir mêlées et humec-
tées en partie, on obtient une pâte plus solide, qu'un
homme piétine en marchant dessus pieds nus. Toutes
ces opérations doivent être faites avec grand soin. On

abandonne ensuite la pâte pendant plusieurs années dans des caves humides où elle pourrit, c'est-à-dire, que la petite quantité de matière organique qu'elle peut contenir se détruit. Avant de procéder à la confection des pièces, on malaxe la pâte à la main, on en forme des boules, qu'on lance avec force sur la table de travail pour faire sortir les bulles de gaz qu'elle peut contenir après la pourriture.

Le premier façonnage ou *l'ébauchage* se fait sur le tour à potier que nous avons décrit plus haut[1]. Mais la pièce ainsi préparée ne saurait être soumise à la cuisson : elle est trop imparfaite; on achève de lui donner ses formes dans une seconde opération : le *tournissage*. On laisse l'objet se dessécher un peu sur le tour, puis, l'ouvrier mettant le tour en rotation, entame la pièce avec un instrument tranchant et lui donne l'épaisseur et la pureté de contours nécessaires.

Moulage. — Toutes les pièces ou parties de pièces de porcelaine ne sont pas façonnées par l'ouvrier sur le tour. Beaucoup d'objets se façonnent par le *moulage* et même par le *coulage*.

Dans le *moulage*, la pâte céramique est appliquée dans un moule creux dont elle doit conserver la forme. Ce moule est ordinairement en plâtre. Pour les pièces rondes, comme les anses et les colonnes, on se sert de moules composés de deux parties égales exactement superposées. On moule une moitié de la pièce dans chacune de ces parties, et quand la pâte est encore molle, on rapproche les deux moitiés du moule.

Coulage. — Les tubes et les cornues de porcelaine, les becs de théières et beaucoup d'autres pièces creuses se font par *coulage*. Si l'on verse dans un moule poreux en plâtre une bouillie liquide de pâte de porcelaine, le moule absorbe beaucoup d'eau, et une couche de pâte adhère à la face intérieure du moule. On laisse écouler

---

1. Page 56.

la partie liquide qui reste et on remplit de nouveau le moule. Il se forme une seconde couche de pâte : on continue ainsi jusqu'à ce qu'on ait obtenu l'épaisseur suffisante.

Les pièces de porcelaine façonnées par ces diverses méthodes sont lentement desséchées, puis soumises à une première cuisson dans la partie supérieure d'un four à porcelaine. Elles prennent ainsi une certaine consistance, mais elles sont très-poreuses et ne sauraient être employées en cet état aux usages auxquels sont destinées les poteries.

Couverte ou glaçure. — La couverte ou *glaçure*, qui s'applique après cette première cuisson de la pièce, a pour effet de s'opposer à l'absorption des liquides par la pâte de la poterie, et de lui donner un éclat et un poli agréables à l'œil.

La matière qui constitue la couverte ou vernis de la porcelaine, est le *feldspath*, roche naturelle qui a une grande analogie de composition avec l'argile qui sert à obtenir la porcelaine : elle fond à une température inférieure à celle à laquelle le vase se déformerait.

La couverte, réduite en poudre extrêmement fine, est mise en suspension dans l'eau. Un ouvrier plonge avec adresse la pièce à vernir dans le liquide : l'eau est absorbée par la pâte poreuse, et la matière vitrescible se dépose à sa surface. Si on voulait vernir des pièces déjà cuites et non poreuses, il faudrait appliquer la couverte au pinceau ou par arrosement.

Cuisson. — La cuisson de la porcelaine se fait, à la manufacture de Sèvres, dans des fours à trois étages. L'étage supérieur sert, comme nous l'avons dit, à donner à la pièce une première cuisson, les deux autres servent à la cuisson définitive de la porcelaine. Chacun de ces étages est chauffé par quatre foyers extérieurs accolés au four; la flamme pénètre dans le four par des ouvertures latérales qui font ainsi office de cheminées pour ces foyers.

Pour cuire chaque pièce de porcelaine, on l'enferme dans un vase appelé *cazette* qui a une forme appropriée à la forme même de la pièce. Les *cazettes* sont fabriquées avec des argiles encore moins fusibles que la porcelaine, afin qu'elles résistent à la violence de la chaleur. Quand le four est plein, on mure les portes avec des briques réfractaires et on donne le feu. La cuisson est terminée après trente-six heures de feu.

Peinture et dorure de la porcelaine. — Quand on veut recouvrir la porcelaine de peinture ou de dorure, c'est-à-dire la *décorer*, selon l'expression consacrée, on applique sur la pièce déjà cuite et recouverte de son vernis de l'or en poudre ou d'autres substances minérales diversement colorées qui servent à effectuer le dessin. Ces substances minérales colorées sont mêlées d'un *fondant* qui est ordinairement le borax. On porte au four les pièces ainsi décorées. Par l'action de la chaleur, le borax fond et détermine par cette fusion l'adhérence des matières minérales colorées avec le vernis de la porcelaine. Ces couleurs sont très-peu altérables quand elles sont appliquées avec les soins voulus.

VII

LE VERRE.

Historique. — Il est parlé du verre dans l'Écriture sainte en deux endroits, dans le livre de Job et dans celui des Proverbes.

Dès l'antiquité la plus reculée, les Égyptiens connaissaient l'art de fabriquer les verres blancs et colorés, de les tailler et de les dorer ; c'est ce que démontrent les ornements dont étaient parées plusieurs momies trouvées dans les catacombes de Thèbes et de Memphis.

L'an 370 avant Jésus-Christ, Théophraste cite des verreries phéniciennes, situées à l'embouchure du fleuve Bélus.

Les Romains ont connu le verre plus de deux siècles avant Jésus-Christ. Nous devons à Pline des détails curieux sur le mode de fabrication de ce produit dans les verreries antiques. De son temps, des verreries commençaient à s'établir en Gaule et en Espagne. 210 ans après Jésus-Christ, sous Alexandre Sévère, les verriers étaient si nombreux à Rome, qu'on les avait relégués dans un quartier séparé.

Les notions qui précèdent, relatives à la connaissance du verre par les anciens, expliquent pourquoi l'on trouve si souvent en Égypte, en Italie, en Allemagne, en France, etc., beaucoup de vases et fioles de verres dans les tombeaux antiques.

Les premières verreries de l'Europe, dans les temps modernes, furent établies à Venise, sous la direction d'ouvriers arabes, ce qui montre que ces peuples avaient conservé l'art de la fabrication du verre que leur avaient transmis les anciens.

Au XIIIe siècle, les Vénitiens avaient découvert le secret d'étamer les glaces, et répandaient dans toute l'Europe des glaces étamées sous le nom de *glaces de Venise*. Les anciens, en effet, n'ont point connu l'étamage des glaces; chez eux, les miroirs étaient composés d'une simple lame d'argent poli, ou d'un métal peu oxydable et à surface très-réfléchissante.

L'art de graver, de tailler le verre et de le transformer ainsi en un objet d'ornement, a été, dit-on, découvert par un artiste allemand, Gaspard Lehmann, à qui l'empereur d'Allemagne, Rodolphe II, mort en 1612, accorda le titre de graveur sur verre de la cour d'Allemagne. Cependant l'art de polir et de décorer le verre n'avait pas été complétement ignoré des anciens, car Pline parle de certains tours servant à graver le verre, qui étaient employés de son temps.

Composition générale du verre. — Quand on fond dans un creuset chauffé au rouge un mélange, fait en proportions convenables, de silice (sable pur) et d'un oxyde métallique alcalin ou terreux (potasse, soude, chaux, alumine ou magnésie), la silice se combinant à l'oxyde métallique, donne naissance à un mélange de silicates divers, c'est-à-dire à des silicates de potasse, de soude, de chaux, etc. Les silicates de soude, de potasse, de chaux, d'alumine, purs ou mélangés, c'est-à-dire le produit résultant de la combinaison de la silice avec la soude, la potasse, la chaux ou l'alumine, constituent donc d'une manière générale le produit que l'on désigne sous le nom de *verre*.

On peut distinguer les verres en *verres incolores* que l'on emploie pour la gobeletterie, les vitres et les glaces coulées, et en *verres noirs ou colorés* qui servent à la confection des bouteilles et des objets de verrerie grossière. Enfin, on désigne sous le nom de *cristal* un verre excessivement pur et qui jouit de qualités optiques particulières. Nous allons passer en revue les procédés de fabrication de chacune de ces espèces de verre.

Verres incolores. — Les verres incolores ordinaires que l'on emploie pour la gobeletterie, les vitres et les glaces, sont formés de silice unie à de la chaux et à de la potasse ou de la soude. Les plus beaux verres à base de potasse et de chaux sont les verres de Bohême. Le verre blanc de première qualité est fabriqué à Paris avec du sable d'Étampes, de Fontainebleau ou de la butte d'Aumont, de la craie blanche de Bougival et du carbonate de soude.

Le four à verrerie se compose d'un foyer central entouré de deux compartiments latéraux, dans lesquels on place les matières entrant dans la composition du verre, pour leur faire subir une calcination préliminaire qu'on nomme *fritte*. Ces matières étant frittées, c'est-à-dire chauffées à une certaine température, on les place dans le foyer central, dans des creusets où elles fondent et donnent le verre. Ce produit rendu liquide par la chaleur du foyer, est ensuite façonné en différentes formes par les moyens que nous allons décrire.

La *canne*, outil principal de l'ouvrier verrier, est un tube de fer creux, muni d'un manche de bois. Nous donnerons comme exemple de la manière dont l'ouvrier façonne les objets de verre au moyen de cet outil, la description de la préparation d'un *carreau de vitre*.

L'ouvrier plonge sa canne dans le creuset rouge contenant le verre liquide, puis en soufflant dans la canne, et en lui faisant subir divers mouvements de rotation ou de balancement, il donne peu à peu au verre la forme d'un cylindre allongé. Avec des ciseaux il coupe rapidement le dôme qui termine le cylindre de verre encore ramolli par la chaleur; puis il détache de la canne le manchon de verre ainsi façonné, en plaçant une goutte d'eau sur la partie voisine de la canne et y appliquant aussitôt un fil de fer rouge, ce qui provoque une séparation nette et immédiate. Il coupe ensuite le manchon suivant sa longueur au moyen d'une goutte d'eau et d'une tige de fer chauffée au rouge. On porte alors au *four d'étendage* le manchon de verre. Quand il est suffisamment ramolli par la chaleur, l'ouvrier *étendeur*, armé d'une règle, affaisse à droite et à gauche les deux côtés du cylindre, puis, au moyen d'un rabot en bois qu'il fait glisser rapidement à la surface du verre, il étend parfaitement la plaque. On la pousse enfin dans le four à recuire et on la laisse refroidir lentement. Elle constitue alors un carreau de vitres.

Verres à bouteilles. — Pour la préparation du verre à bouteilles ou verre noir, on emploie des sables ocreux, parce que l'oxyde de fer qu'ils renferment donne de la fusibilité au verre. On y ajoute de la soude brute, des cendres de bois et une grande quantité de morceaux de bouteilles. Les fours pour le verre à bouteille renferment ordinairement six grands creusets qu'on remplit du mélange et qu'on chauffe pendant sept à huit heures.

Pour faire une bouteille, un aide plonge plusieurs fois la canne dans le verre fondu, jusqu'à ce qu'il en ait retiré la quantité nécessaire au façonnage d'une bouteille, et à chaque fois il la tourne constamment entre ses mains. Le *souffleur* prend alors la canne, appuie le verre sur une plaque de fonte en tournant la canne pour former le gou- lot de la bouteille, puis il souffle dans la canne et donne au verre la forme d'un œuf. Il marque ensuite le col de la bouteille, réchauffe la pièce et la souffle de nouveau après l'avoir introduite dans un moule de bronze qui lui donne la forme et les dimensions convenables. Pour faire le fond de la bouteille, il appuie un des angles d'une petite plaque de tôle rectangulaire, nommée *molette*, au centre de la base de la bouteille, tout en tournant celle-ci avec la canne. Il ne reste plus qu'à détacher la bouteille de la canne et à ajouter une petite corde de verre au sommet du goulot. On place ensuite les bouteilles dans le *four à recuire*, et on les laisse refroidir lentement.

Cristal. — Le cristal diffère du verre proprement dit en ce qu'il contient une certaine quantité d'oxyde de plomb, à l'état de silicate d'oxyde de plomb, que ne renferme pas le verre ordinaire. Ce silicate de plomb donne à la masse vitreuse une grande pesanteur spéci- fique et une limpidité parfaite. Les rayons lumineux qui le traversent y éprouvent une réfraction (c'est-à-dire une déviation) beaucoup plus considérable que dans le verre commun. Enfin, le cristal se taille par le ciseau avec la plus grande facilité, et peut recevoir ainsi toutes les formes propres à la décoration. C'est cet ensemble de propriétés remarquables qui rendent le cristal si pré- cieux pour un grand nombre d'usages, et font sa supé- riorité sur le verre proprement dit.

Le *minium*, ou oxyde rouge de plomb, est le composé plombique qui sert à la préparation des différentes variétés de cristal.

Le cristal le plus commun s'obtient en fondant ensem- ble dans un creuset du sable pur, du minium et du carbonate de potasse purifié.

Une variété de cristal qui est très-dense, très-réfrin- gent, et qui, sous l'influence de la taille, imite singulièrement le diamant, porte le nom de *strass*. Si on le colore avec des oxydes métalliques, on obtient des pierres précieuses artificielles.

Les verres employés pour former les lentilles qui entrent dans les instruments d'optique, sont le *crown-glass*, qui présente une composition analogue à celle du verre de Bohême, et le *flint-glass*, qui est un véritable cristal. Dans le *crown-glass* entrent : sable blanc, carbonate de potasse, carbonate de soude, craie, acide arsénieux. Le *flint-glass* est composé de sable blanc, de minium et de carbonate de potasse très-pur.

VIII

LES LUNETTES D'APPROCHE.

Historique. — On a prétendu que l'invention des lunettes n'appartient pas aux modernes ; mais toutes les preuves que l'on a invoquées à cet égard sont tombées devant leur interprétation raisonnée. Il a été bien constaté seulement que, chez les anciens, on examinait les astres avec de longs tuyaux, de manière, dit Aristote, à reproduire l'effet d'un puits, du fond duquel on voit les étoiles en plein jour. Mais un tel moyen n'avait rien de commun avec les instruments d'optique dont nous avons à nous occuper.

Frascator et Porta. — On lit, dans un ouvrage de Frascator publié à Venise en 1538 : « Si on regarde à travers deux verres oculaires placés l'un sur l'autre, on voit toutes choses plus grandes ou plus proches. » On lit encore dans la *Magie naturelle*, ouvrage publié en 1590 par un physicien napolitain, nommé Porta, qu'en réunissant une lentille convexe et une lentille concave, on pourra voir les objets agrandis et distincts.

Cependant aucun de ces physiciens n'a construit d'appareil d'optique réalisant la lunette d'approche.

Jean Lippershey. — Il résulte de documents trouvés dans les archives de la ville de la Haye que, le 2 octobre 1606, Jean Lippershey, opticien, bourgeois de Middelbourg et natif de Wesel, demandait aux États généraux de la Hollande un brevet de trente ans, pour la construction privilégiée d'un instrument servant à faire voir les objets très-éloignés, *comme cela a été prouvé à Messieurs les membres des États généraux*. Quatre jours après, une commission nommée par 'es États généraux, décidait que l'instrument de Lippershey serait utile au pays, mais qu'il fallait le perfectionner, afin qu'on pût y voir des deux yeux. Le 15 décembre 1608, l'instrument reçut de l'inventeur cette modification.

Le 17 octobre 1608, un savant hollandais, Jacques Metius, fabriquait un instrument qui, selon lui, était tout aussi bon que celui du bourgeois de Middelbourg. Ajoutons qu'en 1609, l'immortel Galilée, en Italie, réussit à construire, par ses propres efforts, cette fameuse lunette hollandaise, dont il n'avait entendu parler que par le bruit public.

Comment le bourgeois de Middelbourg, Jean Lippershey, était-il parvenu à construire la lunette d'approche? Est-ce par la force de son génie, ou par un effet du hasard? « Je mettrais au-dessus de tous les mortels, dit le grand physicien Huyghens, celui qui, par ses seules réflexions, et sans le concours du hasard, serait arrivé à l'invention des lunettes. » Si on en croit la tradition, Lippershey ne serait arrivé que par hasard à créer ces admirables instruments. La tradition rapporte, qu'un étranger ayant commandé à Lippershey des lentilles convexes et concaves, vint les chercher au jour convenu, en choisit deux, les mit devant son œil en les éloignant et en les écartant tour à tour, paya, puis partit sans rien dire. Lippershey demeuré seul, imita, dit-on, les dispositions qu'il avait vues employer par l'éranger, et reconnut ainsi le grossissement. En fixant alors les deux verres aux deux extrémités d'un tube, il construisit la première lunette d'approche.

Suivant une autre version, les enfants de Lippershey ayant rapproché par hasard et à la distance voulue deux lentilles, dont l'une était concave et l'autre convexe, poussèrent des cris de joie, en voyant de si près le coq du clocher de Middelbourg. Lippershey, qui était présent, fixa les deux verres sur une planchette, puis, aux extrémités d'un tube, et construisit ainsi, pour la première fois, l'instrument merveilleux dont nous parlons.

Quelle que soit la manière dont Lippershey soit arrivé aux résultats, il semble bien démontré aujourd'hui que c'est à cet artiste que revient l'honneur d'avoir construit la première lunette d'approche.

Première lunette vue à Paris. — On lit dans le *Journal du règne de Henri IV* par Pierre de L'Estoile, à la date de 1609 : « Le jeudi, 30 avril, ayant passé sur le pont marchand, je me suis arrêté chez un lunettier qui montrait à plusieurs personnes des lunettes d'une nouvelle invention et usage. Ces lunettes sont composées d'un tuyau long d'environ un pied : à chaque bout il y a un verre, mais différent l'un de l'autre. Elles servent pour voir distinctement les objets éloignés, qu'on ne voit que très-confusément. On approche cette lunette d'un œil, on ferme l'autre : et regardant l'objet qu'on veut connaître, il paraît s'approcher et on le voit distinctement, en sorte qu'on reconnaît une personne d'une demi-lieue. On m'a dit qu'un lunettier de Middelbourg en Zélande en avait fait l'invention.... » Le *pont marchand*, dont parle Pierre de L'Estoile, traversait la Seine côte à côte avec le Pont-au-Change, et, comme lui, il était couvert de maisons.

Théorie des lunettes d'approche. — On réunit sous le nom de lunettes d'approche : 1° la lunette astronomique, 2° la lunette terrestre, 3° la lorgnette de spectacle.

Toute la théorie expliquant le jeu physique des lunettes d'approche repose sur le phénomène connu sous
le nom de *réfraction de la lumière.* Il est donc indispensable, pour l'intelligence de ces instruments, de bien
comprendre ce phénomène.

Une masse quelconque de lumière, un faisceau lumineux, par exemple, peut être considéré comme formé
de la réunion de plusieurs lignes lumineuses parallèles
entre elles : on donne le nom de *rayons lumineux* à ces
lignes lumineuses parallèles.

Dans une substance diaphane d'une constitution uniforme, dans une couche d'air, par exemple, ou une
couche d'eau, la lumière se meut en ligne droite. Mais
quand un rayon de lumière passe obliquement d'un milieu quelconque, de l'air, par exemple, dans un autre
milieu qui n'a pas la même densité, comme l'eau ou le
verre, ce rayon ne poursuit pas sa route en ligne droite;
il se brise, c'est-à-dire qu'il se meut dans le second milieu, suivant une direction qui ne forme pas le prolongement rectiligne du rayon extérieur, c'est-à-dire qu'il *se
réfracte.* C'est sur la propriété que possèdent les rayons
lumineux de dévier de leur route directe quand ils passent d'un milieu moins dense dans un milieu plus dense,
que repose la construction des lentilles, lesquelles constituent, par leur réunion convenable, la *lunette d'approche.*

Lentilles. — La lentille, l'instrument d'optique le plus
simple, nous présente une application de la réfraction
de la lumière dans des milieux plus denses que l'air.
La lentille est une masse de verre, travaillée de manière
à être limitée par deux surfaces sphériques. Une lentille bombée sur ses deux faces est dite *bi-convexe*, une
lentille creuse sur ses deux faces, est dite *bi-concave.*

Effet grossissant de la lentille bi-convexe. — Quand
on place dans la direction du soleil une lentille bi-convexe, les rayons qui rencontrent la surface de cette lentille et qui la traversent, se réfractent deux fois : en en-

trant dans le verre et en en sortant, tous s'inclinent l'un vers l'autre; de l'autre côté de la lentille, ils se réunissent en cône ou, comme on dit, convergent tous de manière à se rassembler sur un point très-restreint, qu'on nomme *foyer principal de la lentille*, ainsi que le montre la figure 19.

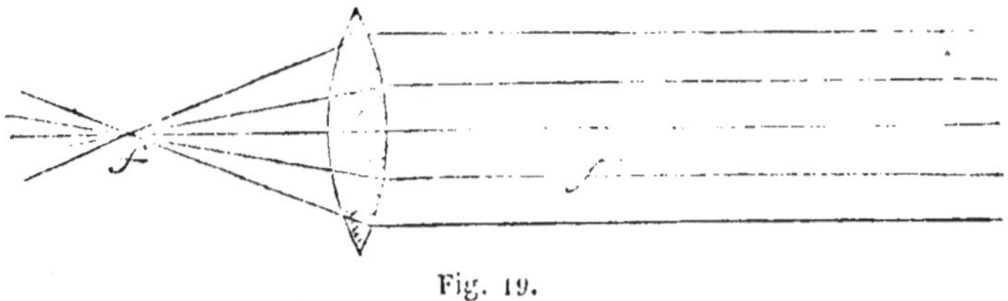

Fig. 19.

D'après cela, si on place un objet lumineux, ou éclairé AB (fig. 20), au delà du foyer d'une lentille biconvexe, les rayons émanés de A convergeront en *a*, et les rayons émanés de B en *b*, *a* et *b* étant les foyers de tous les rayons lumineux émanés des points A et B. Il en sera de même de tous les rayons émanés des différents points de l'objet.

L'image produite par la réunion des foyers correspondants à chacun des points de l'objet pourra être reçue sur un écran blanc, ou bien encore être vue par un œil placé sur la direction des rayons qui se propagent en divergeant après s'être croisés à leur foyer. C'est cette figure visible au foyer que l'on appelle *l'image réelle* de la lentille.

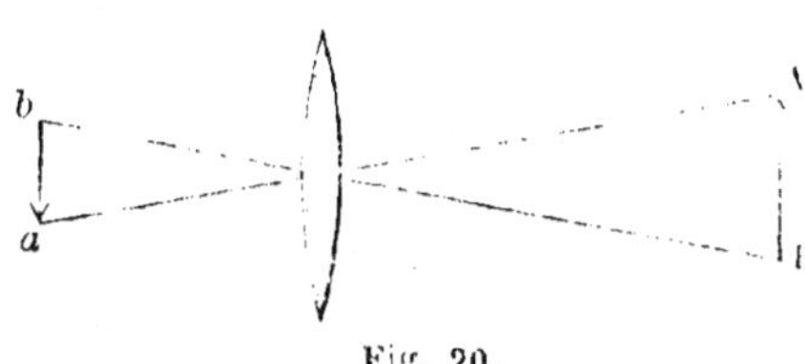

Fig. 20.

Plaçons maintenant un objet lumineux ou éclairé entre le foyer de la lentille biconvexe et cette même lentille. Les rayons de lumière qui en émanent subissent en traversant la lentille des réfractions en quelque sorte imparfaites. Ils ne convergent pas à la sortie, mais

4

l'œil qui les reçoit de l'autre côté de la lentille voit, du côté de l'objet, une image N'Z' agrandie de l'objet NZ. Cette image que l'on ne peut recevoir sur un écran est dite *virtuelle*.

Fig. 21.

Une lentille biconvexe placée au-devant de l'œil constitue la *loupe* ou microscope simple. Cet instrument sert au naturaliste à étudier soit dans les animaux, soit dans les végétaux, de petits détails qui seraient invisibles à l'œil nu. Nous y reviendrons quand nous traiterons de ce dernier instrument.

Lunette astronomique. — L'analyse que nous venons de donner du grossissement des objets par une lentille simple biconvexe, va nous permettre d'expliquer le jeu physique au moyen duquel la lunette des astronomes fait apercevoir distinctement les grands corps célestes malgré l'immense étendue qui les sépare de notre globe. La lunette astronomique se compose en effet de la réunion de deux lentilles biconvexes, enchâssées aux deux extrémités d'un tube métallique, et qui est formé lui-même de deux parties rentrant l'une dans l'autre, afin que l'observateur puisse faire varier à volonté la distance qui sépare les deux lentilles.

Les dimensions des deux lentilles dans la lunette d'approche ne sont pas les mêmes ; celle qui est placée près de l'œil de l'observateur, c'est-à-dire l'*oculaire*, est plus petite que celle qui est tournée du côté de l'objet à observer, et qui prend le nom d'*objectif*.

Nous venons d'expliquer comment une seule lentille biconvexe grossit un objet. Sans entrer dans d'autres explications nous nous bornerons à dire que deux lentilles semblables, dirigées vers le même objet, amplifient encore les dimensions apparentes de cet objet, le grossissent considérablement et produisent par conséquent l'effet que l'on recherche avec les lunettes d'approche.

La lunette astronomique est donc formée par la réunion de deux lentilles biconvexes. L'une des lentilles sert à former l'image; la seconde l'amplifie considérablement.

Lunette terrestre ou **longue-vue.** — La lunette terrestre ou la longue-vue ne diffère de la lunette astronomique que parce que les images sont redressées, et ce redressement s'obtient à l'aide de deux lentilles biconvexes convenablement disposées entre l'objectif et l'oculaire.

Lorgnette de spectacle. — La lorgnette de spectacle n'est autre chose que la lunette astronomique réduite à de petites dimensions; seulement la lentille oculaire est biconcave, afin de redresser l'image amplifiée par le jeu des deux lentilles.

La *lorgnette de spectacle* porte quelquefois le nom de *lunette de Galilée*, parce que la lunette astronomique qui servit à Galilée à faire pour la première fois l'observation des astres avait pour oculaire une lentille biconcave et pour objectif une lentille biconvexe. Notre lorgnette de spectacle n'est donc autre chose que la lunette de Galilée réduite à de petites proportions et rendue portative.

IX

LES TÉLESCOPES.

Comme la lunette astronomique, le télescope sert à l'observation des astres; mais le grossissement des objets est dû ici à un autre mécanisme physique. Dans la lunette astronomique c'est, comme nous venons de le voir, par un effet de réfraction à travers le verre que les objets sont amplifiés; dans le télescope, le grossissement a lieu par la réflexion des objets opérée sur des miroirs métalliques courbes.

La première idée d'un instrument de ce genre a été émise, au milieu du xviie siècle, par le P. Zeucchi. Dans un ouvrage publié à Lyon, en 1652, ce savant nous dit qu'il lui vint la pensée, pendant l'année 1616, d'employer des miroirs concaves de métal pour produire le grossissement des objets lointains, afin d'obtenir, au moyen d'un simple phénomène de réflexion, les puissants effets de grossissement, que l'on n'avait encore réalisés que par la réfraction des rayons lumineux à travers deux lentilles. Mettant ce projet en pratique, le P. Zeucchi construisit un télescope à réflexion qui donnait les mêmes résultats que les lunettes d'approche découvertes sept années auparavant.

Télescope de Grégory. — C'est en 1663 qu'a été décrit, sinon exécuté, le télescope de Grégory, que l'on désigne souvent à tort sous le nom de *télescope de Newton.*

Le télescope de Grégory repose sur les phénomènes de réflexion qu'éprouvent les rayons lumineux en tombant sur une surface concave; il sera donc nécessaire, pour l'explication des effets de cet instrument, d'entrer dans quelques détails sur les réflexions qu'éprouvent les rayons lumineux sur différentes surfaces.

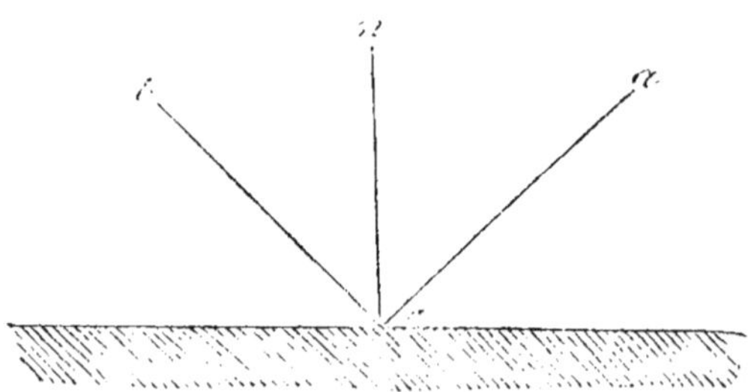

Fig. 22.

Quand un faisceau de rayons de lumière tombe verticalement sur une surface plane et polie, comme sur une lame plane de fer-blanc, par exemple, ils reviennent sur eux-mêmes sans changer de direction. Mais s'ils tombent obliquement, ils se réfléchissent et sont repoussés dans un sens opposé à celui de leur première direction, mais en faisant le même angle avec la surface plane, comme le montre la figure géométrique 22, dans laquelle ac représente le rayon lumineux incident, et bc le rayon réfléchi sur la surface plane au point c.

Si des rayons parallèles tombent perpendiculairement sur un miroir oblique, ils se dévient de la même façon que s'ils tombaient obliquement sur un miroir plan. Or, un miroir sphérique et concave présente partout une surface oblique hormis au

Fig. 23.

centre, et s'il est frappé par des rayons parallèles, ceux-ci se réfléchissent à sa surface, convergent les uns vers les autres, et finissent par se réunir en un même point de l'axe du miroir. Ce point, c'est le foyer principal F (fig. 23).

Si un objet V T est placé en avant d'un miroir concave (fig. 24), les rayons partis de V viendront tous, après

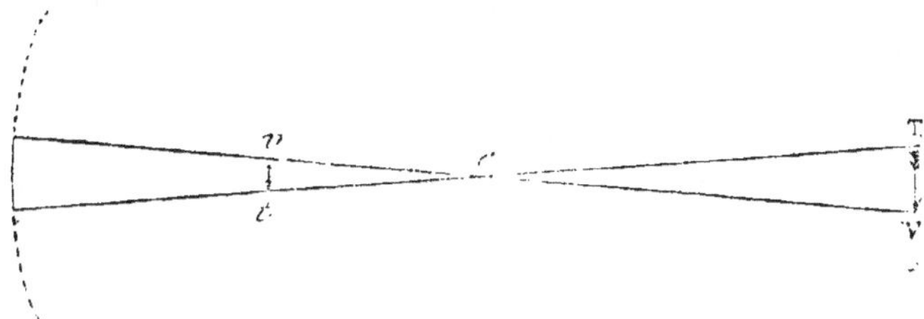

Fig. 24.

leur réflexion, passer sensiblement par le point v, qui sera le foyer de tous les points lumineux émanés de V. Il en sera de même pour le point T, et on aura ainsi une image renversée en $v\,t$. Ce miroir concave pourra donc remplacer l'objectif des lunettes, c'est-à-dire former à son foyer une image de l'objet éloigné.

Il faut maintenant amplifier cette image avec un oculaire. Mais on doit nécessairement s'arranger de manière que l'observateur, placé devant l'oculaire, ne s'interpose pas entre l'objet et le miroir, car les rayons lumineux seraient empêchés par cet obstacle d'arriver au miroir. Voici l'ingénieuse disposition qui fut imaginée par Grégory pour parer à cette difficulté.

Son télescope se composait d'un long tuyau de cuivre. À l'un des bouts de ce tuyau est un miroir concave M percé

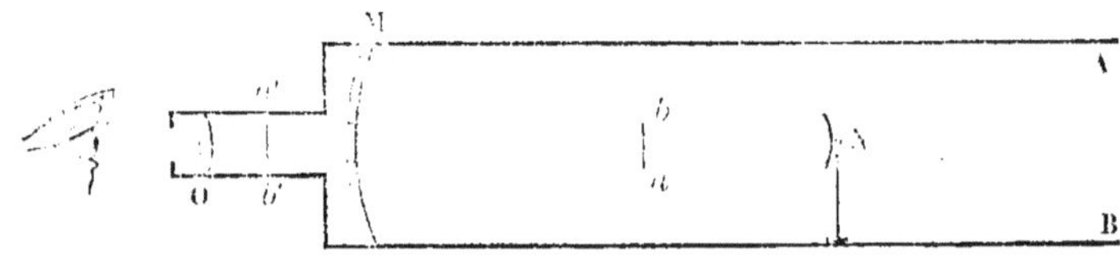

Fig. 25.

à son centre d'une ouverture circulaire. En N est un second miroir concave, un peu plus large seulement que l'ouverture centrale du premier miroir. Les rayons émis par un astre se réfléchissent sur le grand miroir M, et forment une première image en $a\,b$. Celle-ci se trouve entre le centre et le foyer du petit miroir N, en sorte que les rayons, après s'être réfléchis une seconde fois sur le miroir N, vont former en $a'\,b'$ une image amplifiée et renversée de $a\,b$, et, par conséquent, droite par rapport à l'astre. On amplifie encore cette image au moyen de l'oculaire O qui est une lentille biconvexe et jouit, par conséquent, d'un effet amplificateur.

En 1672, Newton fit présent à la Société royale de Londres d'un télescope à réflexion, qu'il avait exécuté de ses propres mains d'après le système de Grégory que nous venons d'exposer. C'est cette circonstance qui explique l'erreur assez commune qui a fait attribuer à Newton la découverte du télescope à miroir, qui, en réalité, appartient à Grégory.

Télescope d'Herschell. — L'astronome William Herschell, qui vivait à la fin du dernier siècle, a beaucoup contribué, par les gigantesques dimensions des télescopes qu'il construisit, à répandre la connaissance de cet instrument dans le vulgaire, dont il frappait l'imagination. Herschell n'était ni destiné ni préparé, par sa position, à embrasser la carrière des travaux astronomiques : c'était un simple musicien. Un télescope lui tomba par hasard entre les mains. Ravi des merveilles que les cieux offraient à sa vue, grâce à cet instrument d'optique, il s'éprit d'un grand enthousiasme pour l'observation céleste. Le télescope dont il se servait n'avait qu'une faible puissance de grossissement; il essaya de se procurer alors un télescope de plus grandes dimensions. Mais le prix du nouvel instrument était trop élevé pour la bourse d'un simple amateur. Cependant Herschell ne perd point courage : l'instrument qu'il ne peut acheter il le construira lui-même. Le voilà donc devenu mathématicien, ouvrier, opticien. En 1781, il avait façonné plus de quatre cents miroirs réflecteurs pour les télescopes.

Les puissants télescopes d'Herschell consistaient en un miroir métallique placé au fond d'un large tube de cuivre ou de bois légèrement incliné, de manière à projeter l'image très-amplifiée et très-lumineuse d'un astre au bord de l'orifice du tube, où il l'examinait à l'aide d'une loupe, c'est-à-dire en supprimant le second miroir employé par Grégory, qui amène nécessairement une perte par cette seconde réflexion sur le petit miroir.

Le plus grand télescope dont Herschell se soit servi, était formé d'un miroir de 1^m,47 de diamètre. Le tuyau avait 12 mètres, et l'observateur se plaçait à son extrémité, une forte lentille à la main, pour regarder l'image. Le grossissement pouvait s'élever jusqu'à six mille fois le diamètre du corps observé. Afin de donner au télescope l'inclinaison convenable pour chaque observation, Herschell avait fait établir l'immense appareil de mâts, de cordages et de poulies que représente la figure 26. Toute la construction reposait sur des roulettes, et on la

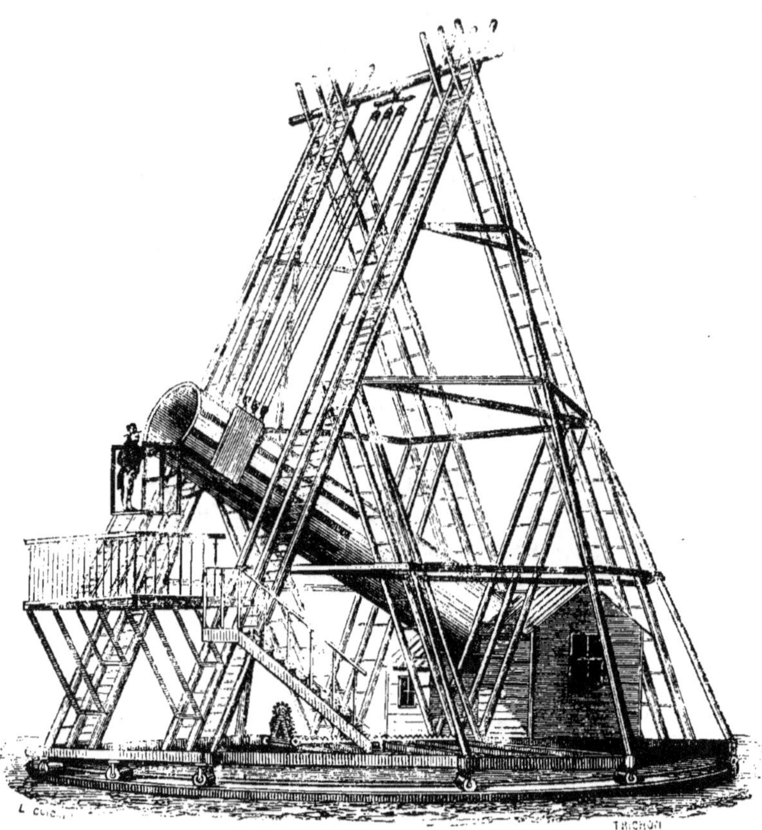

Fig. 26.

faisait mouvoir tout d'une pièce pour l'orienter, à l'aide d'un treuil. L'observateur se plaçait sur une plate-forme suspendue à l'orifice du tube, comme les fauteuils accrochés à ces balançoires qui ont la forme de vastes roues et qu'on voit fonctionner aux Champs-Élysées. Du reste, Herschell ne se servait que rarement de cet immense télescope. Il n'y avait guère que cent heures dans l'année pendant lesquelles, sous le ciel brumeux de l'Angleterre, l'air fût assez calme et limpide pour employer cet instrument avec succès.

De nos jours, lord Ross, en Angleterre, a construit un télescope encore plus puissant et plus énorme que celui d'Herschell. Le miroir du télescope de lord Ross pèse 3809 kilogrammes, le tube 6604 kilogrammes.

Nous dirons toutefois que, depuis les premières années de notre siècle, on a abandonné en France l'usage du télescope comme moyen d'observation céleste. On ne se sert communément, pour observer les astres, que des instruments à réfraction, c'est-à-dire des lunettes d'approche.

X

LE MICROSCOPE.

On appelle *microscope* l'instrument qui sert à amplifier considérablement les objets trop petits pour être aperçus à la vue simple.

Il importe de distinguer le *microscope simple* et le *microscope composé*, car ces deux instruments, quoique concourant au même but, diffèrent beaucoup, tant par leurs dispositions que par l'époque de leur découverte.

Microscope simple. — Le microscope simple n'est autre chose qu'une lentille biconvexe. On le désigne vulgairement sous le nom de *loupe*. Placée très-près de l'œil de l'observateur, cette lentille grossit l'objet que l'on considère à travers son épaisseur, d'après le mécanisme physique que nous avons suffisamment exposé en parlant des lentilles (page 74, figure 21). Nous n'avons donc rien à ajouter ici pour expliquer l'effet de grossissement du microscope simple.

L'usage des lentilles grossissantes remonte à une haute antiquité. On reconnut en effet de très-bonne heure le phénomène de grossissement que produisent les corps translucides terminés par des surfaces sphériques. Les ampoules de verre ou d'autres matières diaphanes et réfringentes, étaient en usage chez les anciens pour grossir l'écriture et pour graver les camées. Au xive siècle, on employa les loupes ou verres taillés en forme sphérique pour les travaux de certaines professions, telles que l'horlogerie, la gravure, etc. C'est avec ces verres taillés que furent construits les premiers microscopes simples qui servirent aux travaux des anatomistes, Leuvenhöek, Swammerdam et Lyonnet.

La loupe sert aujourd'hui aux naturalistes pour observer, avec un grossissement convenable, différentes parties du corps des animaux ou des plantes. Les minéralogistes, les physiciens, les chimistes l'emploient pour reconnaître la forme des cristaux trop petits pour être discernables à la vue simple.

On a donné, pendant quelque temps, le nom de *microscope de Raspail* au microscope simple, c'est-à-dire à une loupe ou lentille que l'on avait assujettie à une tige munie elle-même d'un *porte-objet*, qui pouvait se fixer à différentes hauteurs sur cette tige à l'aide d'une vis. Ce n'était autre chose que le microscope dont s'étaient servis, comme nous venons de le dire, les premiers observateurs, tels que Leuvenhöek et Swammerdam.

Le microscope simple, quelle que soit la puissance de réfraction de la lentille et son degré de courbure, ne peut amplifier des objets au delà de cinquante fois leur diamètre.

Microscope composé. — Le microscope composé est formé de la réunion de deux lentilles de dimensions inégales, la plus petite est l'objectif et la plus grande l'oculaire.

Historique. — Le premier microscope composé, c'est-à-dire formé de la réunion de deux lentilles, fut construit, en 1590, par le Hollandais Zacharie Zansz ou Jansen. D'autres en font honneur à Corneille Drebbel, alchimiste hollandais (1572). Le microscope que Jansen présenta en 1590, à Charles-Albert, archiduc d'Autriche, avait deux mètres de long : il était donc d'un usage assez incommode.

Cet instrument fut perfectionné depuis par Galilée et par Robert Hooke. Mais pour obtenir des grossissements considérables, il fallait employer des lentilles très-fortes, c'est-à-dire réfractant fortement la lumière. Quand les physiciens voulurent amplifier les objets plus de cent cinquante à deux cents fois en diamètre, ils furent arrêtés par un obstacle qui parut insurmontable, et qui retarda la science pendant plus de deux cents ans. Essayons de faire comprendre la nature de cet obstacle.

En même temps que la lumière se réfracte en passant de l'air, par exemple, dans un morceau de verre, elle subit encore une modification plus profonde : elle se décompose en plusieurs espèces de rayons différemment colorés. Dans la lumière blanche ou ordinaire, il y a sept couleurs : le violet, l'indigo, le bleu, le vert, le jaune, l'orangé et le rouge. Tout le monde a vu ces couleurs quand l'arc-en-ciel jette un pont irisé d'un bout à l'autre de l'horizon céleste. On les voit encore sur nos tables, quand la lumière colore de mille nuances, en les traversant, nos vases de cristal. C'est encore cette même décomposition de la lumière, qui fait apparaître comme des diamants de toute couleur les gouttes d'eau que la rosée du matin a suspendues sur l'herbe des prairies.

Par suite de cette décomposition de la lumière qui s'effectuait à travers le verre des lentilles, plus les microscopes étaient puissants, c'est-à-dire formés de plus fortes lentilles, plus les images produites étaient colorées et confuses. Newton regarda comme impossible de remédier à ce défaut. Selon lui, les lentilles qui ne donneraient pas d'images irisées ou, comme on dit, les *lentilles achromatiques*, étaient impossibles à obtenir.

Cependant en 1757, un opticien de Londres nommé Dollond, réussit à construire des lentilles achromatiques. Il parvint à ce résultat en juxtaposant deux lentilles, l'une biconvexe en crown-glass, l'autre concave-convexe en flint-glass. Mais ce n'est qu'en 1824, que ces lentilles, appliquées depuis longtemps à d'autres instruments d'optique, furent utilisées dans la construction du microscope, par M. Selligues. Dès lors, le pouvoir amplifiant du microscope alla rapidement en augmentant. On a fini par atteindre un grossissement de 1200 diamètres.

Théorie du microscope composé. — Il nous reste à expliquer le mécanisme physique au moyen duquel on parvient, avec deux morceaux de cristal convenablement taillés, à découvrir aux yeux émerveillés de l'observateur tout un monde inconnu, et à dévoiler ainsi à l'homme une page admirable du livre de la création que ses sens lui dérobaient et qu'a reconquis son génie.

Le microscope composé renferme un oculaire et un objectif, formés chacun d'une lentille biconvexe comme la lunette astronomique. C'est, en quelque sorte, la lunette astronomique, car il est aisé de comprendre

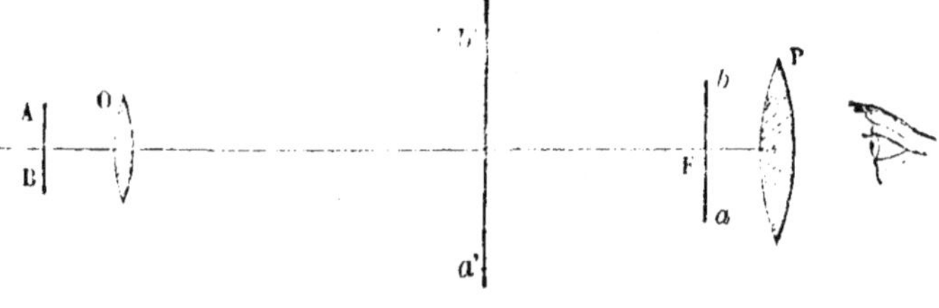

Fig. 27.

que, puisqu'il s'agit avec le microscope d'amplifier les objets très-petits, un mécanisme physique analogue

à celui de la lunette astronomique doit permettre
d'obtenir ce résultat.

Dans le microscope, l'objet AB (fig. 27) étant très-près
de l'objectif O, une image *amplifiée a b* va se former de
l'autre côté de l'objectif. Ensuite, l'oculaire P jouant
comme dans la lunette astronomique le rôle de loupe, on
obtient, en avant de la première image *a b*, une nouvelle
image *a' b'* très-amplifiée et qui produit ainsi l'effet grossissant qui permet de reconnaître les objets que leur dimension très-faible empêchait de discerner à la vue
simple.

Un microscope est donc un instrument au moyen duquel on regarde à travers une loupe, non pas un objet,
mais l'image de cet objet déjà amplifiée par une lentille
biconvexe.

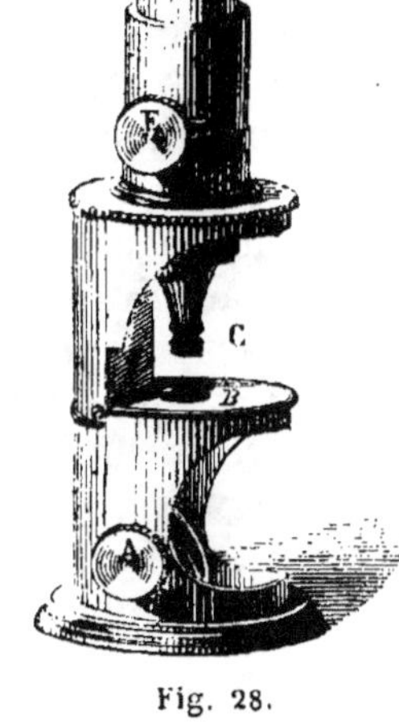

Fig. 28.

Dans la figure du microscope que
nous donnons, on voit en I l'oculaire
et en C l'objectif; B est le porte-
objet; A est une vis avec laquelle on
fait mouvoir un miroir propre à
éclairer l'objet qu'on doit observer
par transparence. En E est une cré-
maillère qui sert à mettre l'image au
foyer de l'œil de l'observateur.

Applications du microscope.—Appliqué à une foule d'objets de la nature,
cet admirable instrument charme
nos yeux, étonne notre esprit, ravit
notre imagination, devant les merveilles d'organisation et de structure
qu'il nous révèle au sein des corps
organisés et dans les milieux qu'ils
habitent. Un petit fragment de l'herbe
de nos prairies, l'œil le plus imper-
ceptible d'un insecte, soumis à
l'action de cet instrument, nous découvrent tout un
monde nouveau où s'agitent l'activité et la vie. Une

goutte d'eau empruntée à un ruisseau chargé de quelques immodices végétales, une matière organique en voie de décomposition, laissent apparaître, si on les observe au microscope, des myriades d'êtres vivants, d'animaux ayant chacun une organisation parfaite, et accomplissant leurs fonctions physiologiques comme les grandes espèces que nous connaissons. La révélation de ce monde invisible que les anciens ont ignoré, est, pour les générations modernes, un motif de plus d'admirer la toute-puissance du Créateur, d'apprécier et de bénir les bienfaits que sa bonté nous prodigue.

Dans les sciences proprement dites, les applications du microscope sont nombreuses. Les chimistes emploient cet instrument à découvrir les cristaux qui rendent certains liquides opalins ou nacrés, à étudier leurs formes, à les différencier ainsi d'autres substances analogues. Entre les mains du médecin, il peut servir à faire reconnaître diverses maladies par la seule inspection des liquides vitaux : le sang, le lait, l'urine, la salive, etc. Il sert encore à mettre en évidence les falsifications nombreuses auxquelles sont soumis le fil, la soie, la laine, etc., et les matières alimentaires, telles que l'amidon et les farines. Il sert enfin à mesurer les corps les plus ténus. On a pu, de cette manière, reconnaître que la dimension des globules du sang n'est que de $\frac{1}{125}$ de millimètre de diamètre. Nous occasionnerons sans nul doute à nos lecteurs une vive surprise, et une haute admiration pour les procédés de la science actuelle, en leur apprenant que, grâce à certaines machines à diviser, on a pu exécuter dans le faible intervalle que mesure un millimètre, jusqu'à mille divisions égales. Quand on regarde au microscope un millimètre ainsi divisé en mille parties égales on aperçoit très-nettement chacune de ces divisions.

XI

LE BAROMÈTRE.

Principe du baromètre : la pesanteur de l'air. — L'air est un gaz incolore et invisible, l'air est donc un corps ; or tous les corps étant pesants, l'air est nécessairement doué de pesanteur.

Ce que le raisonnement indique, l'expérience le démontre avec certitude.

Prenez, comme l'indique la figure suivante, un vase de verre de forme sphérique, pourvu d'une garniture métallique et d'un robinet. Ce ballon étant plein d'air, par suite de son séjour dans l'atmosphère, attachez-le, par le crochet qui le surmonte, à un autre crochet fixé à la partie inférieure du plateau d'une balance, et, dans le plateau opposé de cette balance, placez des poids en suffisante quantité

Fig. 29.

pour contre-balancer le poids du ballon plein d'air. L'équilibre de la balance étant ainsi établi, détachez le ballon ; puis, au moyen de la machine connue dans les laboratoires de physique sous le nom de *machine pneumatique* et qui sert à faire le vide, enlevez l'air qui remplissait ce ballon. Fermez le robinet du ballon de manière à empêcher l'air de rentrer dans son intérieur, et suspendez de nouveau, par son crochet, le ballon à la partie inférieure du plateau de la balance. Vous reconnaîtrez alors que l'équilibre qui existait avec le ballon plein d'air, n'existe plus quand le ballon est vide d'air. Pour le rétablir, il faut ajouter un certain nombre de poids. Ces poids, nécessaires pour rétablir l'équilibre détruit, représentent évidemment le poids de l'air enlevé de l'intérieur du ballon par la machine pneumatique. L'air est donc pesant.

On peut exécuter cette expérience d'une manière inverse et arriver à la même conclusion. Commencez par faire le vide dans le ballon à l'aide de la machine pneumatique, fermez le robinet du ballon pour empêcher la rentrée de l'air dans son intérieur, attachez ce ballon vide d'air à la partie inférieure du plateau de la balance, et mettez la balance en équilibre au moyen de poids convenables placés dans le plateau opposé. En cet état, ouvrez le robinet du ballon de manière à laisser revenir dans son intérieur l'air du dehors; vous verrez aussitôt l'équilibre de la balance se détruire, et le plateau qui contient le robinet avec sa charge d'air, tomber, n'étant plus tenu en équilibre par les poids de l'autre plateau. Il faudra, pour rétablir l'équilibre, ajouter de nouveaux poids dans le plateau opposé à celui du ballon. Si la capacité de ce ballon est exactement d'un litre, le poids nécessaire pour rétablir l'équilibre sera de **1** gramme, **3**; si sa capacité est de **10** litres, le poids à ajouter sera de **13** grammes. Donc, l'air est pesant : il pèse **1** gramme, **3** par litre.

Conséquences du phénomène de la pesanteur de l'air. — L'air étant pesant, il exerce nécessairement sur tous les corps placés à la surface de la terre une certaine pression. Le sol, les eaux, et en général tout ce qui existe sur la terre se trouvent pressés uniformément par la masse de l'air qui repose sur eux. Si l'on prend une cloche pleine d'air et qu'on place cette cloche sur la surface de l'eau contenue dans une cuve, l'air contenu dans l'intérieur de cette cloche presse l'eau recouverte par la cloche, et les autres parties du liquide non recouvertes par la cloche sont soumises à la même pression. Mais si, par un artifice quelconque, on vient à supprimer l'air qui existe à l'intérieur de la cloche, si, par exemple, on épuise l'air de cette cloche par la succion ou mieux au moyen d'une machine pneumatique (ce que l'on

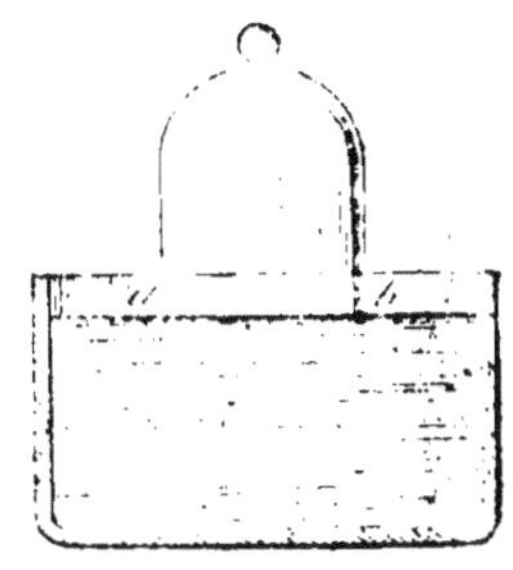

Fig. 50.

peut faire aisément en adaptant à une ouverture placée à la partie supérieure de la cloche, un tuyau qui communique avec la machine pneumatique), l'air étant chassé de l'intérieur de cette cloche, aucune pression ne s'exercera plus sur la partie de l'eau recouverte par la cloche. Mais comme l'air extérieur comprime toujours le liquide placé hors de la cloche, et comme la pression qu'il exerce se transmet au liquide dans tous les sens, il forcera l'eau de la cuve à s'élever dans l'intérieur de la cloche, puisque nulle résistance ne s'oppose à cette ascension.

Si l'on remplace l'eau, dans l'expérience précédente, par un liquide plus pesant, le mercure, par exemple, et qu'au lieu de la cloche on prenne un tube de verre long d'un mètre ouvert à l'une de ses extrémités, et fermé à l'autre extrémité par un robinet assujetti dans une monture de cuivre, l'expérience donnera le même résultat. Le robinet étant d'abord ouvert de manière à laisser à l'air atmosphérique un libre accès à l'intérieur du tube, le mercure se maintiendra à la même hauteur à l'intérieur et à l'extérieur du tube, parce que la pres-

sion exercée sur le liquide par l'air contenu à l'intérieur
du tube est la même qui presse, à l'extérieur, la surface
du reste du mercure. Mais si, à l'aide d'un tuyau flexi-
ble adapté au robinet B qui surmonte le
tube de verre, on met l'extrémité supérieure du tube de verre en communication avec une machine pneumatique, et
que, faisant jouer cette machine, on épuise
l'air contenu dans l'intérieur du tube, cet
air étant enlevé, aucune pression ne
s'exerce plus à l'intérieur du tube, et
comme l'air extérieur continue de presser
dans tous les sens la surface du tube, il
force, par cette pression qui n'est contre-
balancée par rien, le mercure à s'élever
à l'intérieur du tube. Dans ces conditions,
le mercure s'élève et reste suspendu à
une hauteur d'environ 76 centimètres en
moyenne, parce que la pression de toute
la colonne d'air atmosphérique est une
force exactement suffisante pour faire
équilibre à une colonne de mercure ayant
la même surface et une hauteur de 76 centimètres. On peut donc dire que l'air exerce
sur tous les corps placés à la surface de

Fig. 31.

la terre une pression qui est exactement
représentée par le poids d'une colonne de mercure
ayant pour hauteur 76 centimètres et pour base la surface du corps considéré.

Le petit appareil que nous venons de décrire, c'est-à-
dire le tube de verre reposant sur une cuvette contenant
du mercure et dans lequel on peut faire le vide à l'aide
de la machine pneumatique ou par un autre moyen,
renferme tout le principe du baromètre, c'est-à-dire de
l'instrument qui sert à traduire, par son effet, et à mesurer exactement, la pression que l'air atmosphérique
exerce à la surface de la terre et des eaux. Le baro-

mètre n'est autre chose, en effet, qu'un tube de verre fermé à son extrémité supérieure dont on a chassé l'air, et à l'intérieur duquel le mercure s'élève par l'action de la pression atmosphérique. On verra plus loin comment, dans la pratique, on parvient, par le plus simple des moyens, à chasser l'air de l'intérieur du tube du baromètre. Nous nous contentons de poser ici le principe général sur lequel l'instrument est fondé.

Histoire de la découverte de la pesanteur de l'air et de la construction du baromètre. — Les anciens croyaient, assez vaguement, au phénomène de la pesanteur de l'air. Il était assez difficile, en effet, de mettre ce fait en doute en présence des puissants résultats mécaniques produits par les mouvements de l'atmosphère : les effets du vent auraient suffi pour en établir l'évidence. Aristote admettait donc, avec les philosophes de son temps, le fait de la pesanteur de l'air, mais il n'allait pas plus loin et ne savait pas tirer de ce principe la plus légère déduction pour l'explication des phénomènes naturels.

Pour expliquer le fait de l'ascension de l'eau dans le tuyau des pompes aspirantes, et cet autre fait, plus simple, que l'eau s'élève dans l'intérieur d'un tube ouvert à ses deux extrémités quand on le plonge dans l'eau et qu'on aspire par l'extrémité opposée, les anciens admettaient le principe de *l'horreur du vide*. Si l'eau, disait-on, s'élève à l'intérieur des tuyaux des pompes aspirantes, si elle monte dans un tube ouvert à ses deux bouts, plongeant dans l'eau par un de ses bouts, et à l'extrémité duquel on aspire l'air avec la bouche, c'est que la nature a *horreur de tout espace vide*. Quand le jeu de la pompe aspirante a soutiré l'air existant dans ce tuyau et produit ainsi le vide dans cette capacité, quand, par la succion, on a extrait l'air d'un tube plongeant dans l'eau, l'eau, disait-on, se précipite aussitôt à l'intérieur de ce tube, parce qu'il ne peut jamais exister sur la terre le moindre espace vide en vertu de la répulsion de la nature pour le vide et de son affection pour le *plein*. Ceci nous donne un exemple de la manière vicieuse dont les anciens, si remarquables pourtant dans le raisonnement des choses abstraites, envisageaient les phénomènes du monde physique, et des hypothèses erronées qu'ils mettaient en avant pour les expliquer, quand ils jugeaient nécessaire de s'en occuper, ce qui arrivait rarement.

La scolastique, c'est-à-dire la philosophie du moyen âge, continua de professer cette étrange maxime de l'*horreur du vide* empruntée aux anciens, qui demeura en honneur jusqu'au milieu du xviie siècle.

Opinion de Galilée. — Dans le palais du grand-duc de Florence, des fontainiers avaient construit des pompes pour élever les eaux de l'*Arno*. L'eau ne put s'élever jusqu'à l'orifice de l'écoulement, parce que la hauteur de la colonne liquide élevée était de plus de 32 pieds. Ce phénomène était d'ailleurs connu des ouvriers fontainiers, qui n'ignoraient point que l'eau ne peut s'élever au delà de 30 pieds dans le tuyau d'une pompe aspirante qui a plus de 32 pieds de hauteur verticale. Témoin de ce fait, et ayant cherché à l'expliquer, Galilée, malgré la profondeur de son génie, ne put s'affranchir des entraves de la théorie des anciens : il n'osa rejeter la maxime de l'horreur du vide et donna une explication presque aussi erronée de ce phénomène.

Torricelli découvre la cause de l'ascension de l'eau dans le tuyau des pompes. — Torricelli, jeune mathématicien romain, élève de Galilée, qui avait reçu communication des idées de ce savant sur la cause de l'ascension de l'eau dans le tuyau des pompes, fut peu satisfait de l'explication de son maître. Il chercha et découvrit la véritable cause de ce phénomène. Il l'attribua, avec juste raison, à la pression de l'air qui, agissant sur l'eau, la force à s'élever dans le tuyau plongeant, lorsque cet espace a été dépouillé de tout air par le jeu des soupapes et du piston de la pompe aspirante.

Pour confirmer à ses propres yeux la vérité de cette explication, Torricelli fit une expérience capitale et qui devint l'origine de la construction du baromètre.

Le physicien romain pensa que si la pression de l'air extérieur était réellement la cause de l'ascension de l'eau dans un tuyau vide d'air, la pression de l'air devrait élever un autre liquide que l'eau, et plus pesant que l'eau elle-même, à une hauteur moindre que l'eau. Le mercure étant quatorze fois plus pesant que l'eau, Torricelli espéra que la pression de l'air extérieur soutiendrait le mercure dans un tube à une hauteur quatorze fois moindre, c'est-à-dire à 28 pouces seulement. Il prit donc un tube de verre d'environ 30 pouces de long, le remplit de mercure, boucha avec le doigt le tube plein de mercure, et le renversant dans un bain de mercure, comme le montre la figure 32, il retira le doigt. Il ne vit pas alors sans une vive satisfaction le mercure se maintenir dans le tube ainsi disposé, à la hauteur exacte de 28 pouces qu'indiquait sa théorie.

Cette expérience ne pouvait laisser aucun doute : l'ascension de l'eau dans un tube vide à une hauteur de 32 pieds était bien due à la pression de l'air, puisque, avec un autre liquide, la hauteur de la colonne maintenue en l'air par la pression de l'atmosphère, était en raison inverse de la densité de ce liquide.

Fig. 32.

Expériences de Pascal.— L'immortel philosophe français Blaise Pascal eut la gloire de mettre tout à fait en évidence le grand phénomène de la pesanteur de l'air, de manifester à tous les yeux la pression que l'air exerce sur les liquides placés sur notre terre, et d'expliquer ainsi une foule de phénomènes naturels dont rien n'avait encore permis de découvrir la cause.

Ayant eu connaissance, en 1646, de l'expérience de Torricelli, Pascal la répéta à Rouen avec un de ses amis, nommé Petit, intendant des fortifications de la ville. Ayant varié et étendu cette expérience, Pascal commença à partager l'opinion du mathématicien romain. Cependant, comme il trouvait l'expérience de Torricelli trop indirecte comme preuve de la pesanteur de l'air, il conçut, par un trait de génie, le projet d'une autre expérience complétement décisive à cet égard.

« J'ai imaginé, écrivait Pascal, le 15 novembre 1647, à son beau-frère Périer, une expérience qui pourra seule suffire pour nous donner la lumière que nous cherchons, si elle peut être exécutée avec justesse. C'est de faire l'expérience ordinaire du vuide plusieurs fois le même jour, dans un même tuyau, avec le même vif-argent, tantôt au bas et tantôt au sommet d'une montagne élevée pour le moins de cinq ou six cents toises, pour éprouver si la hauteur du vif-argent suspendu dans le tuyau se trouvera pareille ou différente dans ces deux situations. Vous voyez déjà, sans doute, que cette expérience est décisive sur la question, et que s'il arrive que la hauteur du vif-argent soit moindre au haut qu'au bas de la montagne (comme j'ai beaucoup de raisons pour le croire, quoique tous ceux qui ont médité sur cette matière soient contraires à ce sentiment), il s'ensuivra nécessairement que la pesanteur et pression de l'air est la seule cause de cette suspension du vif-argent, et non pas l'horreur du vuide, puisqu'il est bien certain qu'il y a beaucoup plus d'air qui pèse sur le pied de la montagne que non pas sur le sommet; au lieu que l'on ne saurait dire que la nature abhorre le vuide au pied de la montagne plus que sur le sommet. »

Le Puy-de-Dôme, montagne située à peu de distance de Clermont en Auvergne, et haute de plus de 500 toises, fut choisie par Pascal pour vérifier le fait de la décroissance de la colonne de mercure dans le tube de Torricelli, selon la hauteur des lieux.

Cet important essai fut exécuté le 20 septembre 1648 par Périer, et donna le résultat prévu par le génie de Pascal. Au bas du Puy-de-Dôme, la hauteur du mercure dans le tube de Torricelli était de 26 pouces 3 lignes et demie ; au sommet du mont, cette hauteur n'était plus que de 23 pouces 2 lignes ; il y avait donc 3 pouces 1 ligne et demie de différence entre les hauteurs du mercure au bas et au sommet de la montagne.

Cette magnifique expérience fut répétée bientôt après à Paris par Pascal lui-même, qui, ayant mesuré la hauteur du mercure dans le tube de Torricelli au bas et au sommet de la tour Saint-Jacques la Boucherie, haute alors de 25 toises, trouva une différence de plus de deux lignes entre ces deux mesures. C'est pour rappeler le souvenir de cette expérience célèbre que la ville de Paris a fait placer, en 1856, la statue de Pascal au-dessous de la tour Saint-Jacques la Boucherie, dans la rue de Rivoli.

Ces expériences de Pascal établissaient avec une complète évidence le fait de la pression de l'air, et donnaient l'explication d'un grand nombre de phénomènes naturels : l'ascension de l'eau dans le tuyau des pompes, le jeu du siphon, celui du soufflet, de la seringue, etc.

Le *tube de Torricelli*, que Pascal avait employé dans ses immortelles expériences, fut conservé, à partir de cette époque et sans subir aucune modification dans sa forme, comme moyen de mesurer la pression de l'air atmosphérique. Cet instrument, qui porte aujourd'hui le nom de *baromètre*, ne diffère en rien par son principe de celui dont se sont servis Torricelli et Pascal.

Construction du baromètre. — On donne aujourd'hui

au baromètre deux dispositions différentes, qui ont été toutes deux employées par Pascal : on construit le *baromètre à cuvette* et le *baromètre à siphon*, qui est d'un usage plus commode et plus facile à transporter.

Baromètre à cuvette. — On prend un tube de verre d'environ 80 centimètres de longueur et de 5 à 6 millimètres de diamètre intérieur, fermé à l'une de ses extrémités. On le remplit à peu près à moitié de mercure, et on place ce tube contenant le mercure sur une grille inclinée et chargée de charbons ardents. Le mercure entre en ébullition et laisse dégager, par cette ébullition, la petite quantité d'air et d'humidité qu'il contenait. Quand le métal s'est refroidi, on achève de remplir le tube de mercure, et on fait bouillir cette seconde colonne sans chauffer la partie qui a déjà bouilli ; on chasse ainsi tout l'air et toute l'humidité adhérents au mercure ou aux parois du verre.

Le tube étant ainsi rempli de mercure bien purgé d'air et d'humidité, on le renverse, l'ouverture en bas et en le tenant bouché au moyen du doigt, dans une cuvette pleine de mercure bien sec. L'air ayant été chassé du tube par le mercure qui le remplissait entièrement, le mercure redescend en partie dans ce tube et s'y maintient à une certaine hauteur au-dessus de laquelle il n'existe plus d'air et qui est vide de tout corps : c'est le *vide barométrique*.

Le tube et la cuvette dans laquelle ce tube repose sont alors dressés contre une planchette de bois verticale contenant une échelle divisée en millimètres et destinée à indiquer très-exactement la hauteur de la colonne liquide au-dessus du niveau du mercure de la cuvette.

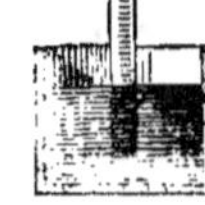

Fig. 33.

Cette hauteur représente et mesure la pression exercée par l'air atmosphérique, car telle est la seule fonction de cet appareil. Cette hauteur, qui varie selon les moments, est, en moyenne, de 76 centimètres ;

elle peut varier de 750 à 775 environ dans un même lieu et à une hauteur qui ne dépasse pas le niveau de la mer.

Baromètre à siphon. — Les indications du baromètre à cuvette ne sont pas d'une exactitude absolue quand cet instrument présente la forme qui vient d'être décrite. En effet, lorsque, par l'augmentation de la pression de l'air, le mercure s'élève dans le tube, le niveau du mercure s'abaisse dans la cuvette, parce qu'il reçoit cette augmentation de la pression de l'air; par conséquent le 0, ou le point de départ de l'échelle de mesure, n'est plus exact, il est au-dessus de la hauteur qu'il devrait occuper. Pour remédier à ce grave inconvénient, on donne au baromètre la forme dite *à siphon* qui a été imaginée par Pascal.

Le baromètre à siphon est formé d'un tube de verre à deux branches recourbées et inégales; la plus courte est ouverte et reçoit la pression de l'air; la plus longue est fermée, elle est d'une hauteur d'environ 80 centimètres.

Pour comprendre cette forme du baromètre, il faut se rappeler le principe de physique que l'on énonce en disant que deux fluides de densité inégale étant placés dans deux vases communiquant librement entre eux, les hauteurs occupées par chacun de ces fluides dans chaque vase sont en raison inverse de la densité de ces fluides.

Le tube *b*, *a*, *c*, peut être considéré comme un vase contenant deux fluides de densité différente : le mercure dans la branche la plus longue, et dans la plus petite l'air atmosphérique, c'est-à-dire la colonne d'air ayant pour base la surface *b* et pour hauteur la hauteur de l'atmosphère. Quand la densité, et par conséquent la pression de l'air, viendra à varier, la hauteur de la colonne de mercure dans la grande branche variera également, et traduira ainsi la mesure de cette pression.

Fig. 34.

5

Dans le baromètre à siphon, l'échelle disposée contre le tube de verre n'indique pas directement la pression atmosphérique; il faut prendre la hauteur *m c* du mercure dans la plus longue branche, et la hauteur *m b* du mercure dans la plus courte branche, et retrancher cette dernière quantité de la première : la différence des deux nombres représente la pression de l'air évaluée en millimètres.

Baromètre à cadran. — C'est un baromètre à siphon disposé de manière à représenter à l'extérieur, au moyen d'une aiguille mobile sur un cadran, les mouvements du mercure correspondant aux variations de la pression de l'air. Sur le mercure de la courte branche flotte un cylindre de fer exactement équilibré par un poids ; ce cylindre est attaché à un fil qui se replie sur une poulie. Selon que le mercure monte ou descend, la poulie tourne dans un sens ou dans un autre, et une aiguille qui est attachée à cette poulie parcourt la circonférence d'un cadran gradué. Le baromètre et la poulie sont cachés par le cadre ; la figure 35 montre donc cet appareil vu par derrière.

Le *baromètre à cadran* a été imaginé par le physicien anglais Robert Hoocke, dans la seconde moitié du XVIIe siècle.

On admet généralement qu'un temps très-sec, une atmosphère très-pure, c'est-à-dire le beau temps, ont pour résultat de faire élever la colonne barométrique, et que la pluie ou un air chargé d'humidité font baisser le baromètre. On trouve

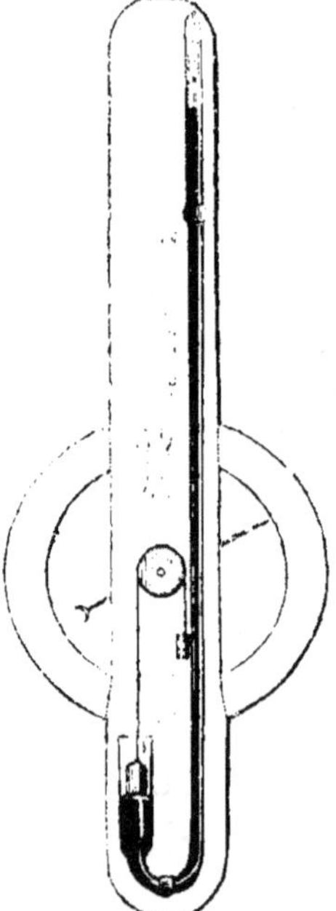

Fig. 35.

ces indications sur le baromètre d'appartement. Ces relations sont assez souvent vraies, car un air chargé de vapeur d'eau diminue de densité, la vapeur d'eau étant plus légère que l'air[1], et par conséquent exerce moins de pression sur le mercure contenu dans le réservoir, dès lors le mercure redescend en partie dans le tube. Cependant, comme une foule d'autres influences, et surtout les vents, font varier la colonne barométrique, ces indications sont souvent trompeuses.

Usages du baromètre. — Ce serait une erreur de penser que l'usage essentiel du baromètre réside dans son emploi pour reconnaître d'avance les variations du temps, c'est-à-dire le beau temps ou la pluie. Ce n'est là qu'une application de bien peu d'importance et qui n'a rien de scientifique. Le véritable usage du baromètre, c'est d'apprécier la pression c'est-à-dire le poids de l'air, d'évaluer les modifications continuelles qui s'y produisent. Ces variations sont indispensables à connaître, tant pour les expériences des physiciens occupés à mesurer des gaz, que pour la connaissance des phénomènes atmosphériques qui se produisent sur notre globe.

Le baromètre sert encore à mesurer la hauteur des montagnes. En effet, plus on s'élève au-dessus de la terre, moins la colonne d'air dans laquelle on se trouve exerce de pression puisque sa longueur a diminué. Dès lors le baromètre qui traduit la pression de l'air peut aussi servir à déterminer l'altitude des lieux. C'est là un important usage de cet instrument.

Par les mêmes motifs, le baromètre sert à l'aéronaute, flottant dans les airs avec son ballon, à reconnaître la hauteur où il se trouve dans l'atmosphère. Quand le ballon s'élève, le mercure du baromètre baisse, quand il descend, le baromètre s'élève ; en tenant les yeux fixés sur la colonne mercurielle, l'aéronaute est donc averti du sens de son mouvement dans l'air.

---

1. Nous avons vu que : 1 litre d'air pèse $1^{gr},3$; un litre de vapeur d'eau pèse seulement $0^{gr},81$; en d'autres termes 1,00 représentant la densité ou le poids spécifique de l'air, 0,62 représente la densité ou le poids spécifique de la vapeur d'eau.

XII

LE THERMOMÈTRE.

Historique. — Le thermomètre, ou l'instrument qui sert à mesurer la chaleur, est d'invention moderne, car les principes sur lesquels reposent sa construction et son usage appartiennent à la physique pure, science que les anciens ont complétement ignorée. C'est dans les premières années du xvii⁰ siècle, époque où s'accomplit la véritable création des sciences physiques, que fut construit le premier thermomètre. Cornelius Drebbel, savant hollandais, mort en 1634, fut l'inventeur de cet instrument dont on se servit pour la première fois en Allemagne, en 1621. L'appareil de Drebbel était toutefois singulièrement imparfait; c'était plutôt le rudiment du thermomètre que le thermomètre lui-même. Il consistait en un simple tube de verre fermé à son extrémité supérieure et contenant de l'air, qui plongeait verticalement dans un liquide par son extrémité ouverte. Par l'effet des variations de température de l'air extérieur, ce liquide s'élevait ou s'abaissait à l'intérieur du tube. Une règle, portant des divisions égales, placée le long du tube, indiquait les degrés de l'instrument. Les indications du thermomètre de Drebbel n'avaient rien de scientifique, car sa graduation, toute arbitraire, n'était fondée sur aucun principe rigoureux.

L'Académie del Cimento perfectionne le thermomètre de Drebbel. — Il existait au xvii⁰ siècle, à Florence, une association scientifique composée de physiciens éminents, l'*Académie del Cimento*, l'une des premières compagnies savantes qui aient paru en Europe. Vers le milieu du xvii⁰ siècle, divers membres de l'*Académie del*

Cimento perfectionnèrent l'instrument inventé par le Hollandais Cornelius Drebbel. Le réservoir du liquide dans lequel plongeait le tube de Drebbel fut supprimé, et le liquide placé tout entier dans un tube de verre fermé à ses deux bouts. De cette manière, le corps destiné à indiquer, par sa dilatation, les variations de la température, n'était plus l'air, comme dans le thermomètre hollandais, mais bien un liquide, et cette substitution offrait de nombreux avantages.

Le liquide adopté par les académiciens *del Cimento* était l'alcool, que l'on colorait avec un peu de carmin. Pour diviser l'échelle du thermomètre, on avait adopté un point de départ constant : c'était la hauteur à laquelle s'arrêtait le liquide de l'instrument quand on le plaçait dans une cave. On divisait ensuite en cent parties égales la partie du tube située au-dessus de ce point, et l'on divisait également en cent degrés égaux la partie du tube située au-dessous de ce même point.

Adoption des points fixes pour la graduation du thermomètre. — Le thermomètre de l'Académie *del Cimento* fut employé par les physiciens pendant une grande partie du xviie siècle ; mais il présentait un vice essentiel : c'était sa graduation, dont le point de départ était purement arbitraire, car la température d'une cave varie selon les localités. Il résultait de là que les instruments employés par les physiciens des divers pays n'étaient nullement comparables entre eux, c'est-à-dire n'auraient pas marqué le même degré pour une même température. Il fallait nécessairement découvrir et adopter, pour en faire la base de l'échelle du thermomètre, un point fixe fondé sur un phénomène naturel, facile, par conséquent, à produire en tous lieux. Un professeur de Padoue, nommé Renaldini, démontra le premier la nécessité de rejeter les points de départ arbitraires et variables dans la construction des thermomètres ; il proposa d'adopter des *points fixes* pour l'échelle de cet instrument.

Thermomètre de Newton. — Renaldini, qui avait parfaitement posé le principe théorique de la nécessité des points fixes, n'avait su qu'incomplétement réaliser dans la pratique cette importante idée. C'est le grand physicien Newton qui exécuta, en 1701, le premier thermomètre à indications comparables ; et, depuis cette époque, cet instrument fut désigné sous le nom de *thermomètre de Newton*.

Le *thermomètre de Newton* était un tube de verre entièrement purgé d'air, fermé à son extrémité supérieure et terminé à sa partie inférieure par un réservoir sphérique ou cylindrique. Ce tube contenait de l'huile de lin qui s'élevait à peu près jusqu'à la moitié du tube. Les points fixes de cet instrument étaient : pour le terme supérieur, la température du corps humain, qui est sensiblement constante à toutes les latitudes et dans tous les climats ; et pour le terme inférieur, le point où le liquide s'arrêtait quand on maintenait l'instrument dans de la neige. On divisait en douze parties l'espace contenu entre ces deux points fixes, et l'on prolongeait les mêmes divisions au-dessus et au-dessous de ces deux points.

Thermomètre d'Amontons. — Guillaume Amontons, habile physicien français du xviiᵉ siècle, et qui fit partie de l'ancienne Académie des sciences de Paris aux premiers temps de sa fondation par Colbert, proposa de substituer au thermomètre de Newton un *thermomètre à air ;* il revenait ainsi aux dispositions primitivement adoptées par Cornelius Drebbel. Amontons adopta comme point fixe, pour le terme supérieur dé son thermomètre, la température de l'eau bouillante qu'il avait le premier reconnue comme un terme absolument constant.

Le thermomètre à gaz d'Amontons rendit de grands services aux physiciens. Seulement, comme les gaz se dilatent considérablement par la chaleur, les degrés de cet instrument occupaient un grand espace, ce qui obligeait à donner à l'appareil une longueur gênante. En outre, le point fixe inférieur n'avait pas la constance

exigée pour la précision et la comparabilité des indications : c'était toujours le terme adopté par Newton, c'est-
à-dire le degré de froid propre à la neige, et comme la
neige, dans différentes conditions, varie dans sa température, ce point de départ manquait d'exactitude.

Thermomètre de Fahrenheit. — Gabriel Fahrenheit,
constructeur d'instruments, de Dantzig, modifia, avec le
plus grand bonheur, le thermomètre de Newton en sub-
stituant le mercure à l'huile employée par le physicien
anglais, et en adoptant, pour point fixe, la température de
l'ébullition de l'eau, terme d'une exactitude irréprocha-
ble, emprunté au thermomètre à air d'Amontons. C'est
en 1714 que Fahrenheit commença à construire ses thermomètres. Dans les premiers instruments sortis de ses
mains, l'artiste de Dantzig avait fait usage d'alcool comme
liquide thermométrique ; mais, quelques années après,
il adopta exclusivement le mercure, liquide qui présente des avantages inappréciables pour mesurer la chaleur, en raison de l'uniformité de sa dilatation, et parce
qu'il n'entre en ébullition qu'à une température très-élevée, ce qui permet de le consacrer à la mesure des températures les plus hautes.

Le thermomètre de Fahrenheit consistait donc en un
tube de verre fermé à sa partie supérieure, terminé par
un réservoir et contenant du mercure. Le point fixe supérieur était le point où le mercure s'arrêtait quand on
plaçait l'instrument dans la vapeur de l'eau bouillante ;
le terme inférieur, le point où le mercure s'arrêtait
quand on laissait séjourner l'instrument au milieu d'un
mélange frigorifique particulier formé de neige et de
sel ammoniac, mélange fait dans des proportions dont
l'artiste allemand s'est toujours réservé le secret. L'intervalle entre ces deux points fixes était divisé en deux
cent douze parties égales, qui représentaient les **degrés**
du thermomètre.

Le thermomètre de Fahrenheit est encore très en
usage aujourd'hui en Allemagne et en Angleterre.

Thermomètre de Réaumur. — Le point fixe inférieur, ou le zéro du thermomètre de Fahrenheit, étant difficile à retrouver par d'autres que par le constructeur allemand, Réaumur, physicien et naturaliste français, membre de l'Académie royale des sciences de Paris, proposa, vers 1730, d'adopter le terme de la glace fondante pour le zéro du thermomètre, et de diviser en quatre-vingts parties égales la partie de cet instrument comprise entre ces deux points. A partir de 1750, le thermomètre de Réaumur devint, en France, d'un usage général.

Thermomètre centigrade. — C'est un physicien d'Upsal, en Suède, nommé Celsius, qui proposa, en 1741, de diviser en cent parties égales, au lieu de quatre-vingts, l'échelle du thermomètre de Réaumur. Depuis cette époque, cet instrument n'a pas reçu de modifications qui touchent au principe de sa construction.

Manière de construire le thermomètre. — On prend un tube d'un diamètre extrêmement fin, d'un diamètre dit *capillaire*, ou de l'épaisseur d'un cheveu. On commence par s'assurer, par des moyens convenables, que son canal intérieur est sensiblement le même dans tous les points, afin que les degrés que l'on tracera plus tard sur ce tube renferment des volumes de mercure parfaitement les mêmes. Quand on a reconnu que le tube choisi présente sensiblement la même capacité dans toutes ses parties, on souffle en boule son extrémité à l'aide de la lampe d'émailleur, ou bien l'on y soude un morceau de tube cylindrique d'un diamètre plus fort, et l'instrument a dès lors la forme représentée par l'une des deux figures ci-jointes.

Fig. 36.

Il s'agit maintenant d'introduire dans ce tube le liquide thermométrique. Cette opération présente quelques difficultés, car l'extrême petitesse du diamètre du tube s'oppose à ce qu'on puisse y verser ce liquide directement, avec un entonnoir par exemple; ce tube est si étroit que le mercure et l'air ne peuvent s'y mouvoir en même temps, le premier pour y entrer, le second pour en sortir. Voici le moyen qui est employé pour introduire le mercure dans le tube capillaire du thermomètre.

On chauffe sur une lampe à esprit-de-vin le réservoir du tube : l'air qu'il contient, se dilatant considérablement par l'action de la chaleur, s'échappe en partie du tube qui demeure rempli à cette température, d'un air très-dilaté et par conséquent d'une faible tension. On plonge alors la pointe ouverte du tube dans le mercure qu'il s'agit d'introduire, comme le représente la figure suivante. Par le refroidissement, l'air contenu dans l'in-térieur du tube a perdu son élasticité, il n'est plus capable de faire équilibre à la pression atmosphé-rique extérieure qui, dès lors, agissant comme dans le baromètre, force par sa pression le mercure à s'élever dans l'intérieur du tube thermométrique. En relevant le tube, on fait descendre sans difficulté le mercure à l'intérieur du réservoir. On répète alors la même opération : on fait bouillir, à l'aide d'une lampe à alcool, le mer-cure qui occupe une partie

Fig. 37.

du réservoir; les vapeurs de mercure provenant de l'ébullition du liquide chassent tout l'air du tube et prennent sa place; si l'on plonge alors de nouveau la pointe ouverte du tube dans le bain de mercure, les vapeurs du mercure, s'étant condensées par le refroidissement à l'intérieur du tube, laissent le vide à l'intérieur de cette capacité; dès lors la pression de l'air atmosphérique extérieur fait élever le mercure à l'intérieur du tube qui se trouve ainsi entièrement rempli.

Il s'agit maintenant de fermer le tube sans y laisser aucune trace d'air, car sa présence gênerait les mouvements du mercure. Pour cela, on chauffe, à l'aide d'une lampe à alcool, le réservoir de l'instrument. Par l'effet de la chaleur, le métal se dilate; par cette augmentation de volume, il remplit toute la capacité intérieure du tube et déborde même en partie à l'extérieur. En ce moment, c'est-à-dire lorsque le tube est entièrement occupé par le mercure dilaté, et par conséquent ne contient pas trace d'air, on dirige, à l'aide d'une lampe et d'un chalumeau pareil à celui des orfévres, un dard de flamme sur l'extrémité du verre, qui fond et ferme ainsi l'orifice du tube, toujours plein de mercure. Quand l'instrument s'est refroidi, le mercure, revenu par le refroidissement à son volume primitif, n'occupe plus qu'environ la moitié du tube, ce qui laisse une certaine latitude aux variations de la colonne thermométrique pour les usages de l'instrument. L'espace libre au-dessus de la colonne thermométrique étant entièrement vide, c'est-à-dire privé d'air, le métal ne doit rencontrer aucune résistance capable de gêner son mouvement de dilatation.

Graduation du thermomètre, ou établissement des points fixes. — Sur le thermomètre construit comme nous venons de l'indiquer, on détermine le point fixe inférieur ou le zéro à l'aide de la glace fondante.

Dans un vase rempli de glace pilée et disposé, comme l'indique la figure 38, on place le thermomètre jusqu'à la moitié de la hauteur de sa tige; au bout d'un quart d'heure, on marque, à l'aide d'une pointe de diamant, le point où le mercure s'est arrêté et qui sera le zéro du thermomètre.

Le point fixe supérieur s'obtient en exposant le tube
à la température, non de l'eau bouillante elle-même,
car les différentes couches
d'eau bouillante n'ont point la
même température (les plus
inférieures sont plus chaudes
que les supérieures), mais en
l'exposant à l'action de la vapeur d'eau bouillante dont la
température est toujours la
même quand on se place dans
les conditions physiques voulues.

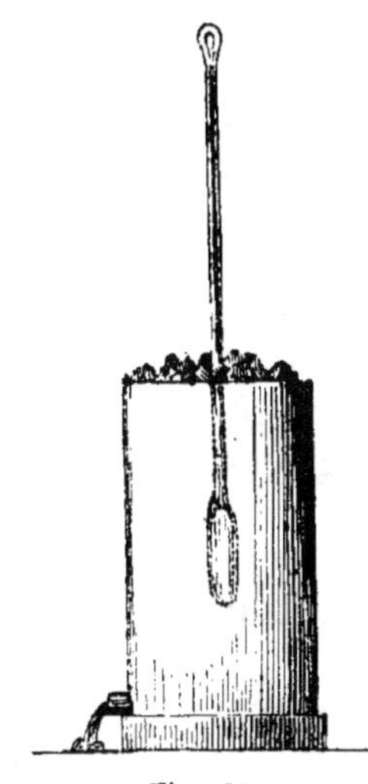

Fig. 38.

La figure 39 représente l'é-
tuve à vapeur qui sert à obtenir le point fixe supérieur du
thermomètre. On voit que, par
un bouchon qu'il transperce,
l'instrument est soutenu au-
dessus d'une espèce de boîte métallique A B surmontée
d'un tuyau CD. Une certaine
quantité d'eau contenue dans
la boîte A B, que l'on place
au-dessus d'un fourneau al-
lumé, fournit de la vapeur qui
vient remplir le tuyau C D, dans
lequel le thermomètre est suspendu. Au bout de dix minutes
environ, la colonne du mercure étant devenue station-
naire, on marque, avec une
pointe de diamant, l'endroit
où le mercure s'est arrêté, et
qui sera le centième degré de
l'échelle thermométrique.

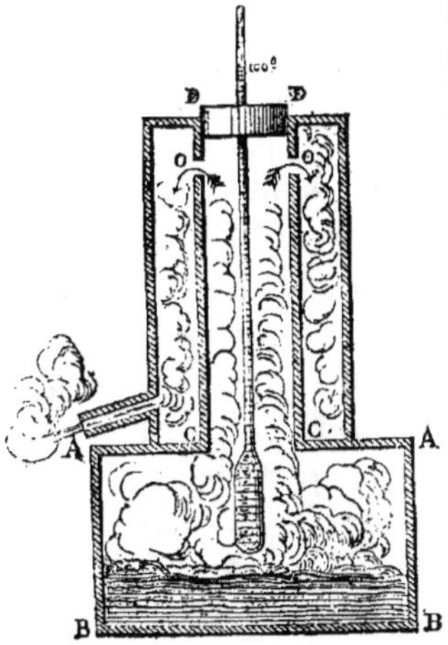

Fig. 39.

Division du thermomètre. — La dernière opération
consiste à diviser en cent parties égales l'intervalle com-

pris entre les deux points fixes. Quelquefois, et c'est là le procédé le plus exact, on exécute ces divisions sur le verre même de la tige de l'instrument ; les thermomètres dont on fait usage dans les laboratoires de physique et de chimie ont leur échelle ainsi graduée sur le verre. Mais, pour les thermomètres d'appartement, on se contente de fixer le tube sur une petite planche de bois, de métal ou de porcelaine. On marque zéro en face du trait laissé par le diamant qui correspond à la glace fondante, et cent degrés au point qui correspond à la température de l'ébullition de l'eau. Ensuite, à l'aide d'une machine à diviser, on partage l'entre-deux en cent parties égales, qui représenteront les degrés du thermomètre, et, s'il est nécessaire, on prolonge ces mêmes divisions au-dessus et au-dessous de ces deux points.

Thermomètre à alcool. — On construit le thermomètre à alcool à peu près comme le thermomètre à mercure, mais on ne saurait procéder de la même manière pour diviser l'échelle de cet instrument. En effet, l'alcool ne jouit pas, comme le mercure, de la précieuse propriété de se dilater uniformément entre 0 et 100 degrés, c'est-à-dire d'augmenter le volume dans la proportion exacte de la chaleur qu'il reçoit. L'irrégularité de la dilatation de l'alcool oblige de se servir d'un bon thermomètre à mercure pour fixer sur le thermomètre à alcool en construction, un certain nombre de points, correspondant à des températures distantes entre elles de 8 à 10 degrés. On subdivise ensuite, en parties égales, l'intervalle compris entre les points de raccord qui ont été déterminés par le secours du thermomètre à mercure.

On voit, par ces détails, que le thermomètre à alcool doit donner des indications moins rigoureuses que celles du thermomètre à mercure. C'est donc à ce dernier instrument qu'il faut toujours recourir pour la mesure exacte de la température des corps. Le thermomètre à alcool présente néanmoins une supériorité sur le thermomètre à mercure, quand il s'agit d'évaluer des températures très-basses. En effet le mercure se congèle à 39 degrés centigrades au-dessous de zéro, l'alcool, au contraire, ne se congèle jamais; le thermomètre à alcool est donc le seul dont on doive faire usage pour observer des températures très-inférieures à zéro.

Thermomètre à air; thermomètre métallique. — C'est avec des liquides, le mercure et l'alcool, que sont construits, comme on vient de le voir, les thermomètres usuels. Cependant les physiciens font également usage de thermomètres construits avec des gaz et des corps solides. Le *thermomètre à air* est assez souvent employé dans les recherches des physiciens; un *thermomètre métallique* a été imaginé, bien qu'il soit peu employé. Nous devons nous borner à mentionner ici l'existence de ces deux instruments, dont l'invention et l'application ont été faites par les physiciens de notre époque.

XIII

LES MACHINES A VAPEUR.

Tous nos jeunes lecteurs ont été témoins des effets extraordinaires de la vapeur employée comme force motrice, et sans nul doute, chacun d'eux a désiré se rendre compte de son action. Quand on entre dans une usine mécanique, quand on assiste à ce spectacle étonnant d'un moteur unique distribuant la force dans les différentes pièces d'un atelier, soulevant les fardeaux les plus lourds, mettant en mouvement des masses énormes et triomphant de toutes les résistances qu'on lui oppose; —lorsque, embarqué sur un bateau à vapeur, on voit les roues de ce bateau, tournant avec une rapidité excessive, fendre avec force les eaux d'un fleuve ou les flots de l'Océan, et, sans le secours des voiles, s'avancer contre les courants et les vents contraires ; — lorsque, emporté sur les rails d'un chemin de fer, on voit une locomotive, lançant des torrents de vapeur sur son passage, traîner après elle, et comme en se jouant, de longs convois pesamment chargés ; — quand on voit, en un mot, les applications innombrables de la machine à vapeur, devenue l'agent indispensable et comme l'âme de l'industrie moderne, après le sentiment naturel de la reconnaissance envers Dieu qui accorde à l'homme la possession d'une telle puissance, il s'élève dans **notre** esprit l'impérieux désir de connaître exactement le mécanisme physique qui donne les moyens d'accomplir toutes ces merveilles. C'est ce désir que nous allons essayer de satisfaire, en exposant les principes, les règles et les faits sur lesquels repose l'emploi mécanique de la vapeur dans la série infiniment variée de ses applications. Nous rappellerons en même temps les noms des hommes de génie qui, par leurs efforts successifs, ont doté l'humanité de cet inappréciable bienfait.

Principe général de l'action mécanique de la vapeur. Machines à vapeur à condensation et sans condensation. — L'emploi général de la vapeur d'eau comme force mécanique repose sur un principe simple et facile à comprendre.

Les gaz et les vapeurs, quand on les tient enfermés dans un espace clos, pressent très-fortement contre les parois de l'enceinte qui les resserre. Comme les vapeurs de tous les liquides, la vapeur d'eau maintenue dans un espace clos jouit d'une énorme force de pression.

Si l'on fait bouillir de l'eau dans une marmite exactement fermée par son couvercle, au bout de quelques minutes d'ébullition, la vapeur d'eau qui se forme au sein du liquide bouillant, surmontant le poids du couvercle, le soulève et s'échappe dans l'air.

Si l'on enferme dans une bombe métallique creuse une petite quantité d'eau, qu'on ferme exactement, à l'aide d'un bouchon à vis métallique, l'orifice de la bombe, et qu'on la place en cet état au milieu d'un feu ardent, la vapeur formée par l'ébullition du liquide à l'intérieur de cet espace, ne trouvant aucune issue pour s'échapper au dehors, brise violemment l'enveloppe métallique et en projette au loin les éclats avec une dangereuse et bruyante explosion.

Ces faits bien connus de tout le monde, établissent suffisamment la grande puissance mécanique dont jouit la vapeur d'eau resserrée dans un espace clos. Mais il est évident que l'on doit pouvoir tirer un parti utile de cette puissance, lorsque, sans atteindre la limite à laquelle elle produit ces effets de destruction, on la dirige par l'intelligence et par l'art. Nous allons voir quels sont les moyens dont on fait usage pour tirer parti, dans les machines dites *à vapeur*, de la force qui réside dans la vapeur de l'eau bouillante.

Si l'on adapte à une chaudière pleine d'eau que l'on peut porter à l'ébullition à l'aide d'un fourneau F, un tube T qui dirige la vapeur de la chaudière dans un cylindre métallique creux CC parcouru par un piston glissant à frottement dans

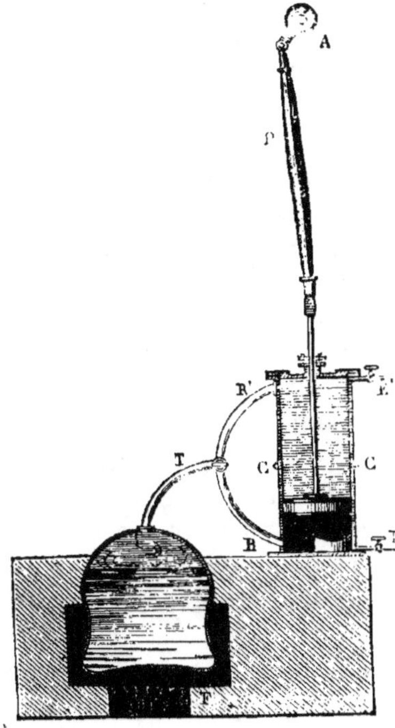

Fig. 40.

son intérieur, il est évident que la vapeur arrivant par le tube TR à la partie inférieure du cylindre au-

dessous du piston, forcera par sa pression, le piston à
s'élever jusqu'au haut du cylindre. Si l'on interrompt
alors l'arrivée de la vapeur au-dessous du piston, et
que, ouvrant le robinet E, on permette à la vapeur qui
remplit cet espace de s'échapper dans l'air extérieur, et
qu'en même temps en ouvrant un second tube R', on fasse
arriver de nouvelle vapeur *au-dessus* du piston, la pression de cette vapeur, s'exerçant de haut en bas, préci-
pitera le piston jusqu'au bas de sa course, puisqu'il
n'existera plus, au-dessous de lui, de résistance capable
de contrarier l'effort de la vapeur. Si l'on renouvelle
continuellement cette arrivée alternative de la vapeur
au-dessous et au-dessus du piston, en donnant à chaque
fois issue à la vapeur contenue dans la partie opposée
du cylindre, le piston, ainsi alternativement pressé sur
ses deux faces, exécutera un mouvement continuel
d'élévation et d'abaissement dans l'intérieur du cylindre.

Ainsi, en dirigeant successivement la vapeur d'une
chaudière, tantôt au-dessous, tantôt au-dessus du
piston, on imprimera à ce piston un mouvement continuel d'élévation et d'abaissement à l'intérieur du cylindre.

Il est facile de comprendre maintenant que si la tige P
attachée à ce piston par sa partie inférieure, est fixée par
sa partie supérieure à la manivelle de l'arbre tournant
d'un atelier A, l'action continue de la vapeur aura pour
résultat d'imprimer à cet arbre un mouvement continuel
de rotation. Le mouvement de cet arbre pourra ensuite,
à l'aide de courroies et de poulies, être transmis aux
nombreuses machines ou outils distribués dans les différentes pièces d'une usine.

Beaucoup de machines à vapeur sont construites par
la simple application du principe général que nous
venons d'exposer. On désigne ces machines à vapeur
sous le nom de *machines à haute pression*. Elles se rédui-
sent à un cylindre métallique dans lequel la vapeur vient

presser alternativement les deux faces opposées du piston et s'échapper ensuite dans l'air.

Il est cependant une seconde manière de tirer parti de la force élastique de la vapeur. Au lieu de rejeter la vapeur dans l'air après chaque oscillation du piston, comme nous venons de le montrer dans l'appareil précédent, on condense la vapeur à l'intérieur de l'appareil, et voici comment cette condensation donne naissance à un effet mécanique.

Si au lieu de laisser perdre au dehors la vapeur d'une machine quand elle a produit son effet, on la dirige au moyen d'un tube, dans un espace continuellement refroidi par un courant d'eau, la vapeur, en arrivant dans cet espace, se condensera et repassera immédiatement à l'état liquide : par suite de cette condensation, le vide existera à l'intérieur du cylindre. N'éprouvant plus de résistance au-dessous de lui, le piston obéit facilement à la pression que la vapeur exerce sur sa face supérieure, et il descend jusqu'au bas du cylindre. Si l'on répète continuellement ce jeu alternatif : l'arrivée de la vapeur sous le piston, la condensation de cette vapeur dans un vase isolé, l'arrivée de nouvelle vapeur au-dessus du piston, la condensation de cette vapeur, ainsi de suite, on produit une élévation et un abaissement continus du piston dans l'intérieur du cylindre; ces effets se transmettent ensuite comme à l'ordinaire, à l'arbre moteur par la tige du piston. Cette seconde espèce de machines porte le nom de *machine à condenseur* ou *à basse pression*.

Classification des machines à vapeur. — Les machines à vapeur peuvent se diviser, si l'on considère leur service, en quatre classes :

1° Les machines fixes, à l'usage des ateliers et des usines ;

2° Les machines de navigation ;

3° Les locomotives ;

4° Les locomobiles.

Nous allons étudier successivement les machines à vapeur, au point de vue historique et descriptif, dans chacune de ces divisions.

MACHINES A VAPEUR FIXES.

Historique. — Les anciens ont entièrement ignoré qu'il existât, dans la vapeur d'eau chauffée, une force élastique, capable d'être utilisée comme agent moteur. C'est à la science moderne qu'appartient exclusivement la création de ces machines puissantes.

Nous avons vu, en parlant du baromètre, que c'est au xvii° siècle, par les travaux d'Otto de Guericke et de Pascal, que fut découvert le grand phénomène de la pesanteur de l'air, et que l'on mit en évidence la pression que l'atmosphère exerce sur tous les corps placés à la surface de la terre. C'est par une application du principe de la pression de l'air que fut imaginée la première machine à vapeur qui ait fonctionné dans l'industrie.

L'illustre Huyghens avait eu la pensée de créer une machine motrice en faisant détoner de la poudre à canon sous un cylindre parcouru par un piston : l'air contenu dans ce cylindre, dilaté par la chaleur résultant de la combustion de la poudre, s'échappait au dehors au moyen d'une soupape; il se formait dès lors au-dessous du piston, un vide partiel, c'est-à-dire de l'air considérablement raréfié, et dès ce moment, la pression de l'air atmosphérique extérieur s'exerçant sur la partie supérieure du piston, et n'étant qu'imparfaitement contre-balancée par l'air raréfié existant au-dessous du piston, précipitait ce piston au bas du cylindre. Par conséquent, si l'on avait attaché à ce piston une chaîne ou une corde, venant s'enrouler autour d'une poulie, on pouvait élever des poids placés à l'extrémité de cette corde et produire ainsi un véritable effet mécanique.

C'est ce que montre la figure 41, empruntée à un dessin de cette époque. Dans cette figure, A représente la petite coupe destinée à recevoir la poudre à canon; P, le piston qui doit être soulevé par l'effet d'expansion des gaz; SS les soupapes par lesquelles l'air dilaté se dégage au dehors; M, le poids soulevé grâce à la corde qui s'enroule sur la poulie.

Soumis à l'expérience pratique, l'appareil précédent n'avait pas donné de bons résultats en raison de la trop faible raréfaction de l'air contenu au-dessous du piston. C'est alors que se présenta l'idée, pleine d'avenir, de remplacer la poudre à canon, comme moyen de produire le vide sous un piston, par de la vapeur d'eau que l'on faisait condenser dans cet espace même.

On comprend en effet que si dans le cylindre A (fig. 42), parcouru par un piston bien dressé contre la surface intérieure de ce cylindre, on fait arriver un courant de vapeur d'eau, la vapeur, par sa force élastique, obligera le piston à s'élever jusqu'au haut du

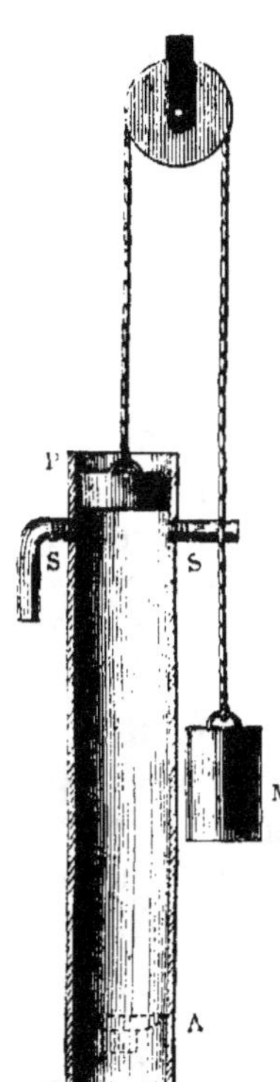

Fig. 41.

corps de pompe. Maintenant, si, par un moyen quelconque, par exemple en faisant refroidir les parois extérieures du cylindre, on provoque la condensation de la vapeur d'eau, quand cette vapeur sera condensée, le vide existera dans ce cylindre, car l'air avait été chassé de cet espace par la vapeur d'eau, et puisque cette vapeur disparaît à son tour en se liquéfiant, il n'existe plus rien dans cet espace : c'est le vide. Or, la pression de l'air extérieur pesant de toute sa masse sur la tête du piston, et cette pression n'étant contrebalancée par rien, puisque le vide existe au-dessous du piston dans l'intérieur de ce cylindre, doit précipiter ce piston jusqu'au bas de sa course. D'après cela, il suffira d'introduire et de condenser successivement de la vapeur d'eau dans le cylindre A pour imprimer au piston qui le parcourt un mouvement alternatif d'élévation et d'abaissement ; et si une tige B est fixée à ce piston, et qu'on mette cette tige en communication avec l'arbre moteur d'une machine, on pourra, grâce au mouvement continuel de cette tige, imprimer un mouvement de rotation à l'arbre et produire ainsi toute sorte de travail mécanique.

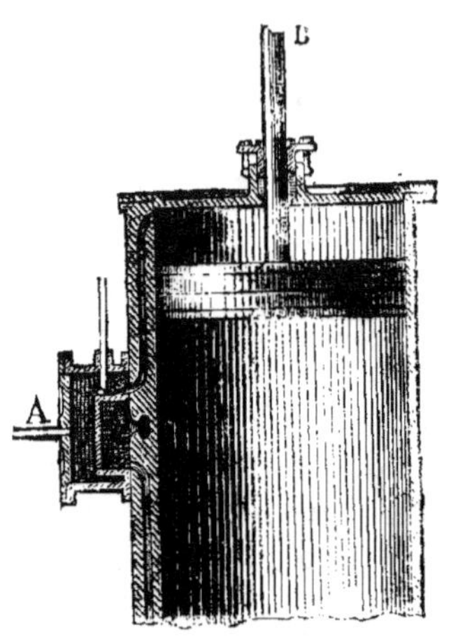

Fig. 42.

L'appareil que nous venons de décrire est la première machine à vapeur qui ait été imaginée. Elle a été proposée, en 1690, par un savant français, l'immortel Denis Papin.

Denis Papin. — Né à Blois, le 22 août 1645, mort vers l'année 1714, Denis Papin nous offre un des plus tristes et des plus remarquables exemples du génie en proie à une adversité constante. Protestant, et fidèle à sa foi religieuse, il s'expatria à l'époque de la révocation de l'édit de Nantes par Louis XIV, en 1685, et ce fut à l'étranger, en Angleterre, en Italie et en Allemagne, qu'il réalisa le plus grand nombre de ses inventions, parmi lesquelles figure surtout la machine à vapeur.

En 1707, Papin avait exécuté une machine à vapeur conçue sur un principe un peu différent de celle dont nous avons parlé plus haut, et il l'avait installée sur un bateau muni de roues. Il s'était embarqué à Cassel sur la rivière Fulda, et était arrivé à Münden, ville du Hanovre, pour passer de là, avec son bateau, dans les eaux du fleuve Weser, et se rendre enfin en Angleterre, où il aurait fait connaître et expérimenté sa machine à vapeur. Mais les bateliers du Weser lui refusèrent l'entrée de ce fleuve, et, pour répondre à ses plaintes, ils eurent la barbarie de mettre en pièces son bateau. A partir de ce moment, le malheureux Papin, sans ressources et sans asile, traîna une vie de privations et d'amertume; il languit dans la misère et l'abandon. Retiré à Londres, il y vécut à l'aide de faibles secours péniblement arrachés à la *Société royale de Londres*, dont il était membre, et qui l'employait à des travaux de faible importance. On ignore même l'année précise et le lieu de la mort de cet homme illustre autant que malheureux, et dont la France glorifiera éternellement la mémoire.

Newcomen et Cawley. Machine de Newcomen. — La machine à vapeur atmosphérique que Papin avait fait connaître en 1690, fut réalisée et livrée à l'industrie par deux artisans intelligents de la ville de Darmouth, en Angleterre, par Newcomen et Cawley. En 1698, Thomas Savery, ancien ouvrier des mines, devenu, grâce au travail et à l'étude, un habile ingénieur, avait réussi à exécuter une machine de son invention qui avait pour principe la pression de la vapeur d'eau, et il avait appliqué cette machine à l'élévation des eaux dans les mines de houille. Mais la machine à vapeur construite par Newcomen et Cawley, d'après les principes de Papin, avait une telle supériorité sur celle de Savery, qu'elle fit promptement abandonner l'usage de cette dernière. Vers le milieu du xviiie siècle, la machine de Newcomen était déjà très-répandue en Angleterre. Une très-puissante machine de ce genre servait à la distribution des eaux dans la ville de Londres, et beaucoup d'autres machines semblables fonctionnaient dans les mines de houille de l'Angleterre, pour l'épuisement des eaux.

La figure suivante représente les éléments essentiels de la machine de Newcomen. P est le cylindre dans lequel le piston H s'élève par la pression de la vapeur envoyée par la chaudière A. Quand le piston est parvenu au sommet de sa course, on fait couler au moyen du tube D, un courant d'eau froide qui vient condenser la vapeur à l'intérieur du cylindre, et produire ainsi le vide

Fig. 43.

par suite de la condensation de la vapeur. Dès lors, le vide existant à l'intérieur du cylindre, le piston H, sous le poids de l'air atmosphérique extérieur, descend dans l'intérieur du cylindre. Au moyen de la chaîne S attachée à la partie supérieure de ce piston et du contre-poids E, on peut produire un effort mécanique, élever des fardeaux, mettre en action des pompes pour l'épuisement des eaux, etc. On voit que la machine de Newcomen n'est autre chose que l'application pratique de l'appareil conçu en 1690 par notre compatriote Denis Papin.

Perfectionnement de la machine de Newcomen. Travaux de James Watt. — Le célèbre James Watt, qui s'est tant illustré par ses découvertes multipliées sur le mode d'emploi de la vapeur, n'était qu'un pauvre ouvrier mécanicien de la ville de Greenock, en Écosse. Par son application au travail, par sa persévérance et son génie, il devint un des hommes les plus importants de la Grande-Bretagne; par ses découvertes sur la construction des machines à vapeur, il enrichit son pays et le monde entier.

La première découverte de James Watt eut pour objet le perfectionnement de la machine de Newcomen. Dans cette machine, alors très-répandue en Angleterre, il y avait un vice essentiel : c'était le mode de condensation de la vapeur que l'on provoquait, comme nous l'avons déjà dit, par un courant d'eau froide injectée dans l'intérieur même du cylindre. Cette eau refroidissait le cylindre, et la vapeur, en arrivant dans cet espace refroidi, s'y condensait en partie, ce qui amenait une perte considérable de chaleur et augmentait beaucoup la dépense du combustible. Par une invention capitale, James Watt réalisa dans cette machine une économie des trois quarts du combustible employé. Au lieu de condenser la vapeur dans l'intérieur même du cylindre, il fit communiquer le cylindre au moyen d'un tuyau, avec une caisse séparée parcourue par un courant d'eau continuel : la vapeur allait se liquéfier dans cet espace qui reçut le nom de *condenseur isolé*.

Découverte de la machine à vapeur à double effet. — Dans la machine de Newcomen, perfectionnée par James Watt, la vapeur n'agissait que sur la face inférieure du piston, pour produire son oscillation ascendante. Par une autre invention capitale, Watt créa la *machine à vapeur à double effet*. Au lieu de faire agir la vapeur sur la face inférieure du piston seulement, il la fit agir sur ses deux faces, de manière à produire par le seul effet de la force élastique de la vapeur, les mouvements d'élévation et d'abaissement du piston. Il bannit ainsi toute intervention de la pression de l'air de cette machine, qui reçut dès lors exclusivement de la force élastique de la vapeur son principe d'action.

Autre perfectionnement de la machine à vapeur par Watt. — Après avoir construit la machine à double effet, Watt apporta encore des améliorations d'une haute importance aux différents organes de la machine à vapeur. Sans entrer dans des détails qui nous entraîneraient trop loin, nous nous bornerons à dire que James Watt découvrit successivement : 1° le *parallélogramme articulé* qui sert à transmettre au balancier de la machine les deux impulsions successives résultant de l'élévation et de l'abaissement du piston ; 2° la *manivelle* qui sert à transformer en un mouvement de rotation le mouvement de va et vient du piston ; 3° le *régulateur à boules* qui sert à régulariser l'entrée de la vapeur dans l'intérieur du cylindre, en n'y admettant que la quantité de vapeur exactement nécessaire au jeu de la machine.

C'est par cet ensemble de perfectionnements et de découvertes dans les organes essentiels et secondaires de la machine à vapeur, que Watt parvint à créer presque de toutes pièces la machine à vapeur moderne. Ayant reçu de cette manière les formes, les dispositions les plus avantageuses, tant pour l'économie que pour la commodité pratique, cette importante machine se répandit promptement en Europe, et dans les premières années de notre siècle, elle était devenue d'un usage général en Europe et en Amérique.

Découverte des machines à haute pression. — Une découverte d'une haute importance dans le mode d'emploi de la vapeur, a été faite au début de notre siècle : c'est l'emploi dans les machines à vapeur, de la vapeur à haute pression.

Que faut-il entendre par ce mot de *vapeur à haute pression* ?

Quand l'eau est en ébullition, si l'on envoie sa vapeur dans le cylindre, elle y produit une puissante action mécanique. Mais cette action mécanique sera considérablement augmentée si, avant d'envoyer dans le cylindre cette vapeur, on la chauffe très-fortement en la maintenant dans la chaudière, sans ouvrir le robinet qui doit la faire passer dans le cylindre. Ainsi chauffée, elle acquiert une puissance considérable; et la *tension* de la vapeur (c'est là l'expression consacrée) est d'autant plus forte que la vapeur est chauffée plus longtemps avant d'être dirigée dans le cylindre.

C'est un mécanicien allemand, Leupold, qui avait le premier, vers 1725, émis l'idée de faire usage de la vapeur à haute tension dans les machines à vapeur. Mais ce mode d'emploi de la vapeur ne fut pas adopté par James Watt. La construction des premières machines à haute pression, appartient à un Américain, Oliver Evans, d'abord simple ouvrier à Philadelphie, plus tard constructeur d'appareils mécaniques dans la même ville.

En 1825, les mécaniciens Trévithick et Vivian commencèrent à répandre, en Angleterre, l'usage des machines à vapeur à haute pression d'Oliver Evans, qui jouirent bientôt d'une grande faveur.

Perfectionnement de la machine à vapeur depuis Watt. — Une foule d'autres perfectionnements ont été apportés de nos jours à la machine à vapeur. Comme systèmes nouveaux destinés à remplacer la machine de Watt, nous citerons : 1° les *machines à deux cylindres,* ou *machines de Wolf,* qui sont très-répandues dans les usines françaises; 2° les *machines à cylindre fixe horizontal,* qui sont aujourd'hui très en faveur dans nos ateliers mécaniques; 3° les *machines à cylindre oscillant,* qui offraient peu d'avantages et sont aujourd'hui abandonnées; 4° les *machines rotatives,* dont le système a beaucoup d'avenir ; 5° les *machines à vapeur d'éther*, dans lesquelles un liquide auxiliaire, l'éther, vient ajouter la force élastique de sa vapeur à celle de la vapeur d'eau ; 6° enfin les *machines à air chaud*, dans lesquelles on se propose de remplacer la vapeur d'eau par une même masse d'air alternativement échauffée et refroidie.

Description des machines à vapeur fixes. — On peut réduire à deux les systèmes des machines à vapeur qui sont en usage dans nos ateliers et nos usines :

1° Les *machines sans condenseur*, dans lesquelles la vapeur s'échappe dans l'air après avoir exercé son effort sur les deux faces du piston ;

2° Les *machines à condenseur*, dans lesquelles la vapeur d'eau, au lieu de se perdre au dehors, se liquéfie dans un vase nommé *condenseur*.

Rien n'est plus facile à comprendre que le mécanisme des *machine sans condenseur*, souvent désignées sous le nom de *machines à haute pression*, parce que la pression s'y trouve employée à une tension de deux atmosphères au moins et qui peut aller jusqu'à 10 à 12 atmosphères.

La figure 44 représente le mécanisme essentiel de la machine à vapeur sans condenseur.

La vapeur arrive sous le piston et le soulève de bas en haut. Quand le piston est parvenu au sommet de sa course, une soupape s'ouvre et fait arriver la vapeur de la chaudière au-dessus ou sur la tête du piston. En même temps, une autre soupape venant à s'ouvrir, la vapeur du cylindre se précipite au dehors. N'ayant à surmonter que la résistance de l'air à sa partie inférieure, c'est-à-dire la résistance d'une atmosphère, étant soumis à sa partie supérieure ou sur sa tête à la pression de la vapeur qui est de plusieurs atmosphères, le piston s'abaisse nécessairement dans l'intérieur du corps de pompe. A peine y est-il parvenu que l'on fait échapper au dehors, la vapeur qui remplissait la partie supérieure du cylindre. Au même instant, une nouvelle vapeur arrive au-dessous du pis-

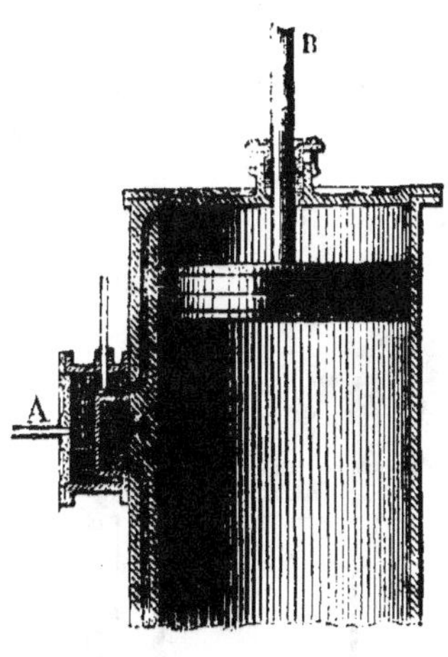

Fig. 44.

ton et la repousse en haut par le fait de la pression de cette vapeur qui, portée à la tension de plusieurs atmosphères, n'a à surmonter que la pression d'une atmosphère de l'air extérieur. C'est en répétant la série de ces mouvements, c'est-à-dire en faisant arriver alternativement de la vapeur au-dessus et au-dessous du piston, et en lâchant ensuite cette vapeur dans l'air dès qu'elle a produit son effort sur l'une des faces du piston, que l'on pro-

duit d'une manière continuelle les mouvements d'élévation et d'abaissement de ce piston. Il est facile de comprendre qu'à l'aide de dispositions mécaniques particulières, on peut transmettre ce mouvement rectiligne de la tige du piston à l'arbre moteur d'un atelier mécanique.

Les machines sans condenseur ont la disposition représentée par la figure 45 : A est le cylindre à vapeur

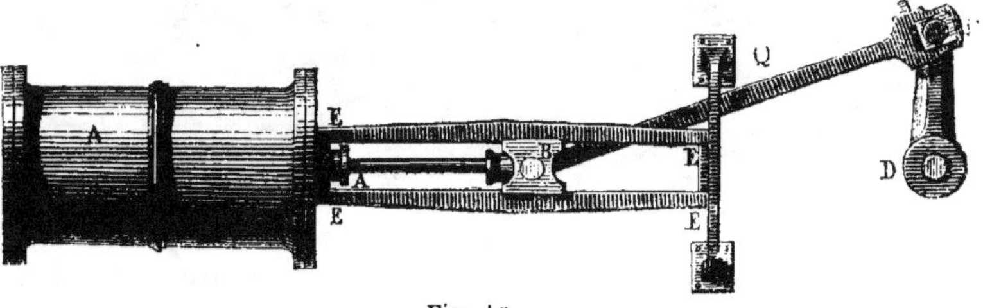

Fig. 45.

qui est placé horizontalement, T le tube qui rejette hors de l'usine la vapeur sortant du cylindre.

Pour transmettre à l'arbre moteur de l'usine le

mouvement de la tige du piston A, on adapte au sommet de cette tige une articulation très-mobile, **qui pousse la tige Q**, mobile autour du point ou de l'articulation B, et lui permet d'exécuter ainsi un mouvement de haut en bas. Ce mouvement se transmet ensuite à la tige R D et fait tourner l'arbre moteur dont la section se voit au point D.

La *machine à condenseur* diffère de la **précédente** en

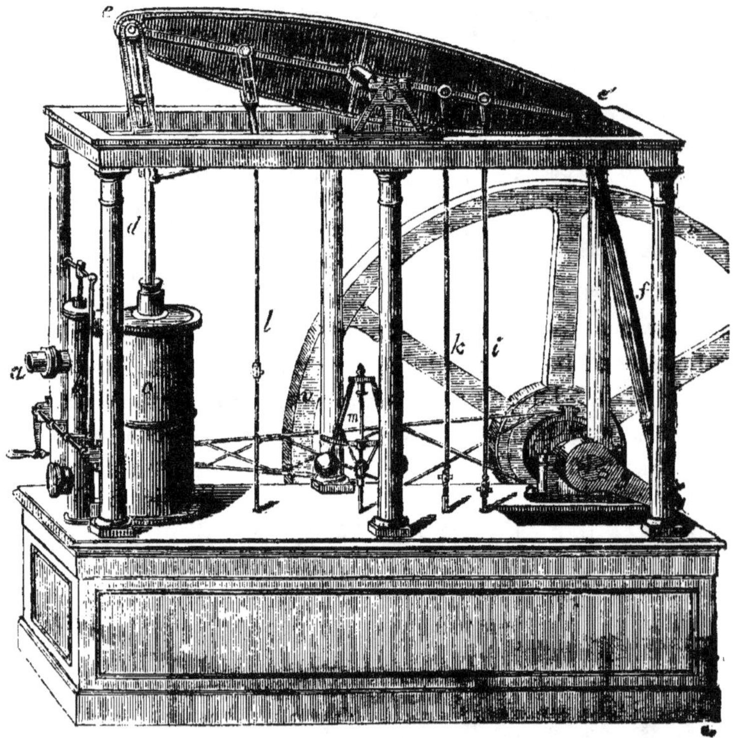

Fig. 46.

ce qu'on ne projette pas dans l'air la vapeur sortant du cylindre, mais qu'on la dirige dans une caisse ou bâche remplie d'eau froide, à l'intérieur de laquelle elle se condense.

La figure 46 représente la machine à condenseur; *a* est

l'entrée de la vapeur qui passe successivement, par le jeu du *tiroir*, au-dessus et au-dessous du piston. *c*, est le cylindre à vapeur, *d* la tige de ce cylindre qui vient mettre en mouvement le balancier *e e*; *g* est la manivelle du volant *v* qui transmet à ce volant le mouvement du balancier, et change en un mouvement circulaire continu le mouvement alternatif de ce balancier. L'appareil de condensation de la vapeur est placé dans l'intérieur de la caisse qui supporte la machine. *m* est le *régulateur à boules* ou à *force centrifuge* qui règle les quantités de vapeur admises dans le cylindre; *l* la tige de la pompe alimentaire qui introduit dans la chaudière de l'eau pour remplacer celle qui disparaît à l'état de vapeur; *k, i* sont les tiges de pompes qui alimentent d'eau froide le condenseur et extraient l'eau échauffée par la condensation de cette vapeur.

Nous devons nous borner à énoncer cette disposition générale, car la description spéciale des différents organes qui servent à effectuer la condensation de la vapeur, dans les machines à basse pression, exigerait des détails et des considérations que nous ne saurions aborder ici.

Nous mettrons seulement sous les yeux du lecteur la figure de la chaudière qui, dans les machines fixes, sert à produire la vapeur.

G (fig. 47) est le corps de la chaudière; II, l'un des deux *bouilleurs*, c'est-à-dire l'une des deux chaudières plus petites qui sont placées au-dessous du corps de la chaudière principale. Les *bouilleurs* communiquent avec la chaudière principale par de gros tubes et ont pour fonction d'augmenter la surface offerte à l'action de la chaleur. F, le flotteur qui fait connaître au chauffeur la hauteur que l'eau occupe à l'intérieur de la chaudière; B est le niveau d'eau, c'est un tube de verre communiquant avec l'intérieur de la chaudière, et qui, se remplissant d'eau à la même hauteur que celle de la chaudière, laisse voir la hauteur de l'eau dans son intérieur. C est le tube de sortie de la vapeur se rendant au cylindre de la machine, A, le tube donnant entrée à l'eau liquide envoyée par la pompe d'alimentation pour remplacer celle qui disparaît sans cesse à l'état de vapeur. T est le *trou d'homme* par lequel l'ouvrier s'introduit pour visiter ou réparer l'intérieur de la chaudière. On voit suffisamment sur cette figure la marche de l'air chaud

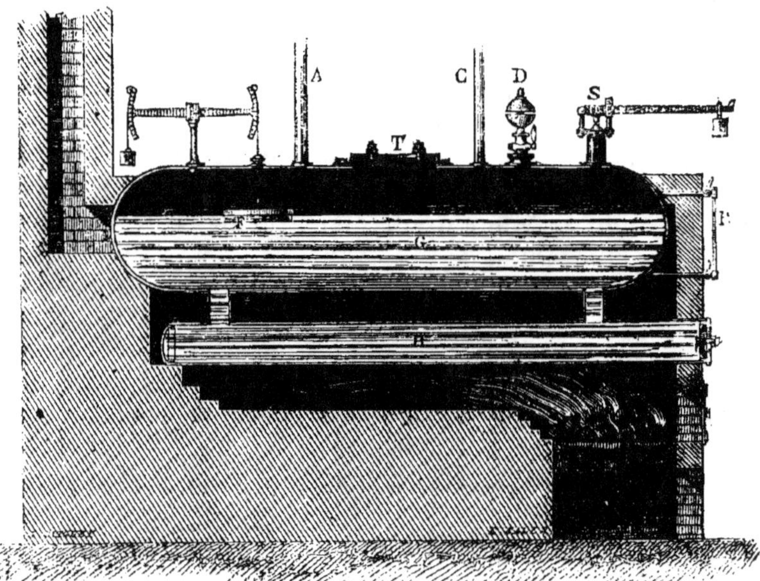

Fig. 47.

qui provient du foyer, et qui s'échappe dans le tuyau de cheminée après avoir circulé autour des parois extérieures de la chaudière. S est la *soupape de sûreté* à plaque mobile, organe qui, en raison de son importance, doit nous arrêter quelque temps.

Cet organe essentiel qui est d'ailleurs en usage dans toutes les machines à vapeur en général, consiste en un bouchon métallique qui ferme la chaudière et qui s'y trouve maintenu par un poids agissant à l'extrémité d'un levier horizontal RS. Le poids qui porte le bouchon métallique a été calculé de manière à être soulevé par l'effort de la vapeur, quand elle a acquis une puissance assez considérable pour inspirer des craintes sur la solidité de la chaudière. Si la température du foyer vient à s'élever trop, et que la vapeur vienne à acquérir ainsi une tension dangereuse, par la pression de cette vapeur, le bouchon métallique R est soulevé, parce que le poids situé à l'extrémité du levier horizontal RS ne peut soutenir cette pression ; dès lors, la chaudière étant ouverte en ce point, la vapeur se dégage librement dans l'air et aucune explosion n'est à craindre. Quand la vapeur a été ramenée par cet écoulement partiel à sa tension normale, la soupape retombe sous la pression du poids S, et la chaudière se trouve refermée.

Cet organe si important pour la sécurité des machines à vapeur, c'est-à-dire la *soupape à poids*, fut imaginé par Denis Papin, en 1681, et appliqué par lui, en 1707, à une machine à vapeur comme moyen de prévenir l'explosion de la chaudière.

MACHINES DE NAVIGATION.

Historique. — La machine à vapeur fixe une fois créée, l'industrie humaine a disposé d'un nouveau moyen de force, et elle n'a pas tardé à en tirer toutes les applications que peut recevoir un moteur mécanique. La machine à vapeur a été appliquée à la navigation, à la locomotion sur les routes ferrées, enfin aux travaux de l'agriculture. L'emploi de la machine à vapeur à la propulsion des bateaux est, dans l'ordre historique, la première de ces applications : c'est donc ce sujet qui nous occupera d'abord.

L'emploi de la voile et des rames comme moyen de navigation, présente, dans une foule de circonstances, de graves inconvénients. La voile et les rames assujettissent les navires à une marche lente et souvent pénible, retardée par les vents contraires, arrêtée par le calme. Aussi a-t-on de tout temps désiré pouvoir disposer à bord des navires, d'une force motrice propre, indépendante des éléments extérieurs ou du travail humain. Vers le milieu du siècle dernier, la découverte de la machine à vapeur vint apporter à la navigation le moteur depuis si longtemps désiré. La machine à vapeur fixe était à peine créée; elle commençait à peine à fonctionner dans les usines, que, de tous les côtés, on cherchait à appliquer cette nouvelle force motrice à la navigation, afin de substituer à l'emploi de la rame ou des voiles le moteur puissant qui rendait déjà tant de services pour les travaux des ateliers. Cependant l'appropriation de la machine à vapeur à la propulsion des navires présentait dans la pratique beaucoup de difficultés, de sorte qu'un temps considérable s'écoula avant que l'industrie des hommes parvînt à appliquer avec sécurité et économie la puissance de la vapeur au service de la navigation sur les fleuves et les mers.

Denis Papin. — Papin fut le premier qui osa entreprendre d'appliquer la force mécanique de la vapeur à la navigation. En 1707, nous l'avons déjà vu, il installait sur un bateau qui navigua sur la Fulda, la première machine de navigation à vapeur, fruit du génie de l'homme.

En 1724, un mécanicien anglais, J. Dickens, en 1737, Jonatham Hulls, proposaient d'appliquer à la navigation la machine à vapeur telle qu'elle existait à cette époque.

Le même projet était mis en avant en France en 1753, par l'abbé Gauthier, savant chanoine de Nancy. Peu de temps après, en 1760, un ecclésiastique du canton de Berne, nommé Génevois, insista sur les avantages que présenterait la machine de Newcomen, comme moyen de propulsion des bateaux. Cependant, la machine à vapeur telle qu'elle existait à la fin du xvıııᵉ siècle, c'est-à-dire la machine de Newcomen, était trop imparfaite pour pouvoir servir à cet usage.

Le marquis de Jouffroy; première tentative pour l'application de la vapeur à la navigation. — En perfectionnant la machine à vapeur de Newcomen par l'invention du condenseur isolé, James Watt avait donné beaucoup de chances de réussite à l'emploi de la machine à vapeur dans la navigation. Le premier essai pratique de la navigation au moyen de la vapeur, est dû à un Français, au marquis de Jouffroy, qui installa sur un bateau une machine à vapeur à simple effet, telle que Watt l'avait perfectionnée. Après plusieurs tentatives faites à Paris, en 1775, et continuées par lui, en 1776, sur la rivière du Doubs, à Baume-les-Dames, le marquis de Jouffroy fit construire à Lyon, en 1780, un bateau à vapeur de 46 mètres de long. Le 15 juillet 1783, ce bateau fit une expérience décisive sur les eaux de la Saône; il navigua avec succès sous les yeux de 10 000 spectateurs. Toutefois cette importante tentative n'eut pas de suites sérieuses. Née en France, l'application de la vapeur à la navigation demeura fort longtemps négligée dans notre pays.

En Amérique, deux constructeurs, John Fitch et James Rumsey, firent de nombreuses recherches pour employer la vapeur comme moyen de propulsion sur les fleuves. Mais leurs efforts n'aboutirent à aucun résultat positif. Leurs travaux embrassèrent la période de 1781 à 1792.

En Écosse, Patrick Miller, James Taylor et William Symington s'efforcèrent, en 1787, d'atteindre le même but, mais ils échouèrent aussi dans leurs tentatives.

Robert Fulton. — C'est à Robert Fulton, ingénieur américain, né dans le comté de Lancastre, dans l'état de Pensylvanie, qu'appartiennent le mérite et la gloire d'avoir créé, dans ses conditions pratiques, la navigation par la vapeur.

Fils de pauvres émigrés irlandais, d'abord apprenti

chez un joaillier de Philadelphie, le jeune Fulton, doué
de quelques talents pour la peinture et le dessin, avait
tiré de son pinceau ses premiers moyens d'existence.
A l'âge de 20 ans, il était peintre en miniature à Philadelphie. En 1786, il partit pour l'Europe, et se rendit
en Angleterre, où son goût pour la mécanique se développant de plus en plus, il abandonna sa profession
de peintre pour devenir ingénieur. Pendant le séjour des
quinze années qu'il fit en Europe, tant en Angleterre
qu'en France, Fulton se distingua par un grand
nombre d'inventions mécaniques d'un ordre varié.
Mais le problème de la navigation par la vapeur, qu'il
commença à aborder en 1786, fut le but principal de
ses travaux.

Par ses persévérantes recherches, par l'étude appro-
fondie à laquelle il se livra des causes qui avaient em-
pêché le succès des tentatives de ses nombreux devan-
ciers, Fulton parvint à réussir là où tant d'autres avaient
échoué. Au mois d'août 1803, un bateau à vapeur, construit par l'ingénieur américain, navigua sur la Seine,
en plein Paris. Cependant, Fulton n'ayant pas trouvé
en Europe les encouragements qu'aurait dû rencontrer
son admirable invention, retourna en Amérique, après
avoir pris toutes les dispositions nécessaires pour enrichir son pays de sa grande découverte.

La navigation à vapeur aux États-Unis. — Le
10 août 1807, *le Clermont*, grand bateau à vapeur,
construit par Fulton, fut lancé sur la rivière de l'Est à
New-York. Ce bateau, qui présentait la plupart des dispositions mécaniques qui sont encore employées de nos
jours, décida l'adoption de la navigation par la vapeur
aux États-Unis. Dans les divers États de l'Union américaine, la marine à vapeur prit bientôt un grand développement, sous l'inspiration et grâce aux efforts con-
tinuels de Fulton, qui mourut à New-York, en 1815,
après avoir doté son pays de la cause la plus puissante
de sa prospérité.

La navigation à vapeur en Europe. — L'Europe ne tarda pas à profiter de la découverte de Fulton. En 1812, un constructeur, nommé Henry Bell, établissait sur la Clyde, en Écosse, le premier bateau à vapeur, qui ait fait un service régulier en Europe : c'était *la Comète*, construite à l'imitation du bateau de Fulton.

De la Grande-Bretagne, la navigation par la vapeur ne tarda pas à se répandre dans le reste de l'Europe. Vingt ans après ses modestes débuts en Écosse, la marine à vapeur avait pris chez toutes les nations un développement immense. Les fleuves et les rivières du continent se couvraient de bateaux à vapeur, et bientôt toutes les mers du globe en étaient sillonnées. Aujourd'hui, la marine à vapeur tend à faire disparaître la marine à voiles, par suite des avantages pratiques, de l'économie et de la rapidité qui sont propres à ce genre de moteur.

Description des machines à vapeur qui servent à la navigation. — Les machines à vapeur consacrées au service de la navigation varient dans leur système selon la nature du moyen de propulsion adopté. Il est donc nécessaire, avant de parler des systèmes de machines à vapeur employées dans la navigation, de dire quelques mots des agents propulseurs.

Moyens propulseurs : les roues à aubes, l'hélice. — Deux principaux moyens mécaniques sont employés pour la propulsion des bateaux à vapeur : les *roues à aubes* ou *à palettes*, et l'*hélice*.

L'emploi, dans la navigation, des roues à *aubes* ou *palettes* remonte à une époque très-ancienne. On trouve dans quelques écrivains latins la description de roues à aubes, mues par des bœufs, et qui s'appliquaient à des radeaux ou à des navires. Papin, sur son bateau de 1707, faisait usage de deux roues à aubes comme moyen propulseur. Le bateau à vapeur de Lyon, du marquis de Jouffroy, avançait au moyen de ces roues. Fulton adopta sur ses bateaux l'usage des roues motrices, et depuis on les a très-longtemps conservées d'une manière exclusive sur les bateaux et les navires à vapeur.

L'*hélice* est d'une invention beaucoup plus récente. En 1752, le mathématicien Daniel Bernouilli proposa le premier, pour les navires de mer, un moteur de forme héliçoïde. En 1768, Paucton, ingénieur français, proposait de remplacer par des hélices les rames des navires.

En 1803, un mécanicien natif d'Amiens, Charles Dallery, avait adapté deux hélices à un petit bateau qu'il avait commencé à construire sur la Seine, à Paris, pour essayer de résoudre le problème de la navigation par la vapeur. Mais les fonds lui manquèrent pour pousser plus loin cette tentative.

Après Dallery, beaucoup de mécaniciens, tant en France qu'en Angleterre, se sont occupés de substituer l'hélice aux roues à aubes dans la navigation par la vapeur. C'est un Français, le capitaine du génie Delisle, qui a démontré avec le plus d'évidence, par des considérations théoriques, la supériorité de l'hélice sur les roues à palettes.

En Angleterre, les constructeurs Smith et Rémie ont fait les premières expériences heureuses, avec une hélice substituée aux roues à aubes.

La disposition actuelle de l'hélice, c'est-à-dire l'hélice simple à une seule révolution, a été essayée et proposée par un constructeur de Boulogne, Frédéric Sauvage. Malheureusement, notre compatriote ne put parvenir à exécuter ses essais sur une échelle suffisante.

Frédéric Sauvage est mort en 1857, à Paris, dans une maison d'aliénés. Détenu dans la prison pour dettes de Boulogne, il assistait de sa fenêtre aux expériences que faisait dans ce port le commandant du *Ruttler*, navire anglais, construit à Londres, pour essayer le système de l'hélice simple que Sauvage avait lui-même imaginé. Ce spectacle, si déchirant pour un inventeur, ébranla sa raison.

Le premier bateau à vapeur français à hélice a été construit au Havre, en 1843, par M. Normand. Depuis cette époque, l'emploi de l'hélice n'a cessé de prendre faveur dans notre marine. Aujourd'hui, chez toutes les nations maritimes du monde, l'hélice a presque entièrement détrôné les roues motrices. Toutefois, dans les paquebots à vapeur qui font le service sur les rivières et les fleuves, on substituerait difficilement l'hélice aux roues à aubes, de telle sorte que l'on peut dire, pour résumer ce qui précède, que l'hélice est aujourd'hui le moyen propulseur généralement employé pour la navigation maritime, et que les roues à palettes sont le moyen propulseur qui reste affecté à la navigation à vapeur sur les fleuves et les rivières.

Systèmes de machines à vapeur employées sur les bateaux à roues. — Le type de machines à vapeur le plus souvent employé aujourd'hui pour mettre en action les bateaux à roues, c'est la machine à condenseur, telle à peu près que Watt l'a établie. Nous avons décrit, en parlant des machines fixes, la machine à condenseur ou machine de Watt. Nous n'entrerons en conséquence dans aucun détail à cet égard, car la machine à condenseur qui met en action les bâtiments à roues ressemble, dans toutes ses parties essentielles, à la machine à condenseur qui fonctionne dans nos ateliers et nos usines. Elle n'en diffère que par quelques dispositions secondaires que l'on est forcé d'adopter pour ménager l'espace dans l'installation de ce mécanisme à bord d'un bateau.

Sur les bateaux à roues on fait aussi assez souvent usage, au lieu de la machine de Watt à cylindre vertical, de la *machine à cylindre horizontal*, dont le mécanisme est plus simple pour ce qui concerne le renvoi du mouvement.

Systèmes de machines à vapeur employées sur les bateaux à hélice. — Quand l'agent propulseur d'un navire à vapeur est l'hélice, la machine de Watt n'est pas employée parce qu'elle ne saurait fournir commodément l'énorme vitesse qu'il faut imprimer à l'hélice tournant au sein de l'eau. On fait alors usage de systèmes particuliers de machines dans lesquelles la force de la vapeur agit directement sur l'arbre tournant de l'hélice. Sans entrer dans des détails qui nous entraîneraient trop loin, nous nous bornerons à dire que l'on fait usage dans ce but : 1° de machines à cylindre horizontal ; 2° de machines à deux cylindres inclinés, agissant sur le même arbre et conformes au type des locomotives.

LOCOMOTIVES.

Historique. — C'est la découverte des machines à vapeur à haute pression qui a rendu possible la construction des locomotives et leur emploi pour traîner les convois les plus lourds sur des routes pourvues de rails ferrés. Dès que la machine à vapeur fut en usage dans les ateliers et les usines, on chercha à consacrer cette force mécanique à la traction des véhicules. On fit, à cette époque, des essais pour construire des voitures à vapeur roulant sur les routes ordinaires.

En 1769, un officier suisse, nommé Planta, avait proposé d'appliquer la machine à vapeur à la traction des véhicules sur les routes ordinaires. Un ingénieur français, né à Void en Lorraine, nommé Joseph Cugnot, poussa plus loin ce projet, car il construisit un chariot à vapeur qui fut expérimenté, en 1770, en présence de M. de Choiseul, ministre de Louis XV, et du général Gribeauval, l'un des créateurs de l'artillerie moderne. Mais la machine à vapeur, telle qu'elle existait à cette époque, ne pouvait en aucune manière s'appliquer à cet usage, car le poids de l'eau que l'on pouvait admettre sur le chariot étant très-peu considérable, il aurait fallu s'arrêter tous les quarts d'heure pour renouveler la provision d'eau de la chaudière ; enfin les inégalités de la route auraient opposé trop de résistance à la force motrice.

Ces premiers essais ne pouvaient aboutir à un résultat utile que par le perfectionnement des machines à vapeur et la découverte des machines à vapeur à haute pression.

Oliver Evans. — En Amérique, Oliver Evans, l'inventeur de la machine à vapeur à haute pression, s'occupa, vers 1790, de construire des voitures à vapeur marchant sur les routes ordinaires, à l'aide d'une machine à haute pression, mais il n'obtint aucun résultat pratique avantageux.

Trévithick et Vivian. — C'est en Angleterre que l'on réussit pour la première fois à retirer quelques avantages de l'emploi de la vapeur dans la locomotion. Trévithick et Vivian, constructeurs dans le comté de Cornouailles, eurent le mérite de cette première tentative. Ils obtinrent le succès qui avait manqué en 1790 à Oliver Evans, parce que, après avoir échoué, comme leur prédécesseur, dans le projet de lancer les voitures à vapeur sur les routes ordinaires, ils eurent l'heureuse idée d'appliquer la même machine locomotive sur les chemins à rails de fer qui étaient en usage dès cette époque dans plusieurs manufactures et mines de l'Angleterre.

Origine des chemins de fer actuels. — Sur les routes ordinaires, beaucoup d'obstacles nuisent à la rapidité de la marche des voitures. Les roues rencontrent une grande résistance par le frottement considérable qu'elles exercent contre le sol élastique qu'elles pressent. Le sol, sablonneux ou caillouteux, présente des inégalités de niveau qui font perdre une partie de la force motrice à surmonter ces petites pentes accidentelles; enfin, les ornières du chemin opposent des difficultés à la régularité de la marche.

Pour diminuer le plus possible la résistance que présente le sol inégal des routes, les Romains avaient imaginé de paver en pierre très-dure et peu élastique les parties des voies publiques les plus fréquentées. Mais ce pavage était dispendieux et ne fut employé chez les anciens que dans de rares circonstances.

Chemins à rails de bois dans les mines et les manufactures de l'Angleterre. — Vers le xviie siècle, on commença à faire usage, en Angleterre, d'ornières de bois disposées le long des routes, afin de diminuer le frottement des roues contre le sol. On posait sur le sol des madriers en ligne non interrompue formant une sorte d'ornière dans l'intérieur de laquelle circulaient des chariots, dont les roues étaient garnies d'un rebord qui les maintenait constamment dans l'ornière de bois.

Comme la résistance du bois n'est pas considérable, ces ornières artificielles s'usaient assez promptement. On prit donc le parti de les remplacer par des ornières de fonte. Plus tard, enfin, le fer fut substitué à la fonte ; c'est vers l'année 1789 qu'eut lieu cette substitution.

Les *chemins à ornières de fer* ainsi établis furent en usage à partir de cette époque dans beaucoup de mines et de manufactures de l'Angleterre. La traction des chars ou *wagons* se faisait par des chevaux.

C'est en 1804 que les constructeurs Trévithick et Vivian eurent l'idée de remplacer les chevaux dans les chemins de fer des mines, par leur locomotive à vapeur. Quelques mines de houille adoptèrent ces premières locomotives sur leurs *rail-ways*.

Découverte de l'adhérence des roues sur les rails de fer. — Une découverte capitale fut faite en 1813 par un ingénieur anglais, M. Blacket, qui constata que, quand le poids d'une locomotive est considérable, ses roues ne glissent point sur la surface unie du rail. Cet ingénieur reconnut, par l'expérience, que, grâce aux aspérités qui existent toujours sur la surface des rails, quelque polie qu'elle soit, les roues peuvent y prendre un point d'appui qui leur permet d'avancer. On avait pensé jusque-là que les surfaces de la roue et du rail étant extrêmement polies toutes les deux, la roue devait tourner sur place ou du moins n'avancer sur le rail qu'en perdant par le glissement ou le *patinement* une quantité énorme de force. Les expériences de M. Blacket démontrèrent qu'en donnant à la locomotive un poids de plusieurs tonnes, on pouvait triompher de ce glissement et ne perdre par le *patinement* de la roue qu'une très-petite quantité de force.

Cette découverte eut pour résultat de donner de la faveur à l'emploi des locomotives sur les routes ferrées alors en usage dans les mines. En 1812, George Stéphenson construisit une locomotive qui fonctionna avec un certain avantage sur le chemin de fer des usines de Killingworth.

Découverte des chaudières tubulaires. — Mais la découverte qui provoqua directement, on peut le dire, la création des chemins de fer actuels, est due à un ingénieur français, M. Seguin aîné, d'Annonay. En 1829, M. Seguin construisit la première *chaudière à tubes*, forme particulière de chaudière à vapeur, dans laquelle la surface de chauffe étant extraordinairement étendue, permet de produire dans un temps donné une quantité prodigieuse de vapeur. L'emploi des chaudières tubulaires sur les locomotives accrut énormément la puissance de cet appareil moteur.

Concours de locomotives à Liverpool. — En 1830, eut lieu à Liverpool, en Angleterre, l'événement qui détermina la création des chemins de fer européens. Les directeurs du chemin de fer de Liverpool à Manchester ayant décidé d'adopter pour le service de ce chemin, l'usage des locomotives, ouvrirent un concours public, où tous les constructeurs de l'Angleterre furent invités à présenter des modèles de locomotives. Le prix fut décerné à la locomotive *la Fusée*, de George et Robert Stéphenson. La supériorité que cette machine montra sur les autres locomotives figurant dans ce concours, tenait à ce que le constructeur avait adopté les *chaudières à tubes* de M. Seguin.

Les locomotives destinées au chemin de fer de Manchester à Liverpool, furent construites sur le modèle de *la Fusée*. Les avantages de ce système de locomotion se manifestèrent dès lors avec une telle évidence que ce chemin de fer, qui n'avait été construit que pour transporter les marchandises, fut bientôt consacré au service des voyageurs.

Le rapide succès économique et financier du chemin de fer de Liverpool à Manchester, décida l'adoption générale du système des voies ferrées dans toute l'Europe. L'Angleterre, la Belgique, l'Allemagne, enfin la France et les autres nations, se sont couvertes, dans l'espace de dix ans, de 1840 à 1850, d'une immense étendue de ces voies nouvelles, qui, dans tous les pays, ajoutent à la fortune publique, et procurent au commerce et à l'industrie des avantages incomparables. On a dit que les chemins de fer produiraient dans la société actuelle une révolution analogue à celle qu'a amenée au XVe siècle la découverte de l'imprimerie, et cette assertion n'a rien d'exagéré.

Description de la machine à vapeur dite locomotive. — La locomotive est une machine à vapeur à haute pression, qui se traîne elle-même, et qui dispose de son excès de puissance pour remorquer outre sa charge d'eau et de combustible, un nombre plus ou moins considérable de véhicules composant un convoi.

La figure suivante représente en coupe les éléments essentiels d'une machine locomotive. L'appareil moteur est représenté par le cylindre A, dont la tige *b* attachée au piston *a*, et pourvue d'une seconde tige ou bielle articulée *cc*, vient agir sur l'un des rayons de l'une des roues *m* pour pousser en avant cette roue sur les rails. Deux appareils moteurs du même genre sont disposés sur les deux côtés de la locomotive et viennent agir chacun sur chaque roue motrice; cette double

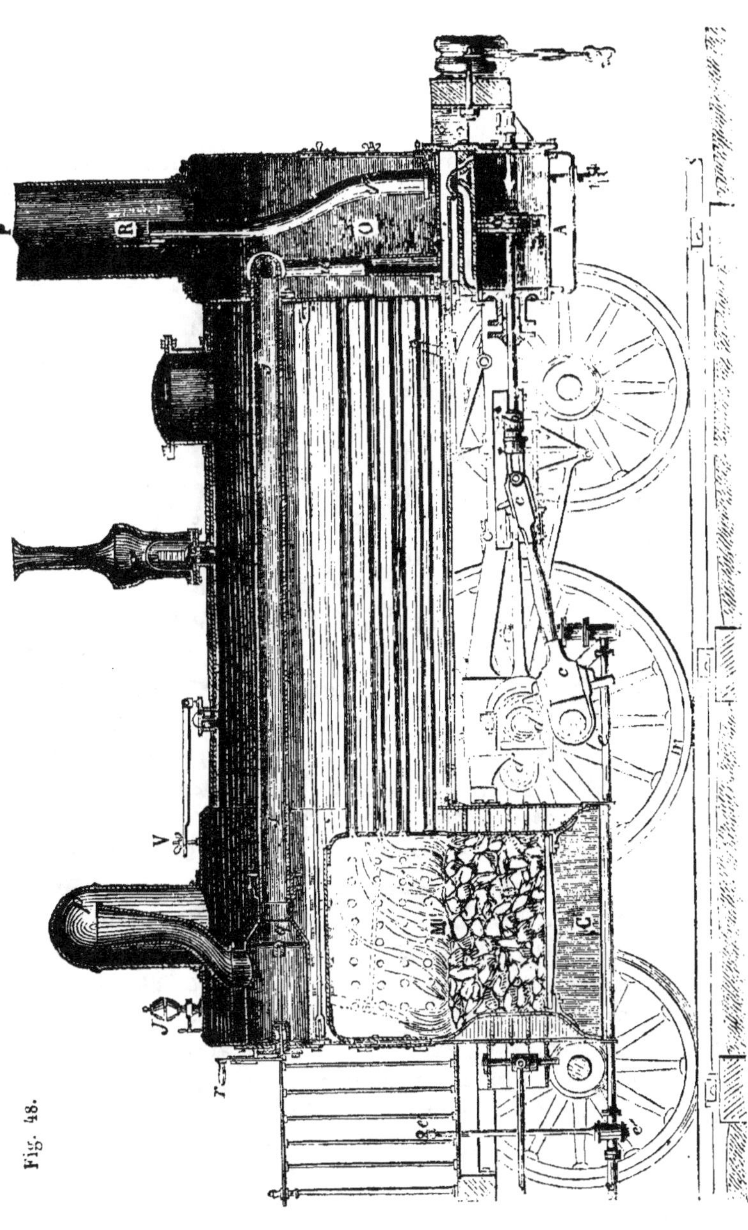

Fig. 48.

impulsion détermine la progression du véhicule sur les rails.

Mais comment est disposé le mécanisme de l'appareil à vapeur, pour produire, dans l'espace si resserré de la locomotive, l'énorme puissance nécessaire pour entraîner de lourds convois avec une vitesse qui va facilement jusqu'à dix-huit lieues par heure? C'est ce que montre dans la même figure la coupe de l'appareil de vaporisation de la locomotive.

La machine locomotive est une machine à vapeur à haute pression, c'est-à-dire dans laquelle la vapeur n'est point condensée. Voici la manière dont on dispose sur cette machine l'appareil de vaporisation et l'appareil moteur ou les cylindres à vapeur:

Le foyer est placé en M; cet espace est divisé en deux parties par la grille verticale qui sert de support au combustible; C est le cendrier, M le foyer proprement dit, où brûle le coke ou la houille.

La chaudière, qui occupe à elle seule presque toute l'étendue du véhicule, est de forme cylindrique; elle est traversée par un grand nombre de tubes horizontaux; le nombre de ces tubes, sur une locomotive ordinaire, est de plus de cent. Ces tubes, qui constituent la cause de l'énorme puissance de vaporisation des chaudières des locomotives, servent à donner passage au gaz et à la fumée qui se forment dans le foyer et à multiplier considérablement les surfaces exposées à l'action du feu. Après avoir traversé ces tubes, les gaz résultant de la combustion s'échappent dans l'espace O, c'est-à-dire dans la *boîte à fumée*, et se dégagent au dehors par la cheminée P. Traversant ces tubes, avec la température très-élevée qu'ils ont prise dans le foyer, ces gaz échauffent très-rapidement l'eau de la chaudière qui remplit les intervalles qui les séparent; la chaleur se trouve ainsi communiquée sur mille points à la fois à l'eau qui entre en ébullition avec une très-grande rapidité, et fournit, dans un très-court espace de temps, une quantité de vapeur prodi-

gieuse. Or, la force d'une machine à vapeur étant pro-
portionnelle à la quantité de vapeur qui est dirigée dans
un même espace de temps dans le cylindre, cette circonstance, c'est-à-dire la forme tubulaire de la chaudière, explique la puissance extraordinaire qui est
propre aux machines locomotives. Une soupape de
sûreté V surmonte la chaudière et sert à prévenir une
trop forte tension de la vapeur.

C'est à l'extrémité du tube *p*, c'est-à-dire à une certaine distance au-dessus du niveau de l'eau de la
chaudière, que se fait la *prise* de vapeur. Cette partie
du cylindre surmontant la chaudière a reçu le nom de
dôme de vapeur. C'est par l'extrémité *p* du tube *q s* que
la vapeur s'introduit dans le petit canal qui doit la conduire dans les deux cylindres placés, comme nous
l'avons dit, sur les deux côtés de la locomotive.

Après avoir agi à l'intérieur des cylindres, c'est-à-dire
après avoir mis en action le piston moteur qui joue à
leur intérieur, la vapeur s'échappe au dehors, car la locomotive, il ne faut pas l'oublier, est une machine à vapeur à haute pression, dans laquelle par conséquent la
vapeur n'est point condensée, mais est rejetée à l'extérieur
après avoir exercé sur le piston son effort mécanique.

Au lieu de rejeter purement et simplement dans l'air
la vapeur qui s'échappe des cylindres, comme on
le fait dans les machines fixes qui fonctionnent à
haute pression, on dirige cette vapeur à l'intérieur
du tuyau de la cheminée de la locomotive, par l'orifice R
du tube OR, et c'est par là qu'elle se trouve définitivement rejetée dans l'air, pêle-mêle avec les gaz et la
fumée qui s'échappent du foyer. Chacun a vu, en effet,
que c'est par le même tuyau, c'est-à-dire par le tuyau
de la cheminée, que l'on voit s'échapper alternativement et simultanément la fumée du foyer et la vapeur
de la chaudière.

Ce n'est pas sans motif que l'on rejette ainsi la vapeur
sortant des cylindres dans le tuyau de la cheminée de la

locomotive. Ce moyen entre pour beaucoup dans la puissance de vaporisation de la chaudière, et, par conséquent, dans la puissance même de la machine. Cette injection continuelle d'un courant de vapeur au bas du tuyau de cheminée a en effet pour résultat d'activer extraordinairement le tirage de la cheminée; ce courant de vapeur entraîne, balaye incessamment devant

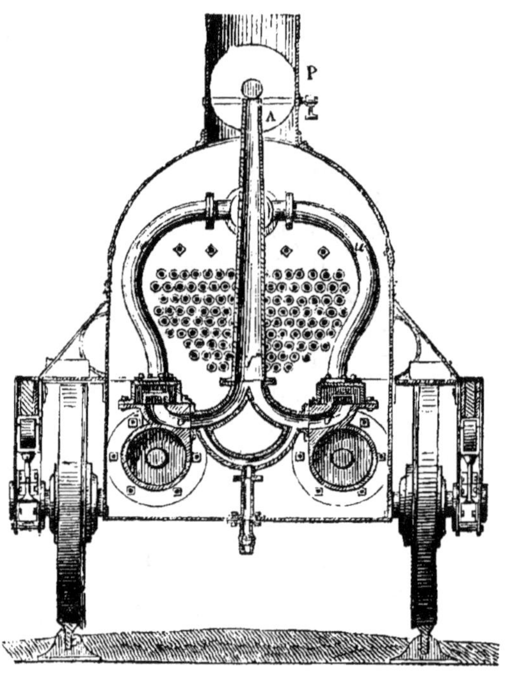

Fig. 49.

lui l'air occupant le tuyau de la cheminée; dès lors, à l'autre extrémité, c'est-à-dire dans le foyer, de nouvelles quantités d'air sont incessamment attirées ou appelées; le tirage du foyer prend ainsi une énergie extraordinaire, le combustible brûle très-rapidement sous l'influence de ce courant d'air sans cesse entretenu; de telle sorte que le *tuyau soufflant* est une des causes les plus actives de la puissance des machines locomotives. Il aurait été difficile de provoquer un courant d'air convenable pour entretenir la combustion du foyer à travers les cent petits tubes que la fumée doit franchir en s'échappant dans l'air, l'ingénieux artifice du *tuyau soufflant* a merveilleusement remédié à cet obstacle.

La figure 49 montre la disposition du *tuyau soufflant* placé à l'avant de la locomotive. On voit sur cette figure la terminaison des *tubes à fumée* de la chaudière, et la réunion des deux tubes qui, venant de chaque cylindre à vapeur, se réunissent en un seul pour former l'*échappement de vapeur* ou le *tuyau soufflant* A qui débouche au bas de la cheminée P.

On voit, en résumé, que la forme tubulaire donnée à la chaudière, c'est-à-dire les tubes à fumée, joints au *tuyau soufflant*, contiennent le secret de l'énorme puissance motrice qui est propre à la machine à vapeur locomotive.

LOCOMOBILES.

On donne le nom de *locomobile* ou de *machine à vapeur locomobile* à une machine à vapeur que l'on peut transporter d'un point à un autre, pour y exécuter sur place différents travaux mécaniques. On l'a appliquée particulièrement jusqu'ici aux travaux réclamés par l'agriculture, c'est ce qui lui a fait donner le nom de *machine à vapeur agricole*.

Historique. — La machine à vapeur destinée à accomplir les opérations mécaniques réclamées par l'agriculture, c'est-à-dire à battre les grains, à confectionner sur place les tuyaux de drainage, à exécuter les irrigations, à semer, à moissonner et même à labourer les champs, nous est venue d'Amérique. La rareté des bras, le prix élevé du travail manuel, ont conduit les agriculteurs des États-Unis à remplacer, pour le travail de la terre, les bras des ouvriers par un appareil mécanique. La machine à vapeur étant le plus puissant et le plus économique de tous les moteurs actuels, les Américains ont été ainsi conduits à créer les premiers la *machine à vapeur agricole*.

L'Angleterre a adopté, après l'Amérique, la machine qui nous occupe, et ce pays n'a pas tardé à en tirer les résultats les plus avantageux sous le rapport de l'économie dans le travail agricole.

L'Exposition universelle de Londres de 1851, qui présentait dix-huit appareils de ce genre, de modèles divers, fit connaître les locomobiles à l'Europe industrielle. La France n'a pas tardé à profiter de cet enseignement, et aujourd'hui, dans plusieurs de nos contrées, les locomobiles sont devenues un utile auxiliaire pour les travaux mécaniques qui s'exécutent dans les campagnes. Leur rôle se borne encore parmi nous au battage des grains et à la confection des tuyaux de drainage, mais il serait de l'intérêt bien entendu des propriétaires et des ouvriers eux-mêmes de voir leur usage prendre plus d'extension. On n'a pas à redouter que l'introduction des appareils mécaniques dans les travaux des champs ôte le travail aux ouvriers de chaque contrée, car il est bien établi par les résultats de l'expérience de toutes les nations, que l'emploi des machines dans les différentes industries, loin d'avoir diminué le nombre des ouvriers employés, a, au contraire, considérablement augmenté ce nombre et amélioré leur sort.

Description de la machine à vapeur locomobile. — La locomobile étant une machine destinée à être mise en œuvre par des personnes peu expérimentées, à ne fonctionner que par intervalles, et à être par conséquent souvent démontée, devait nécessairement présenter très-peu de complication dans sa structure. On a donc extrêmement simplifié la machine à vapeur pour cette application spéciale. On l'a réduite à ses éléments tout à fait indispensables, de telle sorte que la locomobile n'est, à proprement parler, qu'un rudiment de la machine à vapeur.

Dans une locomobile, la vapeur n'est jamais condensée, car la machine est à haute pression. On se trouve ainsi débarrassé des organes lourds et encombrants qui servent, dans les machines à basse pression, à condenser la vapeur. Réduite ainsi à un faible poids, cette machine montée sur des roues et pourvue d'un brancard auquel s'attelle un cheval, peut être aisément transportée d'un point à un autre sur les routes étroites et accidentées qui traversent les propriétés rurales.

Comme on le voit, par la figure suivante, une locomobile est une machine à vapeur réduite à ses deux éléments essentiels : la chaudière et le cylindre. F, est le foyer de la machine, G, le cendrier. La chaudière est tubulaire comme celle des locomotives, mais réduite à un petit nombre de tubes, ce qui permet néanmoins de produire une certaine quantité de vapeur avec une quantité d'eau médiocre. Le réservoir d'eau nécessaire à l'alimentation de la chaudière consiste simplement en un sceau ou tonneau placé à terre, dans lequel la machine elle-même vient puiser l'eau à l'aide d'un tube R au fur et à mesure de ses besoins. C'est le mouvement de la machine elle-même qui règle la quantité d'eau qui s'introduit dans la chaudière.

L'appareil moteur ou cylindre à vapeur A, est établi au-dessus de la chaudière dans le sens horizontal. Au moyen d'une tige T et d'une manivelle M, le piston de ce cylindre imprime un mouvement rotatoire à un arbre horizontal placé en travers de la locomobile ; cet arbre fait tourner une large roue ou volant V qui s'y trouve fixé. Une courroie qui s'enroule autour de ce volant, permet d'exécuter toute espèce de travail mécanique. On peut donc, en adaptant cette courroie à la machine qu'on veut faire travailler, battre les grains, manœuvrer des pompes, exécuter enfin toute action qui demande l'emploi d'un moteur. C, est le tuyau de la cheminée que l'on a rendue mobile, au moyen d'une charnière,

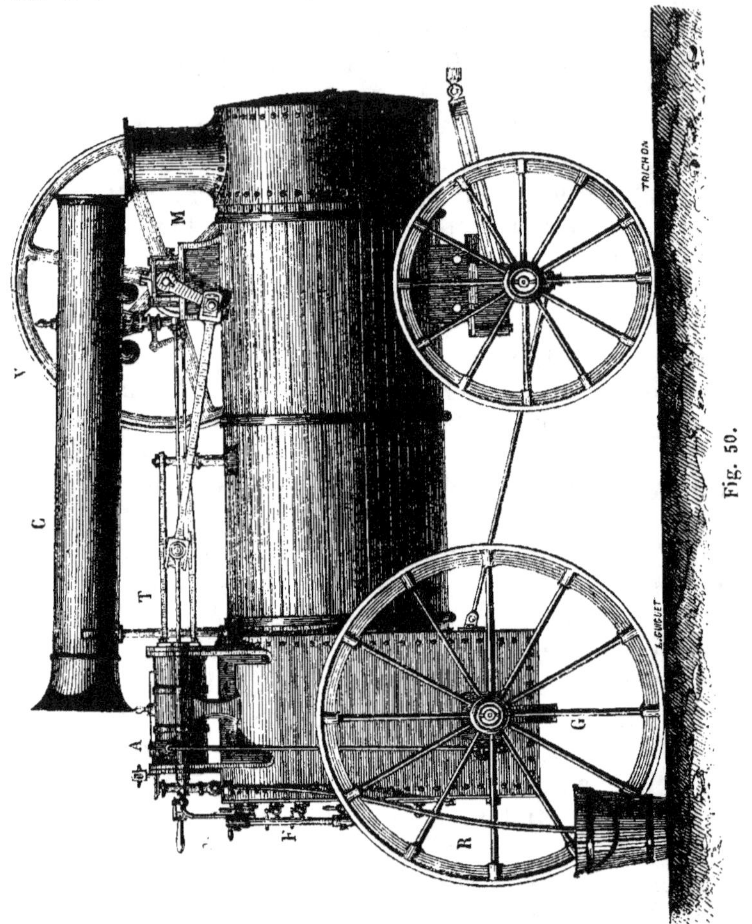

pour que l'appareil occupe moins de place quand il est au repos.

XIV

L'ÉLECTRICITÉ STATIQUE.

La science de l'électricité dans l'antiquité et le moyen âge. — La science de l'électricité est entièrement moderne. Tout ce que les anciens nous ont transmis à ce sujet, c'est la connaissance de la propriété d'attraction pour les corps légers qui distingue l'ambre jaune. Thalès, chez les Grecs, six cents ans avant Jésus-Christ, Pline, chez les Romains, au premier siècle de l'ère chrétienne, ne connaissaient rien de plus que ce fait vulgaire de l'attraction des corps légers par l'ambre et le jayet. C'est que la philosophie des anciens détachait ses yeux des objets terrestres, pour s'envoler vers les choses idéales et les contemplations abstraites. Les anciens, qui ont poussé si loin les sciences morales et philosophiques, n'ont eu aucune notion rigoureuse sur les sciences physiques.

Approfondissant les mots au lieu d'approfondir les choses, la philosophie du moyen âge n'était pas mieux en mesure que l'antiquité de découvrir et de développer la partie de la science qui nous occupe. Il faut attendre jusqu'à la fin du xvi siècle pour voir naître l'étude de l'électricité en même temps que la méthode expérimentale.

Gilbert et Otto de Guericke. — Guillaume Gilbert de Colchester, médecin de la reine Élisabeth d'Angleterre, après avoir étudié le phénomène de l'attraction du fer par l'aimant, eut l'idée d'étudier le phénomène de l'attraction des corps légers par l'ambre. Pour se livrer à ces expériences, il plaça une aiguille pareille à celle de nos boussoles sur un pivot; comme la boussole, cette aiguille était excessivement mobile, la plus petite attraction électrique la faisait tourner.

Gilbert eut bientôt l'idée de s'assurer si d'autres corps que l'ambre et le jayet jouiraient de la propriété électrique. Il reconnut alors que le diamant, le saphir, le rubis, l'opale, l'améthyste, le cristal de roche, le verre, le soufre, la cire d'Espagne, la résine, etc., attiraient son aiguille après des frictions préalables. Gilbert fit encore d'autres essais, mais sans pouvoir en tirer de conclusion générale. Il lui manquait, en effet, un instrument pour faire des observations rigoureuses : il n'avait employé, dans le cours de ses expériences, qu'un tube de la matière susceptible de s'électriser, qu'il frottait avec un morceau de laine.

C'est un bourgmestre de la ville de Magdebourg, Otto de Guericke qui, vers 1650, construisit la première machine électrique que les physiciens aient eue à leur disposition. Elle consistait en un globe de soufre qu'on faisait tourner rapidement d'une main avec une manivelle, et que l'on frottait, de l'autre main, avec une pièce de drap.

Machine électrique d'Hauksbée. — Un physicien anglais, Hauksbée, ayant remplacé le globe de soufre de la machine d'Otto de Guericke, par un globe de verre qu'on frottait au moyen de la main, obtint une machine électrique beaucoup plus puissante. Malheureusement pour la science, cet instrument ne fut pas adopté ; on en revint au tube de verre de Gilbert, qu'on frottait avec une étoffe de laine.

Découverte du transport de l'électricité à distance. — En 1729, Grey et Wehler, physiciens anglais, firent une découverte capitale : celle du transport de l'électricité le long de certains corps qu'ils nommèrent *conducteurs*. Dans la suite de leurs belles expériences, ces deux physiciens furent amenés à diviser les corps en *corps conducteurs* et en *corps non conducteurs* de l'électricité. Grey et Wehler reconnurent que le verre, la résine, le soufre, le diamant, les huiles, etc., arrê-

tent le transport du fluide électrique, tandis que les métaux, les liqueurs acides ou alcalines, l'eau, le corps des
animaux, etc., lui laissent un libre passage. Grey et
Wehler avaient donc découvert le transport de l'électricité à distance, et de plus divisé les corps de la nature
en *électriques* et *non électriques*, c'est-à-dire en mauvais
et en bons conducteurs. C'étaient deux premiers pas,
et deux pas immenses, dans la science alors nouvelle de
l'électricité.

Dufay. — Jusqu'ici les faits acquis à la science étaient
assez nombreux, mais extrêmement confus. Il fallait les
relier entre eux, les expliquer, en un mot créer la
théorie de l'électricité. Dufay, naturaliste et physicien
français, membre de l'Académie des sciences, et prédécesseur de Buffon dans l'intendance du jardin des plantes
de Paris, eut le mérite de jeter les fondements de cette
théorie. Le système d'explication des phénomènes électriques, imaginé par Dufay, a permis jusqu'à nos jours
de se rendre compte d'une manière simple et commode
de tous ces phénomènes.

Grey avait divisé les corps en *électrisables* et *non
électrisables* par le frottement. Dufay prouva que tous
les corps étaient électrisables à la condition d'être isolés,
c'est-à-dire tenus avec un manche de résine ou de verre.
Il fit voir aussi que les substances organiques doivent
leur conductibilité à l'eau qu'elles contiennent. Mais le
vrai titre de gloire de Dufay consiste à avoir établi
les deux principes théoriques suivants qu'il énonça en
ces termes :

« 1° Les corps électrisés attirent tous ceux qui ne le
« sont pas, et les repoussent dès qu'ils sont devenus élec-
« triques par le voisinage ou par le contact d'un corps
« électrisé.

« 2° Il y a deux sortes d'électricité différentes l'une de
« l'autre : l'électricité *vitrée* et l'électricité *résineuse*. La
« première est celle du verre, des pierres précieuses, du
« poil des animaux, de la laine, etc.; la seconde est celle

« de l'ambre, de la soie, du fil, etc. Le caractère de ces
« deux électricités est de se repousser elles-mêmes et de
« s'attirer l'une l'autre. Ainsi, un corps animé de l'élec-
« tricité vitrée, repousse tous les autres corps qui pos-
« sèdent l'électricité vitrée, et, au contraire, il attire tous
« ceux de l'électricité résineuse. Les résineux pareille-
« ment repoussent les résineux et attirent les vitrés. »

Faisons remarquer que le dernier principe peut servir
à reconnaître quelle espèce d'électricité possède un corps
électrisé. En effet, étant donné un corps électrisé, on veut
connaître la nature de l'électricité qu'il renferme, c'est-
à-dire si c'est du fluide vitré ou du fluide résineux.
Approchez de ce corps un fil de soie électrisé résineuse-
ment : si le fil est attiré c'est que le corps est chargé
d'électricité vitrée; si le fil est repoussé c'est que le corps
est chargé d'électricité résineuse. C'est là le principe
d'un appareil très-important qu'on nomme *électromètre*,
et qui sert à la fois à déterminer la présence, la nature
et l'intensité de très-faibles quantités de fluide électrique [1].

Le nom de Dufay devint populaire en France quand
il eut montré que le corps humain peut fournir des étincelles électriques. Il s'était placé sur une petite plate-
forme, soutenue par des cordons de soie propres à l'isoler, et se faisait toucher avec un gros tube de verre
frotté pour électriser son corps. Un jeune savant, dont
plus tard le nom devint célèbre, l'abbé Nollet, qui lui
servait d'aide, tirait de vives étincelles quand il appro-
chait son doigt de la jambe de Dufay.

**Modifications successives de la machine électrique
jusqu'à nos jours.** — Nous avons dit plus haut qu'on
avait abandonné la machine électrique d'Hauksbée.
En 1733, un physicien allemand, nommé Boze, construisit une machine qui n'était autre chose que celle

---

1. Les physiciens modernes se servent des mots *positive* et *négative* pour désigner l'électricité vitrée et l'électricité résineuse.

d'Hauksbée, dans laquelle seulement un globe de verre remplaçait le globe de soufre. La machine de Boze se composait, en effet, d'un globe de verre creux, traversé par une tige de fer et qu'on faisait tourner à l'aide d'une manivelle, pendant qu'une main bien sèche, appuyant sur ce globe, y développait de l'électricité par le frottement. Un conducteur de fer-blanc, sur lequel s'accumulait et se conservait le fluide, était porté par un homme monté sur un gâteau de résine.

Wolfius et Hausen modifièrent un peu la forme de cette machine, en la munissant de gros conducteurs isolés au moyen de cordons de soie suspendus au plafond ou portés sur des pieds de verre.

Bientôt après, Winckler, professeur de langues grec-

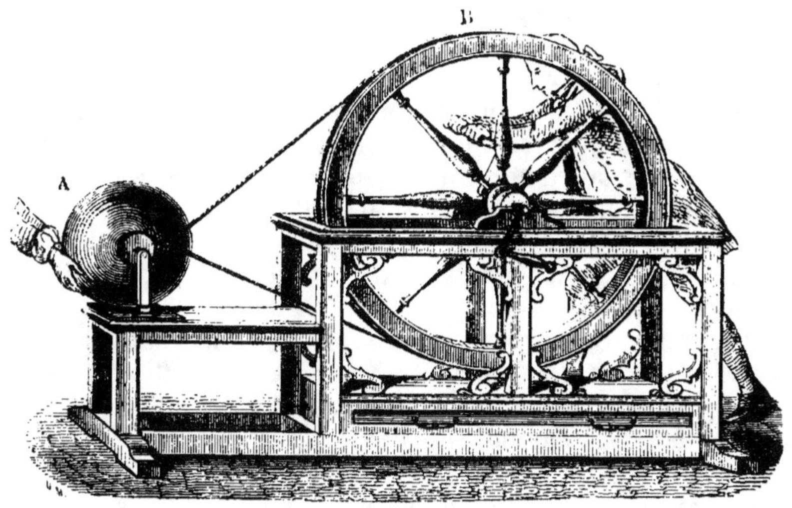

Fig. 51.

que et latine à l'université de Leipsick, substitua un coussin à la main de l'opérateur. Cette dernière modification ne fut pas d'abord généralement goûtée. Elle fut repoussée en France, surtout par l'abbé Nollet, qui construisit et fit adopter généralement la machine que représente la figure 51.

On voit que cette machine se compose d'un globe de verre A, que l'on fait tourner au moyen d'une roue B portant dans une gorge ou rainure une corde enroulée sur l'axe du globe de soufre. Un aide présentait la main au globe en rotation ; par le frottement qui en résultait, l'électricité qui se formait demeurait accumulée sur le globe de soufre. Cette machine fut pendant longtemps en usage.

Machine électrique de Ramsden. — Vers l'année 1768, un opticien anglais, nommé Ramsden, substitua au globe de verre de la machine de Nollet, un plateau circulaire de la même substance. Le plateau frottait en tournant contre quatre coussins de peau rembourrés de crin ; l'électricité développée sur ce plateau de verre passait ensuite sur deux conducteurs isolés par des pieds de verre. En 1770, l'usage de cette machine était général.

Machine électrique de Ramsden modifiée. — La machine électrique généralement employée aujourd'hui, est celle de Ramsden modifiée en ce sens, qu'elle a deux conducteurs au lieu d'un. La figure 52 représente cette machine. Voici comment il faut expliquer le développement de l'électricité dans cette machine, et le passage de ce fluide sur les conducteurs qui doivent la recueillir et la conserver.

L'électricité positive développée sur le plateau de verre V par frottement, décompose par influence le fluide naturel des conducteurs C, C. L'extrémité de ces conducteurs est armée de pointes par l'influence desquelles le fluide naturel de ces conducteurs est décomposé, le fluide négatif passe, en franchissant l'intervalle d'air qui le sépare, sur le plateau, pour ramener à l'état naturel l'électricité positive répandue sur ce plateau, tandis que le fluide positif reste accumulé sur les mêmes conducteurs. Des tiges de verre T, T, supportent et isolent ces conducteurs.

La bouteille de Leyde. — Les corps électrisés exposés

librement à l'air y perdent rapidement leur électricité,
parce que l'air est bon conducteur du fluide électrique.
Un physicien de Leyde, Mussenbroek, s'occupait un jour
d'électriser de l'eau dans une fiole de verre, espérant
qu'en raison de la mauvaise conductibilité du verre, l'eau

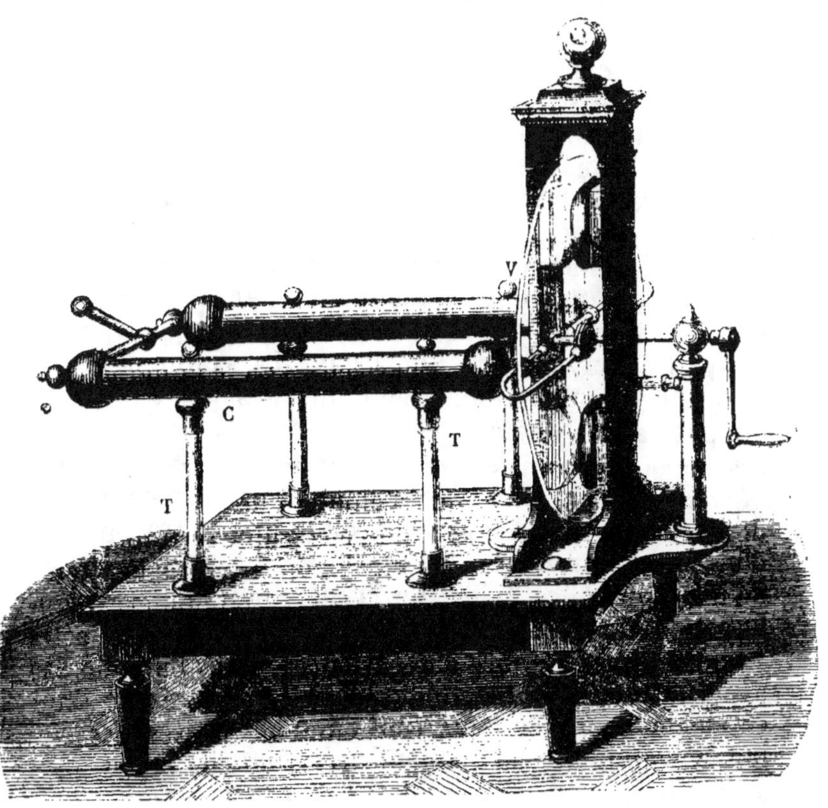

Fig. 52.

recevrait une plus grande somme d'électricité et la con-
serverait plus longtemps. L'expérience ne présentant
rien de particulier, un des opérateurs qui aidaient Mus-
sembroek, voulut retirer la fiole : il la saisit d'une main
et approcha l'autre main du conducteur métallique qui

amenait dans l'eau l'électricité de la machine. Quels ne furent pas sa surprise et son effroi de se sentir frappé d'un coup violent sur les bras et à la poitrine. Mussenbroek se crut mort, et il déclara qu'il ne s'exposerait pas à une nouvelle décharge semblable quand on lui offrirait la couronne de France.

A Paris, l'abbé Nollet répéta sur lui-même cette expérience, qui réussit si bien, que la commotion lui fit tomber des mains le vase plein d'eau qu'il tenait. Il répéta la même expérience à Versailles, devant le roi et la cour. Il donna la commotion électrique à toute une compagnie de gardes françaises, composée de deux cent quarante hommes, qui se tenaient par la main, formant ce que l'on appela dès lors la *chaîne électrique*. La commotion se fit sentir au même instant à tous les soldats qui se tenaient ainsi par la main. Quelques jours après, il soumit à la même épreuve les religieux du couvent des Chartreux. La commotion fut éprouvée simultanément de toutes les personnes qui composaient la chaîne.

Vitesse de transport de l'électricité et de la commotion. — Tout le monde s'étonnait de la rapidité prodigieuse avec laquelle le fluide électrique se transportait d'un point à un autre. On essaya de mesurer la vitesse de transport de ce fluide. En France, Lemonnier, membre de l'Académie des sciences à Paris, fit, dans cette vue, un grand nombre d'expériences. Dans l'une de ces expériences, une personne placée à l'extrémité d'un conducteur long de deux cent cinquante toises, ressentait la commotion au moment précis où elle voyait briller l'étincelle à l'autre extrémité de ce conducteur.

En Angleterre, la commotion se fit sentir au même instant à deux observateurs séparés par la Tamise, l'eau du fleuve formait une partie de la chaîne conductrice. On put même enflammer des liqueurs spiritueuses à l'aide d'un courant électrique traversant le fleuve. On s'assura encore que la vitesse du passage du fluide électrique, dans un fil qui avait douze mille deux cent soixante-seize pieds de longueur, était instantanée. Ces belles expériences excitèrent l'enthousiasme de tous les physiciens de l'Europe.

Construction définitive de la bouteille de Leyde. — En France, Nollet modifie de plusieurs façons la fameuse expérience de Leyde. Il montre que la forme de l'appareil n'entre pour rien dans le résultat. Mussenbroek reconnaît ensuite que l'expérience échoue quand les parois extérieures de la bouteille sont humides. Watson, en Angleterre, montre que le choc est plus violent quand le verre est plus mince, et que la force de la décharge augmente proportionnellement avec l'étendue de la surface du verre; son intensité étant indépendante de la force de la machine électrique qui la provoque.

Un autre physicien anglais, Bévis, pensant que l'eau contenue dans la bouteille et la main qui la tenait, jouent seulement le rôle de conducteurs, substitua à l'eau de la grenaille de plomb. Une feuille d'étain enveloppant la bouteille jusqu'à une certaine hauteur remplaça dès lors la main. On put ainsi placer la bouteille sur un support en bois sans qu'il fût besoin d'une personne pour la tenir.

C'est par cette série de découvertes successives, et quand on eut substitué des feuilles d'or à la grenaille de plomb, que la bouteille de Leyde reçut la forme qu'on lui donne aujourd'hui, et que représente la figure suivante.

A représente l'armature extérieure de la bouteille que l'expérimentateur tient dans la main, et C, le crochet par lequel la bouteille est suspendue au conducteur d'une machine électrique.

Fig. 53.

Analyse physique de la bouteille de Leyde. — Tous les physiciens de l'Europe étaient restés impuissants à donner l'explication théorique de l'expérience de Leyde.

C'est à l'illustre Franklin, philosophe et savant Américain, que la science doit l'analyse des effets de cet instrument. Voici comment on se rend compte du phénomène depuis les travaux de Franklin.

Quand on met la bouteille de Leyde en communication avec le conducteur d'une machine électrique, fournissant par exemple du fluide positif, ce fluide passe dans les feuilles d'or ou, comme on dit, dans la garniture intérieure de la bouteille. Là, il agit par influence, au travers du verre, sur la lame d'étain qui l'enveloppe à l'extérieur, et il décompose son fluide neutre. Le fluide positif repoussé, s'écoule dans le sol. Le fluide négatif, au contraire, est attiré ; mais le verre de la bouteille étant mauvais conducteur, l'arrête et ne lui permet pas d'aller former du fluide neutre avec le fluide positif qui existe à l'intérieur de la bouteille. C'est ainsi qu'une masse considérable d'électricité s'accumule entre les deux garnitures, la garniture extérieure empruntant au sol avec lequel elle la communique, autant d'électricité que la garniture intérieure de la bouteille peut en accumuler. Si maintenant on fait communiquer les deux garnitures au moyen d'un arc métallique pourvu d'un manche isolant, les deux électricités se précipitent au-devant l'une de l'autre et se combinent en formant une brillante étincelle. Si l'on réunit les deux garnitures avec les mains, l'opérateur reçoit une vive secousse, parce que la recomposition des fluides se fait à l'intérieur même de son corps en provoquant un ébranlement physique considérable.

XV

LE PARATONNERRE.

Opinion des anciens sur la nature de la foudre. — Dès l'origine des sociétés, chez les peuples de l'ancienne Asie, plus tard même en Europe, malgré la civilisation avancée des nations de la Grèce et de l'empire romain, le tonnerre fut toujours considéré comme une arme vengeresse aux mains de la divinité. La pensée d'attribuer à la foudre une origine divine, d'en faire une sorte de manifestation de la colère céleste, s'est maintenue chez les différents peuples du monde depuis l'antiquité, et de nos jours même, il a été difficile de l'extirper des croyances du vulgaire. Cependant la science moderne a parfaitement établi la véritable nature du tonnerre. Elle a démontré que les éclairs, le tonnerre et la foudre ne sont dus qu'à la décharge, opérée au sein des airs, de plusieurs nuages diversement électrisés. En découvrant la véritable origine de ce grand phénomène naturel, le génie de l'homme a rendu à la divinité un hommage plus digne et plus sincère que ne le faisaient ceux qui entretenaient dans l'esprit du peuple, au sujet de ce météore, des craintes superstitieuses et erronées.

Étude scientifique du phénomène de la foudre entreprise dans les temps modernes. — Pour soumettre à une étude fructueuse le phénomène de la foudre et des orages, il fallait nécessairement posséder un ensemble de notions scientifiques rigoureuses. Ce n'est donc qu'après le XVIe siècle, c'est-à-dire à l'époque de la création des sciences physiques actuelles, que des recherches sérieuses purent être entreprises pour expliquer la nature et l'origine de ce météore. Quand les lumières de la science et de la raison eurent dissipé les ténèbres de la superstition des anciens âges, on osa soumettre à un examen réfléchi le grand phénomène qui n'avait été jusque-là pour les hommes qu'un sujet d'épouvante ou de fausses notions.

Opinion de Descartes et de Boerhaave sur la cause du tonnerre. — Descartes, ce philosophe immortel, qui a tant contribué à la création des sciences modernes, fut le premier qui essaya de découvrir la cause du tonnerre. Il attribuait ce phénomène à la chaleur qui serait résultée de la chute d'un nuage tombant sur un autre placé plus bas. Boerhaave, l'illustre médecin de Leyde, dont le nom jouissait en Europe d'une renommée sans égale, proposa ensuite, pour expliquer la formation du tonnerre, une théorie plus rigoureuse que celle de Descartes. Ralliant toutes les opinions, la théorie de Boerhaave fut unanimement professée en Europe jusqu'au milieu du xviiie siècle. Boerhaave rapportait la cause du tonnerre à l'inflammation, se produisant au sein de l'air, des différents gaz ou vapeurs émanés de la surface de la terre. Tout inexacte qu'elle était, cette théorie fut admise d'une manière unanime, et elle entrava pendant longtemps la marche de la science vers l'explication rationnelle du phénomène qui nous occupe.

Découverte de l'analogie de la foudre et de l'électricité. — On a de tout temps observé, pendant les orages, des flammes, des aigrettes ou des scintillations brillant au-dessus des mâts des vaisseaux, des clochers des églises, des piques ou des épées des soldats. Ces phénomènes n'excitèrent longtemps qu'une curiosité stérile. L'analogie des effets de la foudre avec ceux de l'électricité ne se fit jour qu'au moment où l'on commençait à étudier les phénomènes électriques. A cette époque, le docteur Wall, physicien anglais, exprima l'idée de la ressemblance de l'étincelle électrique avec l'éclair, et de la singulière analogie du craquement de cette étincelle avec le bruit du tonnerre. En 1735, le physicien Grey exprimait plus formellement la même analogie. En France, l'abbé Nollet pensa qu'on pourrait « en « prenant l'électricité pour modèle, se former, tou- « chant le tonnerre et les éclairs, des idées plus saines « et plus vraisemblables que tout ce qu'on avait imaginé « jusqu'alors. » L'académie de Bordeaux, en 1750, couronna un mémoire de Barberet, médecin de Dijon, qui admettait l'analogie de la foudre avec l'électricité, mais sans invoquer aucune expérience de physique et en se maintenant dans les termes d'une simple dissertation académique.

Quelques jours à peine après la publication du mémoire de Barberet, couronné par l'académie de Bordeaux, un savant appartenant à la province de Guyenne, présentait à la même académie un mémoire dans lequel il assurait, d'après les effets produits par la chute de la foudre sur un château situé près de Nérac, « que la foudre était analogue avec l'électricité. » Cet observateur était M. de Romas, sur les travaux duquel nous aurons à revenir.

Franklin établit l'analogie probable de la foudre et de l'électricité. — Nous avons vu, en parlant de la bouteille de Leyde, que l'illustre Franklin avait eu le mérite d'expliquer les effets de la bouteille de Leyde. Il rendit aux sciences un service tout aussi signalé en faisant ressortir l'extrême analogie que la foudre présente avec l'étincelle électrique, et en développant cette pensée beaucoup plus que ne l'avaient fait ses prédécesseurs.

Franklin n'était pas un physicien proprement dit, c'était un grand citoyen et un sage. En appliquant son bon sens naturel et l'attention d'un esprit libre et indépendant à l'étude des phénomènes électriques, il accomplit des découvertes qui immortaliseront son nom comme savant, pendant qu'il exécutait, dans l'ordre moral et politique, des travaux de la même valeur.

Fils d'un pauvre fabricant de savon, Benjamin Franklin fut successivement apprenti dans une fabrique de chandelles, ouvrier imprimeur, chef d'une imprimerie importante à Philadelphie, député, et enfin président de l'assemblée des États de Pensylvanie. Il eut une grande part à la déclaration de l'indépendance des États-Unis, et quand il vint en France pour y solliciter des secours en faveur de son pays insurgé contre la domination de l'Angleterre, il y fut reçu avec un enthousiasme indicible. Franklin mourut en 1790, après avoir contribué au perfectionnement de ses concitoyens par une foule d'écrits populaires; mais sa vie fut encore son plus bel enseignement.

C'est entre les mains de ce grand homme que la doctrine de l'identité de la foudre et de l'électricité fit le plus de progrès. En même temps que Barberet et Romas publiaient leurs travaux, Franklin exposait comme il suit, dans ses *Lettres sur l'électricité*, les raisons de l'hypothèse, selon lui fort admissible, qui attribue à l'électricité la cause du tonnerre ;

« Les éclairs sont ondoyants et crochus comme l'é-« tincelle électrique ;

« Le tonnerre frappe de préférence les objets élevés et « pointus ; de même, tous les corps pointus sont plus ac-« cessibles à l'électricité que les corps en forme arrondie ;

« Le tonnerre suit toujours le meilleur conducteur « et le plus à sa portée ; l'électricité en fait autant dans « la décharge de la bouteille de Leyde ;

« Le tonnerre met le feu aux matières combustibles, « fond les métaux, déchire certains corps, tue les ani-« maux ; ainsi fait encore l'électricité. »

Franklin alla plus loin. Il mit en avant cette *hypothèse* qu'une verge de fer pointue élevée dans les airs, communiquant avec un conducteur métallique en contact lui-même avec le sol, pourrait peut-être enlever l'électricité aux nuages orageux et prévenir ainsi l'explosion de la foudre.

Remarquons cependant que Franklin ne parlait du

paratonnerre que comme d'une expérience à réaliser; ce moyen était subordonné à la réalité de cette supposition que la foudre était un phénomène électrique, car il n'avait fait encore aucune expérience propre à déterminer l'existence de l'électricité dans l'air. Il avait seulement bien constaté la propriété remarquable dont jouit un conducteur terminé en pointe, d'anéantir l'état électrique d'un corps placé à peu de distance.

Effet produit sur les savants de l'Europe par les idées de Franklin. — Les idées que nous venons de faire connaître, c'est-à-dire l'hypothèse de la nature électrique de la foudre, et l'expérience proposée par Franklin consistant à annuler les effets d'un nuage orageux par un conducteur métallique dressé verticalement en l'air, furent exposées par ce physicien dans un petit ouvrage ayant pour titre *Lettres sur l'électricité*, qui parut à Londres, en 1751. Présenté à la Société royale des sciences de Londres, ce livre fut très-mal accueilli par la docte assemblée, qui trouva souverainement absurde le projet de détourner la foudre avec quelques barres métalliques élevées dans les airs.

Cependant, malgré l'opinion défavorable de ce corps savant, les *Lettres* de Franklin obtinrent un grand succès en Angleterre, et bientôt dans toute l'Europe savante. La France, surtout, les accueillit avec enthousiasme. Notre grand naturaliste Buffon chargea un de ses amis, nommé Dalibard, de traduire l'ouvrage de Franklin, et il prit soin de revoir cette traduction. Il voulut, en outre, exécuter lui-même l'expérience proposée par le philosophe américain.

Démonstration de la présence de l'électricité dans l'atmosphère. — Dans le but de vérifier la justesse des idées de Franklin et de mettre à exécution l'expérience proposée par le philosophe américain, Buffon fit placer sur la tour de son château de Montbard une longue barre de fer pointue à son sommet et isolée à sa base par de la résine. En même temps Dalibard disposait un appareil tout semblable dans le jardin de sa maison de campagne située à Marly.

Le 10 mai 1752, un orage éclate sur Marly. Dalibard se trouvait en ce moment à Paris, mais il avait laissé pour le remplacer, le cas échéant, un homme intelligent, nommé Coiffier, à qui il avait donné ses instructions. Coiffier approche de la barre de fer une petite tige de fer emmanchée dans une bouteille de verre afin d'isoler le métal et de préserver l'opérateur; il en tire aussitôt deux étincelles..Il appelle aussitôt ses voisins et fait venir le prieur de Marly, qui accourt au milieu d'une pluie battante. Les étincelles excitées de la barre isolée ressemblaient à de petites aigrettes bleues, et produisaient un bruit pareil à celui qu'auraient fait entendre des coups de clef sur la barre.

Quelques jours après, Dalibard lut sur ce sujet, à l'Académie des sciences de Paris, un mémoire qui fut reçu par les savants avec des transports de joie.

Le 19 mai 1752, Buffon put à son tour tirer de la barre de fer élevée sur son château un grand nombre d'étincelles électriques.

Ces expériences se multiplièrent bientôt à Paris. Lemonnier découvrit, en les répétant, la présence de l'électricité dans une atmosphère sereine: fait important et nouveau, car on avait toujours cru jusque-là que la présence d'un nuage orageux était nécessaire à la production de l'électricité atmosphérique.

A Nérac, de Romas varia ses moyens d'expérimentation, et reconnut qu'une barre plus élevée qu'une autre donnait de plus fortes étincelles; il songea dès lors « à porter des conducteurs le plus haut possible « dans la région des nuages, afin d'augmenter le feu du « ciel. » Nous verrons bientôt comment il y réussit.

Mort du physicien Richmann à Saint-Pétersbourg. — Les expériences que nous venons de rapporter n'étaient pas sans danger; c'est ce que prouva bientôt la triste fin du professeur Richmann, membre de l'Académie impériale des sciences de Saint-Pétersbourg, qui périt frappé du tonnerre, en répétant l'expérience précédemment exécutée par plusieurs autres physiciens.

Richmann avait élevé sur le haut de sa maison un conducteur qui aboutissait dans l'intérieur de son cabinet de physique, en passant à travers le toit. Ce conducteur avait été isolé avec le plus grand soin, de sorte que l'électricité atmosphérique soutirée par la pointe de la barre et accumulée dans le conducteur, ne trouvait aucune issue pour s'échapper dans le sol.

Le 6 août 1753, au milieu d'un violent orage qui tonnait sur Saint-Pétersbourg, Richmann, un électromètre à la main, et se disposant à mesurer au moyen de cet instrument l'intensité du fluide électrique, se tenait à une certaine distance de la barre pour éviter les fortes étincelles qui en partaient. Son graveur, Solokow, étant entré sur ces entrefaites, Richmann fit par mégarde quelques pas en avant, et comme il n'était plus qu'à un pied du conducteur, un globe de feu bleuâtre, gros comme le poing, le frappa au front et l'étendit mort.

Les cerfs-volants électriques. — Les barres isolées qui servaient à aller puiser l'électricité au sein de l'air ne permettaient de recueillir ce fluide qu'à une hauteur médiocre dans l'atmosphère. Pour recueillir de l'électricité dans des régions très-élevées de l'air, deux physiciens imaginèrent alors, chacun de son côté, le *cerf-volant électrique*. Ces deux physiciens étaient : en Amérique, Franklin ; en Europe, Romas, de Nérac.

Au mois d'août 1752, Romas communiqua, sous le sceau du secret, à ses amis, le projet qu'il avait conçu, de lancer vers les nuages orageux un cerf-volant armé d'une pointe métallique. Il fit le 14 mai 1753, sa première expérience. Mais elle ne réussit pas, parce que la corde attachée au cerf-volant n'étant pas assez conductrice, elle n'avait pu amener le fluide jusqu'au sol.

Pour remédier à ce défaut de conductibilité, il enroula un fil de cuivre autour de la corde sur toute sa longueur, qui était de 260 mètres.

Le 7 juin 1753, par une journée orageuse, Romas fit une expérience magnifique. Il attacha à la partie inférieure de la corde du cerf-volant un cordonnet de soie, et ce cordonnet se rattachait à une pierre très-lourde placée sous l'auvent d'une maison. A la corde et en avant du cordonnet de soie on suspendit un cylindre de fer-blanc en communication avec le fil de cuivre et propre à tirer des étincelles s'il y avait lieu; on se servait pour cela d'un tube de fer-blanc fixé à un tube de verre. On tira d'abord de faibles étincelles, et les personnes qui assistaient en grand nombre à cette expérience extraordinaire jouaient, en riant, avec le dangereux météore. Mais bientôt l'orage devint plus violent, et Romas s'empressa d'écarter les curieux. La longueur et l'éclat des étincelles allaient en augmentant sans cesse. Bientôt, l'intrépide expérimentateur excita des lames de feu qui partaient à plus d'un pied de distance et dont on entendait le bruit à plus de deux cents pas. Un bruissement continu comparable à celui d'un soufflet de forge, une forte odeur sulfureuse émanée du conducteur, un cylindre lumineux de 3 à 4 pouces de diamètre enveloppant le conducteur : tels étaient les phénomènes que Romas observait avec un calme et une fermeté extraordinaires. Il arriva un moment où il jugea prudent de ne plus tirer d'étincelles, et bientôt une violente explosion qui était, comme un petit coup de tonnerre, fut entendue jusque dans le milieu de la ville. C'était l'électricité du conducteur qui se déchargeait sur le sol.

En 1757, le physicien de Nérac, poursuivant ces dangereuses expériences, tirait de la corde d'un cerf-volant des lames de feu de neuf à dix pieds de longueur, dont l'explosion ressemblait à un coup de pistolet. De Romas faisait toutes ces expériences devant la foule stupéfaite de tant d'audace.

L'originalité des belles expériences que nous venons de rapporter, fut contestée de son vivant à leur auteur, et elle l'a été même jusqu'à nos jours. On a dit que Romas n'avait été que le copiste de Franklin qui, après le mois de septembre 1752, et ayant eu connaissance des expériences de Dalibard sur la barre isolée, avait lancé un cerf-volant dans les plaines de Philadelphie. C'est par des causes indépendantes de sa volonté que le physicien de Nérac ne put exécuter qu'en 1753 une expérience conçue et communiquée à ses amis, et même à l'académie de Bordeaux en juillet 1752. Il est aujourd'hui reconnu que Romas n'a rien emprunté à Franklin et que l'originalité de sa belle expérience ne saurait lui être contestée.

Cerf-volant électrique de Franklin aux États-Unis. — Au mois de septembre 1752, Franklin faisait dans la campagne, aux environs de Philadelphie, l'essai d'un cerf-volant électrique, et obtenait, avec une joie facile à comprendre, de véritables manifestations électriques avec la corde de chanvre de son cerf-volant. Si l'expérience du physicien de Philadelphie est antérieure en date à celle du physicien de Nérac, elle fut bien inférieure à celle de notre compatriote sous le rapport de l'intensité et de l'éclat des phénomènes électriques observés.

Quoi qu'il en soit, toutes les expériences que nous venons de rapporter démontraient suffisamment la présence de l'électricité libre dans l'atmosphère, la nature électrique de la foudre et la possibilité de prévenir ses effets désastreux, au moyen de la barre pointue dressée en l'air proposée par Franklin, c'est-à-dire au moyen du paratonnerre.

Le premier paratonnerre. — C'est en 1760 que Franklin fit construire le premier paratonnerre, qui fut élevé sur la maison d'un marchand de Philadelphie. C'était une baguette de fer de neuf pieds et demi de long et de plus d'un demi-pouce de diamètre ; elle allait en s'amincissant vers son extrémité supérieure. L'extrémité inférieure portait une seconde tige de fer dont le bas communiquait avec un long conducteur de fer pénétrant dans le sol jusqu'à une profondeur de quatre ou cinq pieds. A peine installé, ce paratonnerre fut frappé par le feu du ciel, qui ne causa aucun dommage à la maison défendue par le nouvel instrument dû au génie de Franklin.

Accueil fait en Europe à l'invention du paratonnerre. — L'Amérique avait accepté avec enthousiasme, et comme un bienfait public, l'invention du paratonnerre ; mais elle trouva en Europe une résistance sérieuse, qui se prolongea plusieurs années. En Angleterre, par haine contre Franklin, l'un des auteurs principaux de l'émancipation des États-Unis, on repoussa la découverte américaine, ou du moins on prétendit y apporter des modifications de nature à annuler le mérite de l'inventeur. Le paratonnerre proposé par Franklin se terminait en pointe à son extrémité ; les physiciens anglais décidèrent que les paratonnerres à tige pointue étaient les plus dangereux des appareils, et qu'il fallait leur substituer des tiges terminées en boule, hérésie scientifique qui tomba sous le ridicule et déconsidéra les savants anglais, tristes flatteurs des rancunes d'un roi et d'un vain amour-propre national.

En France, les débuts du paratonnerre ne furent pas beaucoup plus heureux. L'abbé Nollet s'était déclaré l'adversaire de Franklin et de son invention ; et comme l'abbé Nollet était l'oracle du temps en matière d'électricité, l'adoption du paratonnerre rencontrait parmi nous de grandes difficultés. Jusqu'en 1782, la France repoussa l'introduction de cet appareil, considéré alors comme dangereux pour la sûreté publique.

C'est dans les provinces du midi de la France que les premiers paratonnerres furent établis. Leur efficacité ayant été promptement reconnue, on en établit de semblables à Paris.

En Angleterre, l'usage des paratonnerres ne commença à s'établir qu'en 1788. Le grand-duc de Toscane et l'empereur d'Autriche adoptèrent cet appareil à la même époque. Bientôt toutes les nations de l'Europe mirent à profit l'invention américaine, de sorte, dit Franklin, que « M. l'abbé Nollet vécut assez pour se voir le dernier de son parti. »

Principes et règles pour la construction des paratonnerres. — Un paratonnerre se compose d'une tige de fer pointue élevée dans l'air, et d'un conducteur du même métal descendant de l'extrémité inférieure de la tige et aboutissant dans une partie du sol occupée par une masse d'eau courante en communication elle-même avec une rivière ou un fort ruisseau.

Voici les conditions auxquelles doit satisfaire un paratonnerre pour être utile et ne devenir jamais dangereux :

1° La pointe de la tige doit être suffisamment aiguë et cependant assez résistante pour n'être pas fondue par un coup de foudre.

2° Le conducteur doit communiquer parfaitement avec le sol.

3° Depuis la pointe jusqu'à l'extrémité inférieure du conducteur, il ne doit exister aucune solution de continuité.

Indiquons maintenant les dispositions qu'il faut donner à cet appareil pour répondre aux conditions que nous venons d'énumérer.

La tige d'un bon paratonnerre a neuf mètres de longueur et se compose de trois pièces ajoutées bout à bout : une barre de fer de 8^m 60, une baguette de laiton de 0^m 60, une aiguille de platine de 0^m 05. Le platine est un métal qui ne s'oxyde pas à l'air ; c'est pour cela qu'on l'a adopté pour en faire la pointe de l'instrument, car les oxydes métalliques sont mauvais conducteurs de l'électricité. L'effet d'un paratonnerre terminé par une pointe de fer oxydée, serait nul.

Le conducteur du paratonnerre est une longue barre de fer à section carrée de 15 à 20 millimètres de côté, résultant de la réunion bout à bout d'un nombre suffisant de barres. Toute solution de continuité doit être soigneusement évitée, car elle exposerait l'édifice à une décharge électrique. On entoure chaque point de jonction des barres d'un bourrelet de soudure à l'étain, et elles sont maintenues en place par des supports en fer.

Le conducteur ainsi fixé doit, comme nous l'avons dit, aboutir à un cours d'eau. De la base inférieure du mur de l'édifice jusqu'à ce cours d'eau, il passe dans un petit canal en brique, rempli entièrement de braise de boulanger, substance qui conduit très-bien l'électricité, et facilite par conséquent l'écoulement rapide du fluide ; de plus elle défend le conducteur du contact de l'air.

XVI

LA PILE DE VOLTA.

Travaux de Galvani préparant la découverte de la pile de Volta. — Jusqu'à la fin du siècle dernier, les physiciens n'ont connu que l'électricité obtenue par les machines à frottement, ou, comme on le dit, l'*électricité statique*. En 1791, Aloysius Galvani, professeur d'anatomie à Bologne, publia un travail résultant de onze années d'expériences et dans lequel était révélée l'existence de l'électricité sous la forme de courant continu. L'électricité en mouvement ou l'électricité *dynamique* fut ainsi révélée aux hommes pour la première fois. C'était une branche de la physique, entièrement nouvelle et qui devait être féconde en applications merveilleuses. Donnons une idée des travaux de Galvani.

Un soir de l'année **1780**, Galvani posa par hasard sur la tablette de bois qui servait de support à la machine électrique de son laboratoire, une grenouille, dont on avait séparé, d'un coup de ciseau, les membres inférieurs, en conservant les deux nerfs de la cuisse qui maintenaient ces membres appendus au tronc. Galvani reconnut qu'en approchant la pointe de son scalpel tantôt de l'un, tantôt de l'autre des nerfs de la grenouille, au moment même où l'on tirait une étincelle de la machine, des contractions violentes se manifestaient dans les muscles de l'animal.

Que se passait-il donc? Quelle était la cause du phénomène qui émerveillait Galvani et ses amis? Le corps de la grenouille, placé dans le voisinage de la machine électrique, s'électrisait par influence; quand on enlevait tout à coup l'électricité répandue sur le conducteur, en tirant une étincelle, l'influence cessant, le fluide neutre se reformait tout à coup dans le corps de l'animal et déterminait les contractions énergiques que l'on observait.

Galvani se rendit fort bien compte, par l'explication même que nous venons de donner, du curieux phénomène qu'il venait de provoquer chez la grenouille. Mais cette explication du fait ne l'arrêta pas dans ses recherches. Poursuivant son étude de l'action du fluide électrique sur les corps vivants, il expérimenta pendant six années consécutives pour observer la manière dont la décharge de la machine électrique provoque chez les animaux des contractions musculaires. Le hasard le conduisit enfin à son observation fondamentale, à celle qui devint le germe de la découverte de la pile de Volta.

Le **20** septembre **1786**, Galvani voulant étudier l'influence de l'électricité atmosphérique sur les contractions musculaires de la grenouille, passa un crochet de cuivre au travers de la moelle épinière d'une grenouille préparée comme nous l'avons dit plus haut, et suspendit l'animal par ce crochet à la balustrade de fer de la terrasse de sa maison. Il n'observa rien de toute la journée ; mais le soir, ennuyé de l'insuccès, il frotta vivement le crochet de cuivre contre le fer de la balustrade, pour rendre plus complet le contact des deux métaux. Il vit aussitôt les membres de l'animal se contracter, et ces mouvements se répétaient chaque fois que l'anneau de cuivre touchait le fer du balcon de la terrasse. Cependant les instruments de physique n'indiquaient pas dans l'air la présence de l'électricité. La contraction était donc indépendante des causes extérieures : elle était propre à l'animal. Il y avait donc une électricité animale comme Galvani l'avait toujours soupçonné.

Galvani répéta cette expérience dans son laboratoire. Il plaça sur un plateau de fer une grenouille nouvellement préparée, et passa un petit crochet de cuivre à travers la masse des muscles lombaires et des faisceaux de la moelle épinière. A chaque contact du cuivre et du fer, les contractions se reproduisaient. Ainsi un arc métallique en contact, par l'une de ses extrémités avec les muscles de la grenouille et par l'autre avec ses nerfs, excite des contractions violentes.

Galvani crut pouvoir poser en principe que le muscle est une bouteille de Leyde organique, que le nerf joue le rôle d'un simple conducteur, que l'électricité positive circule de l'intérieur du muscle au nerf et du nerf au muscle, à travers l'arc excitateur. Des observateurs modernes ont reconnu l'existence d'un courant propre dans les animaux, et le courant d'électricité indiqué par Galvani dans les muscles et les nerfs des animaux a été ainsi pleinement confirmé.

Discussion entre Galvani et Volta. — Presque tous les physiologistes et un grand nombre de physiciens adoptèrent les idées de Galvani : mais elles trouvèrent un adversaire redoutable dans un physicien d'Italie, déjà célèbre, mais qui allait le devenir bien davantage, Alexandre Volta.

Prenant le contre-pied de la théorie de Galvani, Volta plaça dans les métaux l'origine de l'électricité que Galvani avait placée dans le corps de l'animal. Quand l'arc métallique qui unit les muscles lombaires aux nerfs cruraux est formé de deux métaux, disait Volta, c'est le contact de ces deux métaux qui dégage de l'électricité, et celle-ci, passant dans les organes de la grenouille, y provoque des contractions. Quand l'arc excitateur est formé d'un seul métal, c'est la différente nature des humeurs qui mouillent les muscles et les nerfs qui engendre de même de l'électricité.

Galvani défendit pendant six ans sa théorie contre les objections incessantes de Volta. Il y avait alors deux camps opposés dans la science européenne : les galvanistes et les voltaïstes.

Un savant italien, Fabroni, qui n'appartenait ni à l'un ni à l'autre des deux camps, attribua tous les effets observés à une action chimique exercée par les liquides du corps de l'animal sur le métal qui forme l'arc excitateur. Mais sa théorie passa inaperçue dans le choc des deux partis.

Cette division et la lutte des deux doctrines continuèrent parmi les physiciens de l'Europe jusqu'en 1799. A cette époque, Volta, on peut le dire, foudroya ses adversaires par la découverte de l'appareil qui porte son nom.

Pile de Volta. — Volta avait remarqué que deux disques de zinc et d'argent isolés par une tige de verre et mis en contact, puis séparés, se chargeaient d'une quantité d'électricité faible, mais appréciable. C'est en rassemblant plusieurs couples de ces disques métalliques que Volta construisit la pile.

« L'appareil dont je vous parle, écrivait Volta le 20 « mars 1800 au président de la *Société royale de Londres*, « n'est qu'un assemblage de bons conducteurs de diffé- « rentes espèces arrangés d'une certaine manière. Vingt,

« quarante, soixante pièces de cuivre, ou mieux d'ar-
« gent, appliquées chacune à une pièce d'étain ou, ce
« qui est beaucoup mieux, de zinc, et un nombre égal
« de couches d'eau, ou d'eau salée, de lessive, etc., ou
« des morceaux de carton bien imbibés de ces humeurs :
« de telles couches interposées à chaque couple ou com-
« binaison des deux métaux différents ; une telle suite
« alternative et toujours dans le même ordre de ces
« trois espèces de conducteurs, voilà tout ce qui consti-
« tue mon nouvel instrument. »

La figure suivante représente l'appareil producteur du courant électrique tel qu'il fut construit par Volta et employé par les physiciens dans les premières années de notre siècle. On voit, à part, les disques c, z et h, de cuivre, de zinc et de drap mouillé qui constituent un élément ou *couple*. L'assemblage de ces couples superposés en *pile*, forme l'appareil qui a reçu, pour cette raison, le nom de *pile de Volta*. L'électricité dégagée par la réunion de tous ces éléments s'accumule aux deux extrémités de l'appareil, qui portent le nom de *pôles*. L'électricité positive se réunit au pôle positif terminé par le fil conducteur p; l'électricité négative au pôle négatif, terminé par le fil conduc-teur n.

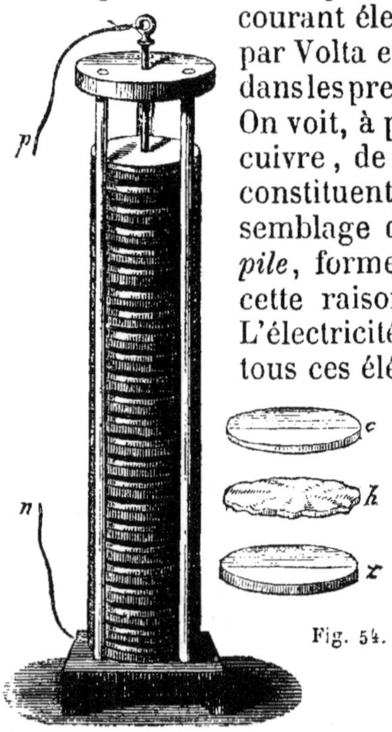

Fig. 54.

Décomposition de l'eau par la pile. — Nicholson et Carlisle, expérimentateurs anglais, ont les premiers montré, par une découverte des plus brillantes, le rôle important que la pile de Volta était appelée à jouer dans la chimie. Nicholson et Carlisle réalisèrent l'expérience capitale qui servit de point de départ à toutes les applications chimiques de la pile, c'est-à-dire la décomposition de l'eau.

Ayant pris un tube de verre, rempli d'eau de source et fermé par des bouchons de liége, Carlisle et Nicholson firent passer à travers chacun des bouchons un fil de cuivre rouge. Après avoir placé le tube verticalement, le fil de cuivre inférieur fut mis en commucation avec le disque d'argent qui formait la base (pôle) d'une petite pile à colonne construite par Carlisle, et le fil supérieur avec le disque de zinc du sommet. Alors ils approchèrent à une petite distance l'une de l'autre les deux extrémités des fils. « Aussitôt, dit Nicholson, « une longue traînée de bulles excessivement fines s'éleva « de la pointe du fil de cuivre inférieur, tandis que la « pointe du fil de cuivre opposé devenait terne, puis jaune « orangé, puis noire. »

L'eau avait été décomposée en ses deux éléments : le gaz hydrogène, qui s'était dégagé en bulles au fil négatif, et l'oxygène, qui s'était porté sur le fil supérieur attaché au pôle positif et l'avait oxydé. Nicholson substitua bientôt aux fils de cuivre des fils de platine ou d'or : ces métaux n'étant pas oxydables, on pouvait recueillir le gaz oxygène à l'état de liberté.

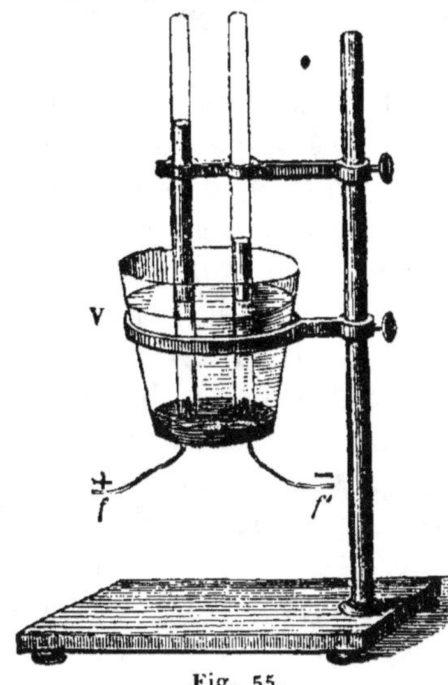

Fig. 55.

On démontre aujourd'hui la nature de l'eau au moyen de l'appareil de Nicholson légèrement modifié. On prend un verre à pied (fig. 55) contenant de l'eau, et dont le fond renferme une masse de cire traversée par deux fils de platine f, f'. L'extrémité de ces fils s'engage dans deux étroites cloches de verre graduées et pleines d'eau ; on les met en rapport avec les pôles d'une pile. L'eau se décompose, et l'on recueille dans une des cloches deux volumes de gaz hydrogène, tandis qu'un volume de gaz oxygène seulement s'est réuni dans l'autre cloche.

Les expériences de Nicholson furent reproduites partout en Allemagne. A la même époque, William Cruikshank démontrait que le courant voltaïque qui décompose l'eau, peut aussi décomposer les oxydes métalliques eux-mêmes dans les sels dont ces composés font partie, en sorte que quelquefois le métal se dépose en petits cristaux sur le pôle négatif.

Suite les applications de la pile à la décomposition électro-chimique des corps. Travaux de Davy. — Appliquée à la chimie, la pile devait enrichir cette science de faits nouveaux et perfectionner d'une manière inattendue ses procédés d'expérimentation. Humphry Davy fit un faisceau de tous les faits épars sur l'action chimique de la pile, et par ses travaux et son génie, leur donna l'unité qui leur manquait.

Davy montra que tous les corps composés peuvent se réduire en leurs éléments sous l'influence de la pile. Il découvrit la véritable nature des terres, c'est-à-dire de la chaux, de la baryte, de la magnésie et celle des alcalis, c'est-à-dire de la potasse et de la soude. Il sépara ces divers corps en deux éléments : un métal et de l'oxygène. A l'aide d'un appareil très-puissant, c'est-à-dire composé de six cents couples voltaïques qu'il devait à une souscription nationale, Davy reconnut que, si l'on termine les deux fils conducteurs de la pile par deux pointes de charbon et que l'on approche ces charbons à une petite distance l'un de l'autre, on voit jaillir entre eux une étincelle resplendissante d'éclat. En éloignant peu à peu les charbons l'un de l'autre, le jet de lumière formait un arc lumineux de trois à quatre pouces de longueur et dont l'éclat était comparable à celui de la lumière solaire. Ce phénomène lumineux est purement physique ;

l'oxygène de l'air n'y a point de part, car l'expérience réussit aussi bien dans le vide que dans l'air. Ces remarquables effets sont le résultat de la chaleur développée par le courant de la pile. De nos jours, cet arc lumineux a été appliqué à l'éclairage, comme nous le verrons dans le chapitre spécial de l'*éclairage électrique*.

Découverte de la pile à auges. — Avec la *pile à colonnes* due à Volta, il était impossible d'obtenir des effets proportionnés au nombre des couples. En effet, la pression des disques supérieurs sur les rondelles de drap de la partie inférieure de la colonne, qui exprimait les disques de drap, en faisait écouler le liquide, et diminuait ainsi l'action chimique exercée entre le

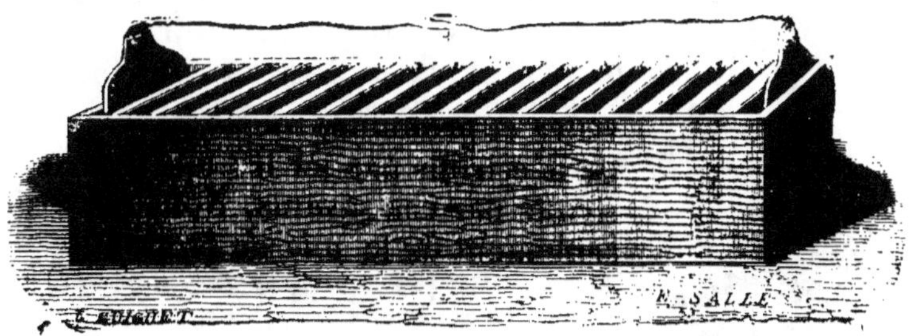

Fig. 56.

zinc et le liquide acide imprégnant les rondelles de drap. Les physiciens songèrent donc à modifier l'instrument de Volta. En 1802, Cruikshank le fit très-heureusement, en rendant cette pile horizontale. Il remplaça les couples circulaires par des plaques rectangulaires de cuivre et de zinc placées en contact l'une avec l'autre, scellées au fond d'une boîte de manière à former de petites auges, dans lesquelles on plaça le liquide Ce fut la pile dite à *auges* que représente la figure 56. Au moyen d'instruments de ce genre, on put brûler des fils de fer et de platine, des tiges de plomb, d'argent, etc., produire enfin divers effets électro-chimiques très-intenses.

Formes nouvelles données à la pile de Volta. — On vient de voir que la *pile à colonne* dont Volta avait fait usage, fut bientôt remplacée par la *pile à auges* construite, en 1802, par Cruikshank. Cette forme de la pile demeura pendant très-longtemps en usage dans les laboratoires, et c'est avec la pile à auges qu'ont été accomplies les découvertes les plus remarquables qui aient signalé la branche importante de la science qui nous occupe. Mais cette forme de la pile présentait divers inconvénients, elle fut d'abord remplacée par la *pile de Wollaston*, qui rendit de grands services pour certains cas déterminés.

En 1836 et 1839, les physiciens anglais Daniell et Grove firent subir à l'instrument producteur de l'électricité de nouvelles et profondes modifications. Nous ne décrirons pas ici les appareils construits par ces savants. Nous parlerons seulement de la *pile de Bunsen* qui est très-énergique, et qui est aujourd'hui presque exclusivement employée dans les ateliers pour la dorure, l'argenture, ou le cuivrage des métaux, et dans les laboratoires de physique.

Chaque couple de la pile de Bunsen se compose de quatre pièces qui rentrent les unes dans les autres. Ces pièces sont (fig. 57) : 1° un vase de faïence ou de verre v contenant de

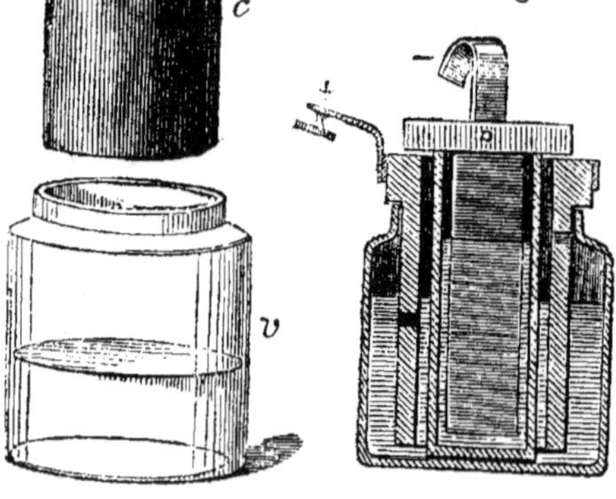

Fig. 57.   Fig. 58.

l'eau étendue de dix fois son poids d'acide sulfurique;

2° une lame de zinc *z* munie d'une tige de cuivre qui doit servir de conducteur pour le fluide négatif ; 3° un vase de terre perméable *p* qui peut se laisser traverser par les gaz et contient de l'acide azotique ; 4° un cylindre de charbon *c* muni en haut d'un anneau de cuivre sur lequel est soudée une tige de cuivre, qui est le conducteur du fluide po-

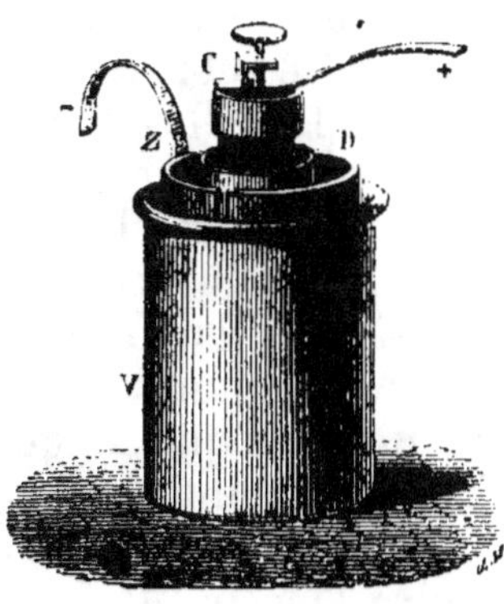

Fig. 59.

sitif. Ces pièces sont placées les unes dans les autres, comme le montre la figure 58, qui est une coupe d'un élément de la pile de Bunsen, et la figure 59 qui représente l'appareil monté et prêt à agir.

Dès que le zinc et le charbon communiquent par un conducteur, le couple devient actif, et si l'on réunit entre eux un certain nombre de ces éléments, on obtient la *pile de Bunsen*.

La *pile de Bunsen* se compose donc de la réunion d'un certain nombre de couples qu'on fait communiquer l'un à l'autre, en mettant en rapport la lame métallique fixée au cylindre de zinc avec celle du cylindre de charbon.

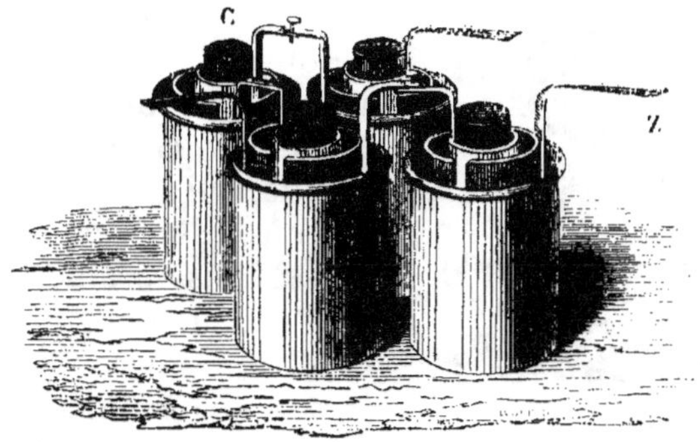

Fig. 60.

La figure 60 représente une pile de Bunsen formée

de quatre éléments ou couples. Le pôle positif de cette pile se trouve au dernier cylindre du charbon C, et le pôle négatif au dernier cylinde de zinc Z.

Théorie de la pile. — L'idée théorique du développement de l'électricité par le contact, c'est-à-dire la théorie de Volta, a été reconnue inexacte. La théorie qui admet, au contraire, que le développement de l'électricité par la pile est le résultat de l'action chimique qui s'exerce entre les acides et les métaux de la pile, est admise aujourd'hui sans contestation. On explique très-bien les effets de cet appareil et l'origine de l'électricité qu'il produit, par la seule considération des effets chimiques, c'est-à-dire en rapportant ses effets à l'électricité qui prend naissance toutes les fois que s'accomplit une action chimique quelconque.

Voici comment on explique le dégagement de l'électricité dans l'appareil qui est aujourd'hui exclusivement en usage comme moyen de produire l'électricité, c'est-à-dire dans la pile de Bunsen.

Quand l'instrument est mis en action, c'est-à-dire quand on charge les couples en plaçant l'acide sulfurique dans le vase extérieur, l'acide azotique dans le vase intérieur, et dès que les fils conducteurs sont mis en contact de manière à donner l'écoulement au courant électrique qui va se produire, voici la réaction chimique qui se passe et qui a pour résultat de produire une masse considérable d'électricité qui prend alors la forme de courant.

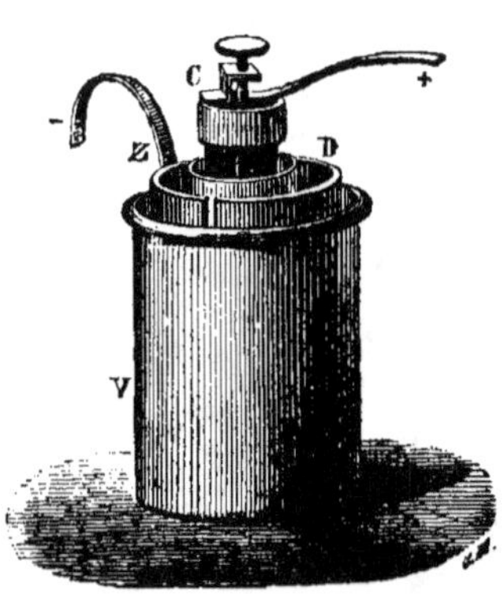

Fig. 61.

L'acide sulfurique étendu d'eau, qui remplit le vase extérieur V, attaque la lame de zinc Z qui plonge dans ce liquide ; sous l'influence de l'acide sulfurique, l'eau est décomposée en ses éléments, savoir l'hydrogène et l'oxygène : l'oxygène, se portant sur le zinc, forme de l'oxyde de zinc qui, se combinant avec l'acide sulfurique, produit du sulfate de zinc, sel soluble dans l'eau et qui demeure dissous dans l'eau du vase V. Cette première réaction, c'est-à-dire la décomposition de l'eau, produit un grand dégagement d'électricité, puisque toute réaction chimique s'accompagne nécessairement d'un dégagement d'électricité. De là, une première source d'électricité dans l'instrument que nous considérons.

Mais il y a, dans le même appareil, une seconde source d'électricité qui vient s'ajouter à la première. Le gaz hydrogène provenant de la décomposition de l'eau par le zinc, ne se dégage pas purement et simplement à l'extérieur; le vase intérieur D qui est fait en porcelaine non-vernie, est perméable au gaz, il peut donner passage, à travers la porosité de sa substance, au gaz hydrogène formé dans le vase extérieur V. Le gaz hydrogène passe donc à travers l'épaisseur du vase D, et parvenu à l'intérieur de ce vase, il se trouve en contact avec l'acide azotique qui le remplit. Il s'établit alors une action chimique entre le gaz hydrogène et l'acide azotique : l'hydrogène se combinant à une partie de l'oxygène de l'acide azotique forme de l'eau et ramène l'acide azotique à l'état d'acide hypo-azotique ou de bioxyde d'azote. Cette nouvelle action chimique entre l'hydrogène et l'acide azotique a pour résultat nécessaire de produire un nouveau développement d'électricité qui prend la forme de courant, et s'ajoute à l'électricité déjà produite par la réaction qui s'est exercée entre l'acide sulfurique et le zinc dans le compartiment extérieur. Les deux courants électriques provenant de cette réaction, ne s'annulent pas réciproquement, mais ajoutent leurs effets, parce qu'ils marchent dans le même sens, c'est-à-dire vont du vase intérieur au vase extérieur, à travers les liquides et la cloison poreuse.

Le bloc de charbon C, substance inattaquable par l'acide azotique et très-conductrice de l'électricité, reçoit l'électricité positive, qui s'écoule par le fil métallique fixé sur cet élément ; le zinc Z reçoit l'électricité négative et lui donne l'écoulement par le fil métallique soudé à la lame de zinc et qui représente le pôle négatif.

Quand on réunit entre eux, au moyen d'un fil métallique conducteur, le pôle négatif et le pôle positif de l'instrument, la pile entre en action, et il se forme un courant électrique continu, parce que les deux électricités positive et négative qui viennent se neutraliser et se détruire mutuellement au point de jonction des deux conducteurs interpolaires, se reforment sans cesse et constituent ainsi ce que l'on nomme *un courant électrique*.

Effets de la pile. — L'instrument découvert par Volta est un des plus merveilleux qui soient sortis des mains des hommes, en raison de la diversité et du nombre des effets auxquels il donne naissance. On peut les diviser en trois catégories : 1° *Effets physiques*, 2° *effets chimiques*, 3° *effets physiologiques*.

Si l'on réunit les deux pôles d'une pile en activité par un fil de métal de faibles dimensions, ce fil s'échauffe, rougit, fond et disparaît. Aucune matière ne peut résister à la puissante action calorifique de la pile de Volta : les métaux les plus infusibles entrent en fusion et même se volatilisent quand on les place, sous la forme de fils fins, entre les deux pôles.

Cet instrument, qui est une source de chaleur, est aussi une source de lumière. Si l'on termine les deux conducteurs d'une pile puissante par deux pointes de charbon, et qu'on les tienne éloignés seulement de quelques centimètres, on obtient une lumière d'un prodigieux éclat.

Comme nous le verrons plus loin (à l'article *Électromagnétisme*), la pile peut aussi devenir un instrument mécanique, c'est-à-dire servir à transformer des barres de fer en puissants aimants qui attirent des masses de fer d'un poids considérable, et produisent ainsi un véritable effet mécanique.

Production de chaleur et de lumière, force mécanique, tels sont donc les effets physiques principaux de cet instrument.

La pile de Volta est encore un agent extrêmement puissant de décompositions chimiques. Plongez dans la dissolution d'un sel, dans une dissolution de sulfate de soude par exemple, les deux pôles d'une pile, et vous verrez les deux éléments du sel se séparer sous l'influence décomposante de l'électricité : l'acide sulfurique libre apparaîtra au pôle positif, et la soude libre, c'est-à-dire la base du sel, se portera au pôle négatif. Souvent même la base de ce sel sera décomposée elle-même et elle se réduira en ses deux éléments, oxygène et métal. Faites plonger dans une dissolution de sulfate de cuivre les deux pôles d'une pile en activité, l'acide sulfurique sera mis en liberté et se portera au pôle positif, et l'oxyde de cuivre qui s'est porté au pôle négatif sera décomposé lui-même en ses deux éléments, le cuivre et l'oxygène. L'oxygène se dégagera à l'état de gaz au pôle positif avec l'acide sulfurique et le métal, le cuivre se déposera au pôle négatif. C'est sur ce fait, comme nous le verrons plus loin, que reposent les opérations de la *galvanoplastie*.

La pile est donc, au point de vue de ses effets chimiques, un agent puissant de décomposition, puisqu'aucune substance composée ne peut résister à son action.

Quant à ses effets physiologiques, ils consistent dans les commotions que le courant de la pile fait éprouver aux divers organes des animaux.

Chaleur, lumière, force mécanique, décompositions chimiques, action puissante sur les organes des êtres vivants, tels sont donc les effets que produit la pile de Volta, et qui en font un instrument véritablement universel par la variété de ses attributs.

Découverte de l'électro-magnétisme. — En 1820, OErsted, physicien danois, découvrit un fait remarquable, qui fut la source d'une nouvelle branche de la physique, l'*électro-magnétisme*. En réunissant par un fil métallique les deux pôles d'une pile, et approchant ce fil d'une aiguille aimantée, OErsted reconnut que l'aiguille était écartée de sa direction primitive. L'électricité en mouvement agissait donc sur les corps magnétiques. La science allait dès lors marcher rapidement à des conquêtes nouvelles, car l'électro-magnétisme devint l'origine de la découverte d'une foule de faits qui ont considérablement étendu le cercle de nos connaissances dans l'électricité, et qui ont reçu de nos jours les applications les plus précieuses et les plus variées.

Nous allons avoir l'occasion d'étudier, dans la suite de cet ouvrage, les applications les plus récentes qui ont été faites de nos jours de l'électro-magnétisme, en parlant de la *télégraphie électrique*, de la *galvanoplastie* et de l'*éclairage électrique*.

XVII

LE TÉLÉGRAPHE ÉLECTRIQUE.

Historique. — La pensée d'appliquer l'électricité à une correspondance télégraphique, c'est-à-dire à la transmission instantanée de signes ou de lettres d'un lieu à un autre, s'est naturellement présentée à l'esprit des physiciens, dès qu'ils eurent connaissance des phénomènes électriques, et surtout de ce fait que l'électricité se transmet d'un point à un autre dans un espace de temps inappréciable. Après l'année 1750, c'est-à-dire après les travaux de Grey, Dufay, Mussenbroëk, Lemonnier et Franklin, l'idée d'appliquer à la télégraphie la précieuse et mystérieuse force de l'électricité ne tarda pas à éclore.

Première mention du télégraphe électrique. — On trouve dans le *Scot's Magazine*, recueil écossais, dans une lettre signée d'une simple initiale, la description d'un télégraphe électrique déjà fort bien conçu. L'auteur de cette lettre, écrite de Renfrew, le 1er février 1753, n'est pas connu. Cette idée attira d'ailleurs très-peu d'attention, car l'appareil proposé par le savant anonyme ne fut pas exécuté.

George Lesage construit le premier télégraphe électrique. — Il en fut autrement d'un appareil imaginé par un savant genévois, d'origine française, nommé George-Louis Lesage. En 1760, Lesage, professeur de mathématiques à Genève, conçut le projet d'un télégraphe électrique qu'il exécuta de ses mains en 1774. Cet instrument se composait de vingt-quatre fils métalliques séparés les uns des autres et enfermés dans une substance non conductrice. Chaque fil aboutissait à une tige portant une petite balle de sureau suspendue à un fil de soie. Un des fils étant mis en contact avec une source d'électricité, la balle de sureau était repoussée, et ce mouvement désignait une lettre de l'alphabet.

Autre projet de télégraphe électrique. — L'idée de faire servir le fluide électrique à la télégraphie se présenta, vers la même époque, en Allemagne, en Espagne et en France, à beaucoup de physiciens, qui firent connaître avec plus ou moins de précision, des appareils fondés sur ce principe. Lhomond, en France, en 1787; Bettancourt, en Espagne, en 1787; Reiser, en Allemagne, en 1794; François Salva, médecin de Madrid, en 1796, mirent ces idées en pratique par différentes dispositions.

Mais ces divers instruments, qui fonctionnaient au moyen de l'électricité statique fournie par la machine à plateau de verre, n'étaient guère autre chose que des curiosités de cabinet, et n'auraient pu servir à une véritable correspondance télégraphique. En effet, l'électricité statique développée par le frottement, ne réside qu'à la surface des corps, et tend toujours à abandonner ses conducteurs par diverses causes, et en particulier par l'action de l'air humide.

Les télégraphes électriques fondés sur l'emploi de l'électricité statique ne pouvant rendre dans la pratique aucun service sérieux, l'art de la télégraphie dut renoncer à faire usage de ces instruments. Sur ces entrefaites, un système parfait de télégraphie aérienne ayant été découvert par l'abbé Claude Chappe, les signaux aériens furent adoptés en France, à partir de **1793**, comme moyen de la télégraphie, et ce moyen se propagea bientôt dans l'Europe entière.

La découverte de la pile de Volta fait reprendre les essais de télégraphie électrique. — L'électricité statique ne pouvait, avons-nous dit, s'appliquer avec avantage à la correspondance télégraphique; mais la découverte de la pile de Volta, qui fournissait une source constante d'électricité dynamique, forme sous laquelle l'électricité n'a aucune tendance à s'échapper des corps qui la recèlent, vint changer la face de cette question. A partir de ce moment, on put songer d'une manière positive à faire usage de l'électricité comme agent de télégraphie.

Télégraphes de Sœmmering, Schilling et Alexander. — Dans les premiers temps de la découverte de la pile de Volta, la décomposition de l'eau par le courant électrique avait particulièrement fixé l'attention des physiciens. C'est ce phénomène de décomposition chimique qui servit de base au premier télégraphe électrique qui fut proposé pour tirer parti de la pile de Volta. En 1811, Sœmmering, physicien de Munich, donna la description d'un télégraphe fondé sur la décomposition de l'eau que l'on produisait à distance dans différents vases représentant les 24 lettres de l'alphabet et les 10 chiffres de la numération. Mais ce procédé présentait beaucoup de difficultés dans la pratique, tant par la complication

qui résultait de l'emploi de plus de trente fils conducteurs, que par l'incertitude de la réaction chimique
ainsi provoquée à distance. Pour réussir, il fallait pouvoir substituer à l'action chimique de l'eau une véritable
action mécanique.

Jusqu'à l'année 1820, la science n'offrit aucun moyen
de provoquer au moyen de l'électricité, cette action
mécanique nécessaire pour créer un bon télégraphe
électrique. Ce moyen fut réalisé par la grande découverte du physicien danois OErsted.

OErsted ayant découvert, en 1820, qu'un courant voltaïque circulant autour d'une aiguille aimantée écarte
cette aiguille de sa position naturelle, les physiciens songèrent tout aussitôt à appliquer cette découverte à la
télégraphie. Ampère donna la description d'un appareil
de correspondance télégraphique basé sur les dévia-
tions d'autant d'aiguilles aimantées qu'il y a de lettres
dans l'alphabet.

Mais ces effets étaient encore très-faibles; il fallait augmenter leur intensité. Schweigger ayant enroulé sur
lui-même le fil conducteur d'une pile en l'isolant par une
enveloppe de soie, et ayant placé une aiguille aimantée
au centre de ce système, remarqua que la déviation de
cette aiguille augmentait avec le nombre des tours du fil
conducteur. Grâce à ce nouveau principe, Schilling et
Alexander purent fonder un nouveau système de télégraphe électrique. Mais leurs appareils étaient compli-
qués d'un grand nombre de fils métalliques pour indiquer les lettres de l'alphabet, et leur emploi dans la
pratique était presque impossible. Il fallut demander de
nouvelles ressources à la science.

Découverte de l'aimantation temporaire par Arago.
— En 1820, Arago découvrit ce fait fondamental, que
l'électricité circulant autour d'une lame de fer *doux*,
c'est-à-dire très-pur, communique à cette lame les propriétés de l'aimant. Qu'on enroule autour d'une lame
de fer *doux* un fil de cuivre recouvert de soie, sub-

stance isolante, et qu'on mette les deux extrémités du fil en rapport avec les pôles de la pile, aussitôt la lame de fer doux devient un aimant et peut attirer **un** morceau de fer placé à une certaine distance. **Qu'on** interrompe le courant, c'est-à-dire la communication **du** fer doux avec la pile, aussitôt il perd ses propriétés d'aimant, revient à son état naturel, et le morceau de fer qu'il avait attiré, se détache de lui. En une seconde,

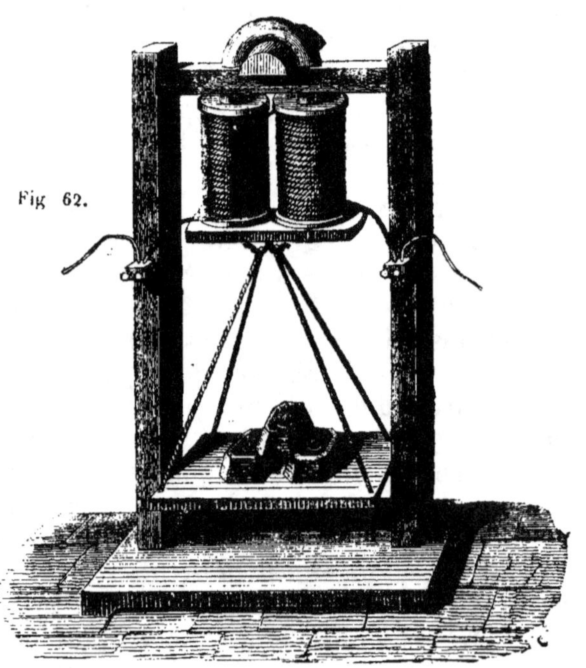

Fig. 62.

on peut ainsi changer plusieurs fois un morceau de fer en aimant, puis lui rendre ses propriétés naturelles. Si on fait usage d'une pile de quarante éléments de Bunsen, et que l'on enroule le conducteur un grand nombre de fois autour d'une pièce de fer façonnée en fer à cheval, comme l'indique la figure suivante, on peut obtenir un électro-aimant, ou aimant artificiel, capable de porter plus de **500** kilogrammes.

Principe général sur lequel repose la construction de tous les télégraphes électriques. — L'aimantation temporaire du fer par le courant électrique, tel est le grand principe sur lequel sont fondés tous les appareils actuels de télégraphie électrique. On va comprendre comment on peut produire à distance un effet mécanique, au moyen de l'aimantation du fer par un courant électrique.

Soit à Paris une pile en activité. Le fil conducteur de cette pile s'étend jusqu'à Calais, et là il est enroulé autour d'une lame de fer doux, puis ramené à la pile située à Paris. Le fluide électrique partant de Paris aimante la lame de fer doux placée à Calais, et si devant cette lame on a placé un disque de fer mobile, ce disque sera aussitôt attiré et s'appliquera sur notre aimant artificiel et temporaire. Maintenant supprimons à Paris la communication du fil conducteur avec la pile, la lame de fer doux qui se trouve à Calais est désaimantée ; elle ne retient plus le disque de fer mobile, qui reprend alors sa position primitive, et cela d'autant plus aisément qu'un ressort pourra favoriser son mouvement en arrière, comme on le voit dans la figure 63.

Ainsi, en établissant et en interrompant successivement le courant à Paris, on obtient à Calais un mouvement de va-et-vient du disque de fer. Ce mouvement que l'aimantation temporaire permet d'exercer à distance est le fait fondamental sur lequel repose la construction du télégraphe électrique.

Fig. 63.

On a construit de nos jours un nombre très-varié de télégraphes électriques qui sont tous fondés sur le principe de l'aimantation temporaire du fer, mais qui diffèrent notablement par le mécanisme qui sert à appliquer ce fait à la production des signaux. La diversité des procédés qui ont été mis en usage, selon les préférences ou le génie des mécaniciens des divers pays, pour tirer parti de ce mouvement, a donné naissance aux très-

nombreux appareils de télégraphie électrique qui son[t]
aujourd'hui adoptés.

Pour ne pas s'égarer au milieu de la multiplicité des
systèmes actuels de télégraphie électrique, on peut les
réduire aux suivants :

1° L'appareil américain inventé par le professeur
Morse, des États-Unis ;

2° L'appareil à deux fils et à deux aiguilles qui est
usité en Angleterre ;

3° L'appareil à cadran, qui sert principalement aujourd'hui pour le service des chemins de fer ;

4° Enfin, l'appareil imprimant, c'est-à-dire qui inscrit
la dépêche en signes coloriés ou en caractères d'imprimerie.

**Télégraphe électrique de Morse ou télégraphe amé-
ricain.** — Le professeur Samuel Morse, physicien des
États-Unis, est généralement considéré comme le créateur de la télégraphie électrique. Il imagina, dit-on, ce
instrument le 19 octobre 1832 à bord du navire *le Sully*,
en revenant de France en Amérique. Voici la disposition du télégraphe de M. Morse, tel qu'il fonctionne aujourd'hui dans les principaux États de l'Europe. C'est
un télégraphe qui écrit lui-même, comme on va voir,
les dépêches qu'il envoie.

A est un électro-aimant double : chaque électro-
aimant se compose d'un long fil de cuivre entouré de
soie enroulé autour d'une lame de fer. Au-dessus et
à peu de distance on voit la lame de fer B qui sera attirée par l'électro-aimant A. Cette lame est liée à un levier
de métal CD. Quand on fait passer le courant, la plaque
de fer B vient s'appliquer sur l'électro-aimant A. Cette
plaque étant attachée à un levier coudé CD, et ce levier
basculant autour du centre auquel il est lié, son extrémité
C s'abaisse, et son extrémité libre D, qui porte un poinçon,
s'élève et se met en contact avec une bande de papier,
qui, à l'aide de rouages d'horlogerie H, marche continuellement. Si l'on interrompt le courant, la lame B

n'est plus attirée, et un ressort E a pour effet d'abaisser le levier CD, et par conséquent de relever la pièce B dès qu'elle n'est plus retenue par l'influence temporaire de l'électro-aimant. On voit que, par l'établissement et la rupture alternative du courant électrique, le poinçon est ainsi animé d'un mouvement alternatif d'élévation et d'abaissement, et qu'il peut former une série d'empreintes sur la bande de papier qui s'avance continuellement. On voit dans la même figure le cylindre F

Fig. 64.

qui porte un ruban mince et continu de papier dont l'extrémité passe sur la poulie G, et le mouvement d'horlogerie H qui produit le mouvement de déroulement constant de ce papier.

Ce télégraphe est placé à la station d'arrivée. La pile et l'instrument qui sert à établir et à interrompre successivement le courant sont à la station de départ. Ce dernier instrument se compose d'un petit bouton métallique A (fig. 65), fixé à l'extrémité d'une tige métallique élastique. Par son élasticité, cette tige métallique tend

constamment à se relever. Si on presse, au moyen du
doigt, le bouton A, on applique ce bouton contre une
petite virole métallique qui communique, au moyen
d'une lame conductrice métallique placée au-dessous du
plateau, avec deux boutons C, C, auxquels sont attachés
les deux fils conducteurs de la pile. Ainsi, en pressant
le ressort et le laissant ensuite abandonné à son élasticité, on établit et l'on interrompt successivement le pas-

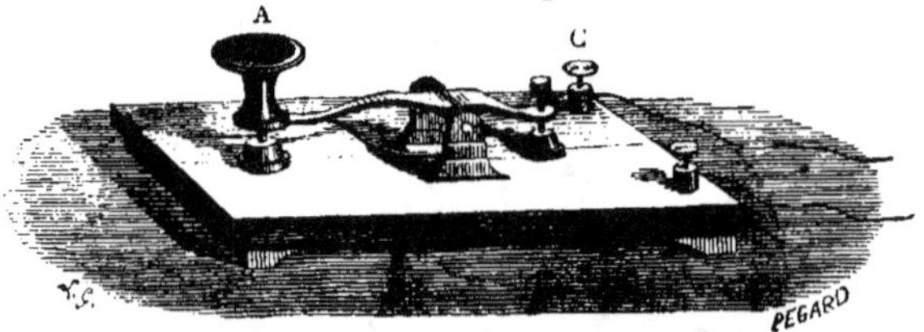

Fig. 65.

sage de l'électricité dans l'appareil télégraphique placé
à l'autre station.

Quand le circuit est ouvert et fermé rapidement, le
poinçon de l'appareil télégraphique, établi à l'autre
station, marque de simples points sur le papier. Selon que le courant est établi plus ou moins longtemps, on obtient des lignes d'une longueur plus ou
moins considérable. Enfin les espaces blancs résultent
de l'interruption du courant. Le point et la ligne fournissent autant de combinaisons qu'il est nécessaire pour
la correspondance. Les lettres représentées au plus par
quatre signaux sont séparées les unes des autres par
des espaces blancs et les mots par des intervalles un peu
plus grands. Selon la durée du contact de cette sorte de
crayon métallique avec le papier, on peut former un
point ou une ligne d'une longueur plus ou moins grande.
Si l'aimantation n'a duré qu'un instant, le papier ne
conserve que l'empreinte d'un point. Mais si l'aimantation
s'est prolongée, le crayon, avant de se relever, a eu le
temps de marquer sur le papier mobile un trait d'une
certaine longueur. Ainsi, en prolongeant plus ou moins

la durée du courant électrique, l'employé de la station du départ peut, à cent lieues de distance, faire succéder sur le papier de son correspondant un point à un point, un trait d'une longueur médiocre à un trait plus long, intercaler un point entre deux traits, ou un trait entre deux points, etc. De la combinaison de ces lignes et de ces points, résulte un alphabet de convention, *l'alphabet de Morse* qui traduit en signes particuliers les caractères de l'écriture.

Un point et une ligne (. —) représentent la lettre A, une ligne et deux points (— . .) représentent la lettre B ; trois points (. . .) la lettre C, etc. On peut composer ainsi des mots et des phrases.

L'appareil que nous venons de décrire, a été le premier instrument de ce genre qui ait fonctionné sur une ligne télégraphique aux États-Unis.

C'est au mois de mai 1844 que fut inaugurée aux États-Unis la **première** ligne télégraphique. Elle fut établie entre **Washington** et **Baltimore**. Imaginé par M. Morse, l'habile physicien qui eut la gloire d'imaginer les premiers instruments de cet art nouveau, et de créer la **première** ligne télégraphique qui ait mis deux villes en communication, cet appareil n'a pas cessé, depuis cette époque, d'être en usage aux États-Unis. Il est devenu, depuis quelques années, d'un usage presque exclusif en **Europe**. **La France**, l'Allemagne, la Suisse, l'Espagne, l'Italie font usage aujourd'hui du télégraphe de Morse. En Angleterre seulement on persiste à faire usage d'un autre instrument beaucoup moins certain dans son jeu et que nous allons décrire.

Télégraphe anglais ou télégraphe à deux aiguilles. — Le *télégraphe à aiguilles*, qui est le plus simple de tous par son mécanisme, mais non le plus fidèle, a été imaginé par M. Wheatstone, physicien distingué, à qui l'on doit l'établissement de la télégraphie électrique en Angleterre.

Ce télégraphe se compose de deux aiguilles aimantée qui peuvent se mouvoir et s'arrêter à volonté par l'ac-

tion du courant électrique établi ou interrompu. On
met ces aiguilles en mouvement à l'aide de deux poi-
gnées qui laissent circuler le courant autour d'elles.
Sous l'influence du courant électrique l'aiguille est
déviée de sa direction vers le Nord, et exécute un dépla-
cement qui sert de signe télégraphique. En effet, ces
aiguilles étant au nombre de deux, on a pu former un

Fig. 66.

alphabet d'après le nombre de coups frappés par l'aiguille
de droite, celle de gauche, ou toutes les deux simultanément. Ainsi, par exemple, la lettre E est représentée par
un coup de l'aiguille de gauche et deux de l'aiguille de
droite, la lettre F par un coup de l'aiguille de gauche et trois
de l'aiguille de droite, etc. Il faut nécessairement compter
ici sur l'adresse et l'habitude des employés pour suppléer
à l'insuffisance du mécanisme. On se sert d'enfants qui

ont acquis une habileté prodigieuse, et qui font mouvoir les aiguilles avec la rapidité de la pensée.

Si le télégraphe anglais a en sa faveur l'avantage de la simplicité, il n'a point celui de l'économie ni de l'exactitude. Il exige, en effet, pour être mis en action, deux fils conducteurs et deux courants électriques, au lieu d'un seul fil et d'un seul appareil voltaïque qui suffisent dans le système Morse. Cette circonstance double les dépenses d'installation. Ce système présente en outre cet inconvénient, que nulle trace du message ne peut y être conservée. Tout dépend de la mémoire des employés, qui peut être en défaut, qui l'est quelquefois en effet, et c'est là ce qui explique les erreurs assez fréquentes qui sont commises dans les dépêches sur les lignes anglaises.

Télégraphe à cadran. — Le télégraphe électrique à cadran a été imaginé par M. Wheatstone en Angleterre.

Ce système assez compliqué, n'est point en usage pour le service de la correspondance télégraphique publique ou privée ; il est spécialement affecté à l'usage des chemins de fer. En raison de cette circonstance, qui ôte pour nous une partie de l'intérêt de cet instrument, nous nous contenterons de faire connaître le principe général sur lequel il est fondé, sans entrer dans les détails de son mécanisme. Voici donc le principe général sur lequel repose le télégraphe à cadran :

A la station de départ est disposé un cadran circulaire, sur lequel sont inscrits les vingt-quatre lettres de l'alphabet et les dix chiffres de la numération. Le cadran est mis en relation par le fil de la pile, avec un autre cadran tout semblable placé à la station d'arrivée, et sur lequel se répètent exactement les mouvements exécutés sur le premier. Veut-on transmettre une dépêche ? A la station de départ on amène successivement les diverses lettres qui composent les mots, devant un point d'arrêt du cadran, et par l'établissement ou la rupture alternative du courant qui fait mouvoir l'aiguille, ces mêmes lettres apparaissent, au même moment, sur le cadran de la station d'arrivée, par l'effet de l'établissement ou de l'interruption du courant voltaïque à cette station. La figure 67 représente ce cadran élecrique.

Télégraphe imprimant. — On désigne, sous ce nom, un té-légraphe élec-

Fig. 67.

trique qui, à l'aide d'un mécanisme particulier, trace sur le papier, en caractères d'imprimerie ou autres, la dépêche envoyée. Le moyen qui permet d'atteindre ce résultat consiste à pousser, par la force électro-magnétique engendrée par la pile, une lettre ou caractère d'imprimerie recouvert d'encre, contre une bande de papier tournant continuellement d'un mouvement uniforme. Ce système n'est point en usage en Europe ; il est employé seulement sur un petit nombre de lignes aux États-Unis. Le télégraphe de Morse, aujourd'hui presque universellement adopté en Europe, remplit d'une manière suffisante l'office de télégraphe imprimant, puisqu'il marque sur le papier des traces suffisamment visibles et qui, d'après leur signification convenue, servent à composer des mots.

Télégraphe électrique sous-marin. — La science a réalisé une des merveilles des temps modernes en continuant au delà des terres les communications télégraphiques, au moyen de fils conducteurs déposés sur le fond du bassin des mers.

La télégraphie électrique sous-marine a présenté

longtemps des difficultés, par suite de l'insuffisance et de la cherté des différentes matières dont on pouvait faire usage pour obtenir l'isolement du fil au milieu de la masse, éminemment conductrice, des eaux de la mer. Ce n'est qu'en 1849 que la *gutta-percha*, substance apportée de la Chine, et qui constitue un excellent isolateur du fil électrique, permit de résoudre le problème de la télégraphie sous-marine.

Le 13 novembre 1851, on inaugurait le télégraphe sous-marin entre Douvres et Calais. Le conducteur était un câble métallique, souple et solide à la fois. Quatre fils de cuivre, contenus dans une gaine de gutta-percha, étaient entrelacés avec quatre cordes de chanvre, le tout étant réuni par un mélange de goudron et de suif : une corde de chanvre servait de fourreau au câble qui était fortement serré à l'extérieur avec des fils de fer. La *gutta-percha* offrait un moyen parfait pour l'établissement d'un fil télégraphique à travers les mers : car si les liquides conduisent bien l'électricité, la gutta-percha est une excellente substance isolante et, par conséquent, elle est très-propre à servir d'enveloppe pour un fil électrique sous-marin.

Le système de communication sous-marine a fait en peu d'années de rapides progrès. Des télégraphes sous-marins réunissent aujourd'hui l'Angleterre avec l'Irlande, la Hollande, la Belgique. Les deux continents d'Europe et d'Afrique sont réunis par un télégraphe électrique partant du littoral de la France, aboutissant à la Corse, franchissant le détroit de Bonifacio qui sépare la Corse de la Sardaigne, et plongeant alors dans les profondeurs de la Méditerranée, pour aller, sans aucune interruption, se rattacher à la côte d'Afrique, aux environs de Bone. En 1856, après l'entrée des armées alliées en Crimée, un câble électrique fut jeté à travers la mer Noire, entre Varna et Balaclava. C'est au moyen de ce câble, que les gouvernements anglais et français étaient informés instantanément, à Londres et à Paris, des mouvements des armées en présence. Admirables créations qui semblent les rêves d'une imagination puissante !

La longueur du câble télégraphique de Douvres à Calais est d'environ 30 kilomètres ; son diamètre d'environ 3 centimètres, et son poids total de 180 000 kilogrammes. Il est composé, comme le montre la figure 68, de quatre fils de cuivre entourés d'une couche isolante de gutta-percha ; ces fils sont ensuite réunis et recouverts par une enveloppe générale de même matière, et le tout est solidement fixé au moyen de dix gros fils de fer recouverts de zinc. Il est bon de remarquer que ces dix fils de fer ne sont d'aucune utilité pour la communication électrique ; ils sont là seulement pour protéger les fils conducteurs et leur enveloppe, ils donnent à l'ensemble une force suffisante pour résister aux causes extérieures de destruction.

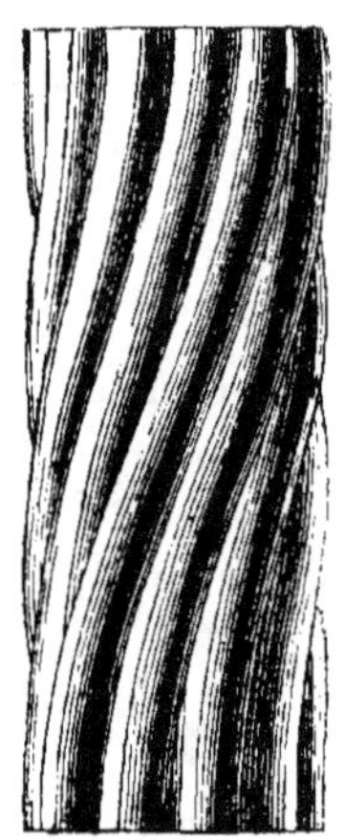

Fig. 68.

La figure 69 représente la section, ou la coupe, faite à l'intérieur du câble télégraphique de Douvres à Calais. On voit au milieu les quatre fils de cuivre qui sont les conducteurs du courant électrique, et au pourtour les dix fils de fer qui les protégent.

Fig. 69.

Le câble sous-marin d'Irlande, qui se rend de Holy-Head à Dublin, à travers 130 kilomètres de mer, ne contient qu'un seul fil de cuivre, tandis que sa cuirasse extérieure est composée de douze fils de fer assez minces ; aussi pèse-t-il dix fois moins, à longueur égale, que le conducteur de Douvres à Calais : son poids, par kilomètre, est seulement de 610 kilogrammes, et son poids total de 80 000 kilogrammes environ. Un seul jour a suffi pour le dérouler et l'étendre au fond de la mer.

Télégraphe transatlantique. — Une tentative grandiose a été faite en 1858 : c'est de relier par un câble sous-marin l'Europe et le continent américain. Ce câble avait 800 lieues de longueur; il était formé de sept fils de cuivre, tordus ensemble et protégés par une enveloppe de *gutta-percha* et de fils de fer.

On a parfaitement réussi à jeter ce câble au fond de l'Océan entre l'Irlande et l'île de Terre-Neuve, en Amérique; mais il n'a pu transmettre que pendant quelques jours le courant électrique, et l'on a dû renvoyer à une autre année une nouvelle tentative.

Un fait très-curieux se manifestera, lorsque le câble télégraphique mettra les deux mondes en communication instantanée : c'est la différence d'heure qui s'observera aux deux bouts opposés du câble, c'est-à-dire en Europe et en Amérique. Les dépêches envoyées d'Europe dans l'Amérique du Nord y arriveront six heures environ avant l'heure à laquelle on les aura expédiées de Paris ou de Londres. Un négociant français, par exemple, envoie une dépêche télégraphique à son correspondant aux États-Unis, à dix heures du matin : elle arrivera en Amérique à quatre heures du matin du même jour. Ce fait résulte de la différence des temps solaires, qui est d'environ six heures entre Paris et la Nouvelle-Orléans, par exemple, en raison de la différence des longitudes. Pour chaque lieu situé à 15 degrés de longitude à l'ouest, le soleil est en retard d'une heure; il s'ensuit que pour la Nouvelle-Orléans, qui est située à 90 degrés, c'est-à-dire à six fois 15 degrés à l'ouest du méridien de Paris, le soleil se lève six heures plus tard que pour nous.

On pourrait donc, en quelque sorte, dire que lorsque le câble transatlantique sera en fonction, les dépêches seront reçues en Amérique avant d'être parties d'Europe. Quels étranges résultats la science réalise autour de nous, et quel sujet continuel de surprise et d'admiration elle apporte à notre esprit !

XVIII

LA GALVANOPLASTIE.

La *Galvanoplastie* est une des applications les plus utiles qui aient été faites de la chimie aux opérations des arts. Elle permet d'obtenir par de simples dissolutions salines, et grâce à l'action de l'électricité, des objets métalliques en cuivre, argent et or, que l'on n'avait pu produire jusqu'ici que par le travail du ciseau ou par la fonte de la matière métallique.

Opérations pratiques de la galvanoplastie. — La galvanoplastie a pour but de reproduire un objet quelconque, en cuivre, argent, or, ou tout autre métal. Pour obtenir cette reproduction, on opère sur un moule pris sur l'original à reproduire. Le dépôt de cuivre, d'or ou d'argent, s'obtient en décomposant, par le courant électrique d'une pile voltaïque, une dissolution du sel contenant le métal à déposer : une dissolution de sulfate de cuivre, s'il s'agit de provoquer un dépôt de cuivre; une dissolution d'un sel d'argent ou d'un sel d'or, si l'on veut obtenir par la pile une reproduction en argent ou en or. Nous avons donc à considérer, pour décrire les opérations pratiques de la galvanoplastie : 1° la manière de préparer le moule; 2° la manière d'effectuer dans ce moule la précipitation du métal par le courant électrique.

Préparation du moule. — La matière qui sert aujourd'hui presque exclusivement pour obtenir le moule destiné à la reproduction de l'original, c'est la *gutta-percha*. Cette substance offre les plus précieuses qualités pour servir à cette opération, car elle se ramol-

lit par la chaleur, et elle prend avec la plus grande
facilité les formes d'un objet, quand, après l'avoir ramollie par la chaleur, on l'applique avec une légère
pression contre le modèle à reproduire. Par cette
pression, la *gutta-percha*, matière éminemment plastique, pénètre dans tous les creux de l'original. Après
le refroidissement, grâce à son élasticité, on l'arrache très-facilement du modèle, dont elle conserve
tous les détails avec une exquise fidélité.

Mais la gutta-percha, qui forme le moule galvano-
plastique, est une matière qui ne conduit point l'électricité; par conséquent, elle ne donnerait pas passage
au courant de la pile destiné à décomposer le sulfate
de cuivre. Il faut donc rendre sa surface intérieure
conductrice de l'électricité. On y parvient en recouvrant,
à l'aide d'un pinceau, l'intérieur du moule, de *plombagine* réduite en poudre, substance qui conduit fort bien
l'électricité et donne à la gutta-percha, sur laquelle elle
est appliquée, la conductibilité électrique qui est indispensable pour l'opération.

Au lieu de *gutta-percha*, on se sert quelquefois d'autres
matières plastiques, savoir : la gélatine appliquée à chaud
et arrachée du moule après le refroidissement; le
plâtre, qui prend très-bien les empreintes; enfin, la cire
à cacheter. Toutes ces matières ne conduisant pas l'é-
lectricité, il est toujours indispensable de recouvrir intérieurement le moule qu'elles ont fourni, d'une légère
couche de plombagine en poudre, qui rend conductrice
sa surface intérieure.

**Manière d'effectuer le dépôt métallique dans l'inté-
rieur du moule.** — Le moule étant ainsi préparé et rendu
conducteur, il reste à provoquer dans son intérieur le
dépôt du métal. A cet effet, on attache le moule au pôle
négatif d'une pile de Bunsen, formée d'un ou deux
couples, selon le volume ou le nombre de pièces placées
dans le même bain, et on dépose ce moule dans une cuve
de bois contenant une dissolution de sulfate de cui-

vre [1], les fils conducteurs plongeant seuls dans le bain, comme le montre la figure 70.

Par l'action décomposante du courant électrique, le sel de cuivre est décomposé, son oxyde est réduit en ses éléments cuivre et oxygène, l'oxygène se porte au pôle positif et se dégage dans l'air; le cuivre se porte au pôle négatif et se précipite à l'état métallique. Comme le moule de gutta-percha est attaché au fil négatif de la pile, c'est dans son intérieur que s'effectue la précipitation du

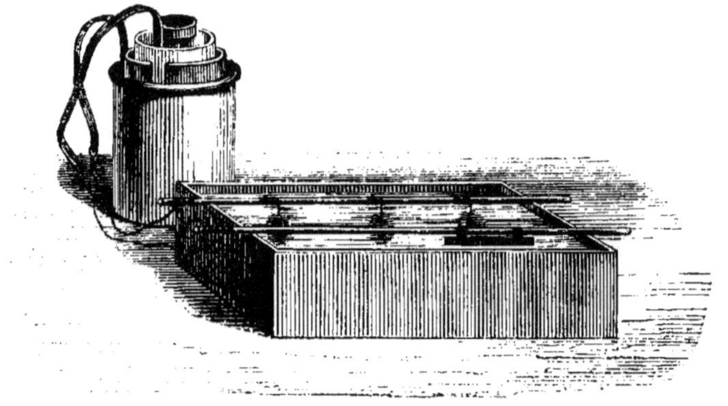

Fig. 70.

métal, et les creux du moule se trouvent ainsi, au bout de quelques heures, remplis d'un dépôt de cuivre. Ce dépôt augmentant sans cesse par l'action continue du courant électrique qui décompose le sulfate de cuivre, la capacité intérieure du moule se trouve bientôt occupée tout entière par un dépôt de métal, qui reproduit avec une fidélité extraordinaire les détails les plus délicats du moule.

1. Comme cette dissolution finirait par s'épuiser, on a la précaution de placer au sein de la liqueur, un sac contenant des cristaux de sulfate de cuivre qui se dissolvent dans l'eau à mesure qu'une partie du sel dissous est détruite par le courant, et qui, de cette manière, entretiennent toujours le bain au même état de saturation.

Au bout de trois ou quatre jours, le moule étant entièrement recouvert et le dépôt métallique ayant pris toute l'épaisseur que l'on a jugé nécessaire de lui donner, on le retire du bain, on détache le dépôt du moule auquel il n'adhère que faiblement, et l'on obtient ainsi une reproduction extrêmement fidèle de l'original.

Le cuivre n'est pas le seul métal qui puisse servir aux reproductions galvanoplastiques. On peut, par des opérations toutes semblables, obtenir des dépôts en argent et en or, en faisant agir le courant de la pile sur des dissolutions de sels d'argent ou d'or.

Applications de la galvanoplastie. — La galvanoplastie a déjà reçu des applications fort étendues. Elle permet d'obtenir la reproduction des médailles, et de multiplier ainsi à peu de frais des types rares ou précieux. On en fait une application plus importante en reproduisant des statuettes, des bas-reliefs, diverses figurines d'art. On a essayé d'obtenir par ce moyen des statues de grandes dimensions, en prenant à part la reproduction de différentes parties de la statue, et réunissant ensuite ces parties pour en composer la statue entière. Cette application importante de la galvanoplastie a déjà donné de bons résultats, et elle est appelée, dans l'avenir, à remplacer le mode actuel, c'est-à-dire la fusion du métal de la statue dans un moule de sable.

Ajoutons que l'art de la typographie et celui de la gravure ont déjà reçu de très-importants services des procédés galvanoplastiques. La galvanoplastie vient aujourd'hui sérieusement en aide à l'art de l'imprimerie, en permettant de reproduire les matrices de caractères rares et épuisés. On peut aussi tirer par les mêmes moyens plusieurs types des gravures sur cuivre en relief, qui servent à imprimer les figures par le tirage typographique dans le texte des livres imprimés.

L'art de la gravure tire un parti avantageux de la galva
noplastie, parce qu'il est devenu facile, grâce à ses procédés, d'obtenir plusieurs reproductions semblables d'une
planche de cuivre gravée. Une planche de cuivre exécutée
par le burin du graveur est hors d'usage au bout d'un tirage plus ou moins long Mais la galvanoplastie donne le
moyen, avec cette première planche sortant des mains de
l'artiste, de tirer plusieurs reproductions toutes semblables au type primitif. De cette manière, on n'a plus à
craindre l'usure de la planche, puisqu'on ne fait point
le tirage sur la planche elle-même, mais sur des types
identiques fournis par cette planche, qui devient alors,
pour ainsi dire, éternelle. Si l'on eût possédé la galvanoplastie aux siècles derniers, on aurait pu conserver
les planches qui ont servi à tirer les belles gravures du
xviie et du xviiie siècle, et qui n'existent plus depuis
longtemps.

Origine de la galvanoplastie. — La galvanoplastie
doit son origine à l'étude chimique de la pile de Volta.
Dès que l'expérience eut appris que les courants électriques ont la propriété de décomposer les sels et d'en
précipiter le métal, on songea à tirer parti de ce fait
pour obtenir des dépôts métalliques à l'aide d'un
courant électrique. Brugnatelli, physicien de Padoue,
élève de Volta, a le premier, en 1807, fait connaître la
manière d'obtenir par la pile des dépôts d'or et d'argent. Mais la galvanoplastie n'a été créée que vers 1837,
par les travaux de MM. Spencer en Angleterre, et Jacobi
en Russie.

XIX.

LA DORURE ET L'ARGENTURE ÉLECTRO-CHIMIQUES.

Historique. — La dorure et l'argenture des métaux s'obtenaient autrefois par l'intermédiaire du mercure. Pour dorer ou argenter le cuivre, le bronze, ou le zinc, on préparait un amalgame d'or ou d'argent, c'est-à-dire une combinaison de mercure et d'or pour la dorure, de mercure et d'argent pour l'argenture. Avec cet amalgame on barbouillait, au moyen d'un pinceau, la pièce à dorer ou à argenter ; on l'exposait ensuite au feu : la chaleur volatilisait le mercure tandis que l'or ou l'argent restaient appliqués sur la pièce.

Ce procédé de dorure était une source de dangers pour les opérateurs. La vapeur de mercure se répandait dans les ateliers, et l'atmosphère chargée de vapeurs mercurielles étant respirée par les ouvriers, était pour eux la cause de graves maladies, en particulier de celle que l'on désigne sous le nom de *tremblement mercuriel*. La découverte de la *dorure et de l'argenture par la pile* a fait disparaître, au grand bénéfice de l'humanité, la meurtrière industrie de la *dorure par les amalgames.*

La dorure électro-chimique, qui a été imaginée en 1841 par un chimiste français, M. de Ruolz, est une application des plus heureuses des procédés galvanoplastiques. La dorure et l'argenture électro-chimiques ne sont autre chose, en effet, qu'une opération de galvanoplastie, dans laquelle on emploie au lieu de moule le métal à argenter ou à dorer. La pile, le bain, et tout ce que nous avons décrit en parlant de la galvanoplastie, servent, sans aucune modification, pour les opérations de la dorure et de l'argenture électro-chimiques. La seule difficulté c'est le choix du sel d'or ou d'argent à employer.

Description de l'opération. — Pour dorer par la pile un objet métallique en cuivre ou en bronze, on attache l'objet à dorer au pôle négatif d'une pile de Bunsen, dans un appareil semblable à celui qui est représenté par la figure 70 (page 200). Le bain renferme du cyanure d'or dissous dans le cyanure de potassium. On met la pile en action, et, par l'influence du courant, le cyanure d'or se décompose : le cyanogène se dégage au pôle positif, l'or se précipite au pôle négatif, et vient recouvrir l'objet attaché au fil terminant ce pôle; l'objet est ainsi doré. L'opération ne dure que quelques minutes. Si on veut obtenir une dorure d'une certaine épaisseur, on prolonge la durée du séjour de la pièce dans le bain. Après cet intervalle, on retire du bain la pièce dorée, il ne reste, pour lui donner le brillant de la dorure, qu'à la *brunir*, c'est-à-dire à la frotter avec un morceau d'agathe ou d'un autre corps dur.

Argenture par la pile. — En remplaçant le cyanure d'or par du cyanure d'argent, et dissolvant ce cyanure d'argent dans du cyanure de potassium, on obtient un bain qui, sous l'influence décomposante de la pile, argente les métaux avec la plus grande facilité. On conduit l'opération comme pour la dorure, et l'on obtient à la surface des corps, placés dans le bain, un dépôt d'argent qu'il suffit de brunir pour lui donner le plus brillant éclat.

Dépôt de divers métaux les uns sur les autres. — L'or et l'argent ne sont pas les seuls métaux que la galvanoplastie permette de déposer en mince couche sur un autre métal. Au moyen de dissolutions salines convenables, on peut précipiter divers métaux les uns sur les autres. On peut obtenir de cette manière le dépôt du platine, du plomb, du cobalt, du nickel, etc., sur d'autres métaux. Ces applications n'ont pas été faites jusqu'ici sur une grande échelle, parce que l'utilité de ce *platinage, zinguage, plombage*, etc., ne s'est pas manifestée dans les arts ou dans l'industrie. Mais la réalisation pratique de ces dépôts métalliques n'offrirait aucune difficulté.

Vaisselle argentée et dorée par les procédés électrochimiques. — L'application la plus importante qui ait encore été faite de l'argenture et de la dorure électrochimiques, consiste dans la préparation de la vaisselle argentée ou dorée par la pile. Cette opération occupe une place considérable dans l'industrie moderne. Les couverts argentés par la voie galvanique sont d'un très-grand usage en Angleterre, en France et dans le reste de l'Europe. Pour un prix modique, chacun peut se procurer aujourd'hui les avantages hygiéniques et l'agrément qui résultent de l'emploi de l'argent pour les besoins domestiques. Lorsque la couche d'argent a été enlevée par quelques années d'usage, on les fait recouvrir d'une nouvelle couche du même métal par le courant voltaïque.

C'est ainsi que les sciences remplissent une bienfaisante mission, en mettant à la portée du plus grand nombre les avantages et les jouissances utiles qui n'étaient jusqu'à ces derniers temps que l'apanage privilégié des personnes favorisées de la fortune.

XX.

L'HORLOGE ÉLECTRIQUE.

C'est une des plus belles merveilles scientifiques de notre époque, que l'invention qui a permis de marquer par l'électricité les divisions du temps, de faire répéter au même instant les indications d'une horloge par un grand nombre de cadrans semblables, sur toutes les places d'une ville, dans toutes les salles d'un édifice, dans toutes les chambres d'une maison ou d'une fabrique. Tel est le résultat extraordinaire qu'a réalisé de nos jours la découverte de l'horlogerie électrique. Au moyen d'une seule pendule régulatrice, on peut indiquer l'heure, la minute, la seconde en divers lieux séparés par de grandes distances. Les différents cadrans, reliés entre eux par le fil conducteur d'une pile voltaïque partant de l'horloge directrice, réfléchissent, comme autant de miroirs, les mouvements des aiguilles de cette horloge. Dans une ville, par exemple, l'horloge d'une église peut répéter son heure, sa minute, sur cent cadrans séparés et distants entre eux. On peut, en un mot, par d'invisibles conduits, distribuer les indications de la mesure du temps comme, dans nos grandes villes, on distribue la lumière et l'eau par des canaux souterrains.

Quels sont les moyens qui permettent de faire marcher, par l'action d'un courant électrique, les aiguilles d'un ou de plusieurs cadrans éloignés en leur faisant reproduire les mouvements d'une horloge unique ? C'est ce que nous allons essayer de faire comprendre.

Comme on l'a vu, dans le chapitre de cet ouvrage consacré à l'horlogerie, une horloge se réduit à deux éléments principaux : le ressort moteur ou *spiral* et le *balancier* ou *pendule* qui, par l'uniformité de ses mouvements, est destiné à régulariser l'action du ressort moteur. Le principe sur lequel repose la construction de l'horloge électrique, c'est de transmettre à distance les divisions du temps en transportant à un point éloigné chaque oscillation du balancier. Mais comment faire répéter, à distance, les battements du pendule d'une horloge? Voici l'artifice qui permet d'atteindre ce résultat.

A chaque extrémité de la course circulaire du balancier ou pendule d'une horloge, on place deux petites lames métalliques que ce balancier vient toucher alternativement à chacune de ses oscillations périodiques. Chacune de ces petites lames est attachée à l'un des bouts du fil conducteur d'une pile voltaïque, de telle sorte que, quand on fait communiquer entre elles par un corps conducteur ces deux petites lames métalliques, le courant électrique s'établit et parcourt toute l'étendue du fil conducteur, en comprenant l'horloge elle-même dans son circuit.

Cette communication s'établit nécessairement toutes les fois que le balancier de l'horloge, qui est formé d'un métal, c'est-à-dire d'un excellent conducteur de l'électricité, vient se mettre en contact avec les petites lames métalliques disposées à l'extrémité de sa course, et qui communiquent elles-mêmes avec le fil conducteur de la pile. Établi de cette manière par le contact du balancier avec les petites lames métalliques, le courant est interrompu dès que le balancier quitte cette position dans chacune de ses oscillations périodiques. On comprend donc qu'à chacune des oscillations du balancier, il y aura successivement établissement et rupture du courant voltaïque. Maintenant, si le fil conducteur de la pile qui part de l'horloge régulatrice, est mis en communication, à une distance quelconque, avec un simple cadran dépourvu de tout

mécanisme d'horlogerie et simplement réduit aux deux
aiguilles du cadran, et que ce fil s'enroule derrière ce
cadran autour d'un petit électro-aimant qui, en se char-
geant d'électricité, peut attirer une petite lame de fer,
c'est-à-dire une *armature* placée en face de lui, voici
ce qui doit nécessairement arriver. Quand le balancier
de l'horloge régulatrice, par ses oscillations successives, établit le courant électrique et fait passer l'électricité à travers ces deux cadrans compris dans le
même circuit, l'électro-aimant du cadran placé à distance, devenant actif, attire la petite armature, qui se
trouve en face de lui. Cette armature étant ainsi mise
en mouvement, pousse, au moyen d'un petit mécanisme nommé *rochet*, la roue des aiguilles de ce cadran, et, par le mouvement de cette roue, fait avancer
d'un pas l'aiguille de ce cadran. Mais la seconde oscillation du balancier de l'horloge régulatrice ayant interrompu le passage de l'électricité dans ce système,
l'électro-aimant du cadran éloigné ne recevant plus de
fluide électrique retombe dans l'inactivité, son armature, repoussée par un faible ressort, reprend sa
place primitive, et maintient immobile l'aiguille de son
cadran, jusqu'à ce qu'une nouvelle oscillation de l'horloge-type, rétablissant de nouveau le courant, vienne,
par le mécanisme expliqué plus haut, imprimer un
nouveau mouvement à la roue des aiguilles et la faire
avancer d'un second pas sur le cadran. Comme le
balancier de l'horloge-type bat la seconde, c'est-à-
dire exécute son oscillation dans l'intervalle d'une seconde, on voit que le cadran éloigné répète et réfléchit
à chaque seconde les mouvements de l'aiguille du
cadran de l'horloge régulatrice et comme lui bat la seconde.

Nous avons supposé que l'horloge régulatrice est en
communication avec un seul cadran ; mais il est évident que ce qui vient d'être dit pour un seul cadran reproduisant les indications d'une horloge-type, peut

s'appliquer à un nombre quelconque de cadrans semblables compris dans le même circuit voltaïque, avec
la seule précaution d'augmenter, dans une proportion
convenable, l'énergie de la pile destinée à faire circuler l'électricité dans tout le système.

On voit, en résumé, qu'avec une seule horloge-type,
on peut faire marcher les aiguilles d'un certain nombre de cadrans placés à distance, qui tous fournissent
des indications conformes entre elles et identiques à
celles de l'horloge-type.

Si l'on a bien compris les explications qui précèdent,
on aura reconnu que l'horloge électrique n'est qu'une
ingénieuse et belle application de la télégraphie électrique. Le même moyen physique qui sert à tracer des
signes à distance avec le télégraphe électrique américain, permet aussi de télégraphier le temps, c'est-à-
dire de marquer ses divisions. En effet, quand on fait
fonctionner le télégraphe électrique de Morse [1], c'est la
main de l'opérateur qui, à l'une des stations, établissant et interrompant le courant électrique, met en action, malgré la distance, l'électro-aimant de la station
opposée. Dans l'horloge électrique, le balancier d'une
horloge remplace la main de l'employé du télégraphe,
et, par ses oscillations successives, établit et interrompt le
courant à intervalles égaux, de manière à transmettre
à distance les divisions du temps, c'est-à-dire de faire
battre la sconde.

Cette belle application du principe de la télégraphie
électrique a été réalisée pour la première fois, en 1839,
par un physicien de Munich, M. Steinheil. En 1840,
M. Wheatstone, à qui l'on doit la création et l'établissement en Angleterre de la télégraphie électrique, construisit à Londres une horloge électrique fondée sur le
principe qui vient d'être exposé. Au moyen d'une pen-
dule-type, il faisait répéter en différents lieux éloi-

______

1. Voy. page 190, fig. 65.

gnés les uns des autres l'heure et la minute de cette horloge.

Le premier essai pratique pour l'application de l'horlogerie électrique dans une grande ville, a été fait à Leipzig, en 1850, par un mécanicien, M. Storer, de concert avec un horloger de la même ville, M. Scholle.

L'horlogerie électrique commence à se répandre dans quelques villes de l'Europe, bien que l'on ne soit pas encore parvenu à vaincre d'une manière suffisante les difficultés que l'on rencontre quand on veut multiplier les cadrans et les placer à une assez grande distance les uns des autres.

L'horlogerie électrique fonctionne depuis plusieurs années dans la ville de Gand, en Belgique ; les cadrans électriques, au nombre de plus de cent, sont placés dans les lanternes à gaz. Ces horloges communiquent entre elles par un fil conducteur du courant électrique, qui les relie toutes à l'horloge-type. En 1856, un certain nombre d'horloges électriques ont été placées, avec les mêmes dispositions, dans la ville de Marseille.

Dans l'intérieur des gares de plusieurs de nos chemins de fer, des cadrans électriques distribuent l'heure dans plusieurs salles séparées. Ce système existe en particulier dans les gares des chemins de fer de l'Ouest, du Nord et du Midi.

Quelques difficultés pratiques s'opposent encore à l'adoption générale de l'horlogerie électrique ; mais de nouveaux perfectionnements apportés à son mécanisme, permettront sans doute bientôt de transporter d'une manière générale dans nos usages cette invention remarquable.

XXI

LES DIVERS MOYENS D'ÉCLAIRAGE.

Nous allons parcourir et décrire rapidement les divers moyens d'éclairage dont on a fait usage depuis les temps anciens jusqu'à nos jours.

L'ÉCLAIRAGE CHEZ LES ANCIENS.

Des branches de différents bois résineux, c'est-à-dire des torches, furent le premier moyen dont les hommes firent usage pour s'éclairer. Aujourd'hui encore, chez différentes peuplades sauvages, la combustion des bois résineux est le seul moyen qui serve à se procurer de la lumière.

Dans la civilisation ancienne, l'huile et la cire furent les premiers corps employés à l'éclairage. Les peuples indiens, tous les habitants de la Haute-Asie, les Égyptiens et les Hébreux, ont fait usage, dès la plus haute antiquité, de *lampes* servant à la combustion de l'huile. On possède les modèles d'un nombre considérable de formes variées de lampes provenant des Égyptiens, des Romains et des Grecs. Mais tous ces appareils étaient fondés sur le même principe : la combustion de l'huile au moyen d'une mèche de coton plongeant dans ce liquide, qui s'élevait le long de cette mèche par l'effet de la force connue sous le nom de *capillarité*.

L'emploi dans l'éclairage, du suif, c'est-à-dire de la graisse qui s'accumule autour du tube intestinal chez le mouton, est bien postérieur à celui de l'huile et de la cire. Les chandelles de suif ont été employées pour la

première fois, en Angleterre, au xii° siècle; on n'en fit
usage en France qu'en 1370, sous Charles V.

ÉCLAIRAGE PAR LES HUILES.

**Perfectionnement de l'éclairage à l'huile dans les
temps modernes.** — L'éclairage par les corps gras liquides, c'est-à-dire au moyen des lampes, n'avait pas
fait le plus léger progrès depuis l'origine des sociétés
jusqu'à la fin du dernier siècle, lorsque, à cette époque,
un physicien de Genève, nommé Argand, inventa la
cheminée de verre et les mèches circulaires de coton.
Par ces nouvelles dispositions, la combustion de l'huile
était parfaite et donnait le plus vif éclat possible en
raison de l'afflux considérable d'air appelé autour de
la flamme. Cette invention mémorable porta tout d'un
coup presque à sa perfection l'art de l'éclairage au
moyen des lampes. Le *quinquet*, c'est-à-dire la lampe à
réservoir d'huile supérieur au bec, fut le premier appareil d'éclairage qui reçut l'application des cheminées de
verre et des mèches circulaires imaginées par Argand.

Découverte de la lampe mécanique. Lampe Carcel.
— Le *quinquet* et quelques autres appareils semblables,
dans lesquels le réservoir d'huile était placé à un niveau
supérieur au bec où s'effectue la combustion, avaient
l'inconvénient de projeter une ombre provenant du réservoir placé latéralement. Divers essais furent entrepris, au début de notre siècle, pour faire disparaître ce
défaut. Le problème avait été jusque-là assez imparfaitement résolu, lorsque l'horloger Carcel inventa,
en 1800, l'admirable lampe qui porte son nom.

Pour éviter toute projection d'ombre, éclairer circu-
lairement toutes les parties d'un appartement, et en
même temps pour alimenter d'huile d'une manière continue la mèche où s'accomplit la combustion, Carcel
plaça le réservoir d'huile à la partie inférieure de la
lampe, et provoqua l'ascension de l'huile jusqu'à la

mèche, par un mécanisme d'horlogerie faisant mouvoir une petite pompe foulante qui élevait l'huile dans un tube vertical et la conduisait jusqu'au bec. Au moyen d'une clef, on tendait le ressort du mouvement d'horlogerie.

La lampe Carcel est la plus parfaite de toutes les lampes mécaniques qui aient été construites. Elle est encore très en usage de nos jours et n'a reçu que des perfectionnements fort secondaires. Carcel est mort en 1812, sans avoir retiré de bénéfices de son importante création.

Lampe à modérateur. — Cet appareil d'éclairage a été imaginé en 1836, par un mécanicien français, M. Franchot. C'est une lampe plus économique que celle de Carcel, mais qui lui est inférieure sous le rapport de la perfection et de la durée du mécanisme. Dans cette lampe, devenue aujourd'hui d'un usage universel par son bas prix, le mouvement d'horlogerie de la lampe Carcel est remplacé par un simple ressort à boudin, que l'on tend au moyen d'une clef. Un piston est attaché à la partie supérieure du ressort à boudin ; par la détente de ce ressort, le piston exerce une pression sur l'huile et la force de s'élever dans l'intérieur d'un tube vertical plongeant dans le réservoir et aboutissant au bec où la combustion s'effectue.

Le nom de *lampe à modérateur* a été donné à cet appareil, parce qu'il existe dans l'intérieur du tube d'ascension de l'huile une tige métallique qui suit les mouvements du piston, et qui, selon la hauteur qu'elle occupe dans l'intérieur de ce tube d'ascension, sert à rendre toujours la même la quantité d'huile qui arrive jusqu'au bec. Cette tige a pour effet de régulariser et de rendre uniforme le mouvement ascensionnel de l'huile pendant toute la durée de la détente du ressort, dont le mouvement n'est pas uniforme, car il décroît d'intensité, comme celui de tous les ressorts, à mesure qu'il arrive à sa fin. La tige métallique ou *modérateur* est fixée au piston, et par conséquent le suit dans tous ses mouvements. Au début, c'est-à-dire pendant les premiers temps de la détente du ressort, cette tige remplit presque toute la capacité intérieure du tube d'ascension de l'huile, et, dès lors, oppose au passage du liquide un obstacle qui a pour résultat de diminuer la quantité d'huile portée à la mèche. Mais à mesure que le piston descend, cette tige, qui descend avec lui, laisse au passage de l'huile un espace qui devient progressivement plus grand, et permet l'arrivée d'une quantité d'huile de plus en plus considérable. Ainsi, l'abaissement progressif de cette tige dans l'intérieur du tube d'ascension, dont elle occupait d'abord presque toute la capacité, a pour résultat de compenser l'affaiblissement que subit la force du ressort moteur à mesure qu'il se détend, puisque l'abaissement de cette tige augmente le volume du conduit qui donne accès à l'huile. Cette tige métallique porte donc, à juste titre, le nom de *compensateur* ou de *modérateur*.

ÉCLAIRAGE AU GAZ.

Historique. — C'est vers l'année 1820 que se répandit et commença à se généraliser en France un système nouveau d'éclairage qui devait bientôt produire une révolution complète dans les habitudes du public, réaliser une importante économie dans l'emploi des combustibles éclairants, et ajouter au bien-être de tous en répandant à profusion et à bon marché une lumière pure et éclatante.

Quelques détails historiques sur l'origine et les progrès de l'éclairage au gaz ne seront pas de trop ici. Bien que les débuts de l'éclairage au gaz ne datent, en France, que de l'année 1820, un grand nombre de tentatives avaient été faites avant cette époque dans la même direction. Ce sont ces travaux préliminaires que nous devons faire connaître.

Philippe Lebon invente l'éclairage au gaz. — On savait, dès la fin du XVIII° siècle, que la houille ou charbon de terre, quand on la soumet, dans un vase fermé, à l'action du calorique, laisse dégager un gaz susceptible de s'enflammer. Mais, jusqu'à la fin du xviiie siècle, on n'avait tiré aucun parti de cette observation. En 1786, un ingénieur français, Philippe Lebon, né vers 1765, à Brachet (Haute-Marne), eut l'idée de faire servir à l'éclairage les gaz provenant de la distillation du bois, gaz inflammables et qui sont doués d'un certain pouvoir éclairant.

En 1789, Philippe Lebon prit un brevet d'invention pour un appareil nommé *thermolampe ou poêle qui chauffe et éclaire avec économie*, qu'il voulait faire adopter comme un meuble de ménage. Pour obtenir le gaz, il plaçait dans une grande caisse métallique des bûches de bois qu'il soumettait à une haute température. Le bois, en se décomposant, donnait naissance à des gaz inflammables, à des matières empyreumatiques, à du vinaigre et à de l'eau. La chaleur du fourneau devait servir à décomposer le bois, et le gaz produit par cette décomposition du bois, à éclairer les appartements. C'est au Havre que Lebon tenta d'établir ses premiers *thermolampes*. Mais le gaz qu'il préparait était peu éclairant et répandait une odeur désagréable, parce qu'il n'était pas épuré. Aussi ses expériences eurent-elles peu de retentissement. Lebon revint à Paris. Pour donner au public un spécimen de ce nouveau mode d'éclairage, les jardins et ses appartements dans la rue Saint-Dominique furent éclairés par le gaz retiré de la houille. Mais ce gaz encore était impur, fétide, et sa combustion donnait naissance à des produits nuisibles. Lebon fut contraint d'abandonner une entreprise qui l'avait ruiné.

Murdoch et Winsor. — En 1798, un ingénieur anglais, Murdoch, qui connaissait les résultats obtenus à Paris par Philippe Lebon, éclaira au gaz retiré de la houille le bâtiment principal de la manufacture de James Watt. En 1805 seulement, la manufacture entière reçut ce mode d'éclairage ; mais le gaz était encore fort mal épuré.

Quelque temps après, un Allemand nommé Winsor forma, en Angleterre, une société industrielle pour l'application du gaz à l'éclairage public. C'est à l'insistance infatigable de Winsor que nous devons l'adoption de l'éclairage au gaz. En 1823, il existait à Londres plusieurs compagnies riches et puissantes, et celle de Winsor, protégée par le roi Georges III, avait posé à elle seule cinquante lieues de tuyaux conducteurs sous le pavé des rues.

En 1815, Winsor s'occupa d'introduire en France cette magnifique industrie. Mais il eut à soutenir de terribles luttes contre les intérêts que menaçait cette invention nouvelle. Il y succomba et se ruina.

Grâce à la protection de Louis XVIII, l'éclairage au gaz fut repris à Paris quelques années après, et l'entreprise ne tarda pas à être couronnée de succès.

On voit, en résumé, en ce qui concerne l'invention de l'éclairage au gaz, que la France a eu la gloire de concevoir ce que l'Angleterre a eu le mérite d'exécuter. L'inventeur de ce nouveau mode d'éclairage, Philippe Lebon, est mort à Paris en 1802, pauvre, presque inconnu et sans avoir retiré le moindre avantage du fruit de ses longs efforts.

Composition du gaz de l'éclairage. — Le gaz de l'éclairage se compose essentiellement d'hydrogène bicarboné, gaz qui résulte de l'union ou, comme on le dit en chimie, de la combinaison, du charbon avec l'hydrogène, corps simple gazeux. Toutes les substances qui renferment une notable quantité de charbon et d'hydrogène fourniraient, si on les chauffait fortement, des gaz inflammables doués d'un certain pouvoir éclairant. Les matières organiques qui présentent cette composition, comme l'huile, la tourbe, la résine, les graisses, pourraient donc servir à fabriquer un gaz éclairant. Mais on se sert de préférence de la houille parce qu'elle laisse comme résidu, après sa combustion, une grande quantité d'un charbon très-recherché, le *coke*, qui suffit à couvrir le prix d'achat de la houille.

Préparation du gaz. — Pour obtenir le gaz de la houille, on place cette matière dans des cylindres de fonte ou de terre nommés *cornues*, disposés au nombre de trois ou de cinq dans un fourneau de briques, que l'on chauffe très-fortement. Les éléments qui constituent la houille se séparent; il se forme du goudron, des huiles empyreumatiques, des sels ammoniacaux et divers gaz. Parmi ces gaz nous citerons : l'hydrogène pur, l'ammoniaque, l'hydrogène bicarboné, l'hydrogène sulfuré, ce gaz infect dont tout le monde connaît l'odeur et qu'exhalent les œufs pourris et les fosses d'aisance; enfin le gaz acide carbonique, ce composé gazeux qui donne à l'eau de Seltz sa piquante saveur.

Quand il est souillé par ces divers produits, le gaz provenant de la distillation de la houille est peu éclairant; il exerce une action délétère sur nos organes; il altère la couleur des étoffes; il attaque les métaux et les peintures à base de plomb. Ces effets fâcheux sont dus à l'ammoniaque, aux huiles empyreumatiques et surtout à l'hydrogène sulfuré, qui en brûlant donne du gaz acide sulfureux; il importe donc de se débarrasser de ces derniers produits, en ne conservant que l'hydrogène bicarboné, le seul gaz qui soit d'un effet utile pour l'éclairage.

Pour y parvenir, on fait arriver tous les produits de la décomposition de la houille dans des tuyaux plongeant dans une boîte de fonte qui porte le nom de *barillet*, sous une couche d'eau de quelques centimètres. Les sels ammoniacaux se dissolvent dans l'eau, en même temps que le goudron s'y condense. On dirige ensuite le gaz dans un nouvel appareil appelé *dépurateur*, où il traverse des tamis chargés de chaux pulvérulente et humectée d'eau. Cette substance enlève au gaz l'acide carbonique et l'hydrogène sulfuré, dont il était si important de le débarrasser. Néanmoins l'épuration n'est jamais complète et le gaz conserve toujours une odeur un peu fétide. Purifié par les moyens que nous venons d'indiquer, il est amené dans un réservoir destiné à le contenir et qu'on nomme *gazomètre*.

Gazomètre. — Cet appareil se compose de deux parties : la cuve destinée à recevoir l'eau, et la cloche dans laquelle on emmagasine le gaz. Les cuves sont creusées dans le sol et revêtues d'un ciment que l'eau ne peut pénétrer. La cloche, recouverte d'une couche épaisse de goudron, est formée de plaques de tôle très-forte. Une chaîne adaptée à la cloche glisse sur deux poulies, et porte, à son extrémité, des poids qui font à peu près équilibre au gazomètre. Cette dernière disposition permet à la cloche de monter et de descendre facilement dans la cuve. De cette manière, le gaz n'est pas soumis à une trop forte pression, qui aurait pu provoquer des fuites ou gêner la décomposition de la houille jusque dans les cornues.

La figure suivante donne l'aperçu en raccourci des

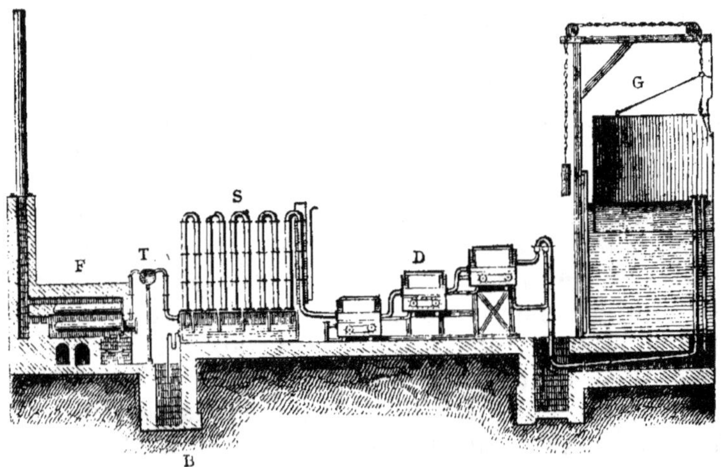

Fig. 71.

appareils qui servent à préparer le gaz de la houille. F est le fourneau contenant les cornues de terre pleines de houille soumise à l'action de la chaleur; T est le tube qui amène le gaz provenant de la décomposition de la houille; **B** le *barillet* où le gaz se dépouille du goudron et des produits solubles dans l'eau; **S** une série de conduits de fonte plongeant dans l'eau par leur partie inférieure, rayonnant librement dans l'air, et qui ont pour objet de refroidir le gaz qui est arrivé très-chaud des cornues; **D** est le *dépurateur à chaux* composé d'une série de trois dépurateurs semblables que le gaz doit traverser successivement; **G** le gazomètre ou réservoir de gaz.

A sa sortie du gazomètre, un large tuyau amène le gaz aux conduits de distribution qui sont en fonte. Les tubes des embranchements et ceux qui introduisent le gaz dans l'intérieur des maisons, sont en plomb.

Becs. — Par un petit tube conducteur qui s'embranche sur le conduit principal, le gaz est amené dans un double cylindre creux, aboutissant à une petite couronne métallique, percée ordinairement de vingt trous qui donnent issue à 120 ou à 150 litres de gaz par heure. Telle est, en général, la forme des becs, dans l'intérieur des maisons. Ceux qui servent à éclairer les rues, sont formés d'un petit tube épais, percé d'une fente étroite. Le gaz qui sort par cette fente, s'étale en une lame mince et produit une flamme qui ressemble à l'aile d'un papillon.

Cause de l'éclat du gaz de l'éclairage. — C'est ici le lieu de donner une explication du grand pouvoir éclairant propre au gaz de l'éclairage.

Un gaz n'est jamais éclairant par lui-même, mais bien par le dépôt d'un corps solide qui se fait dans l'intérieur de sa flamme. Ainsi l'hydrogène pur, en brûlant, donne une flamme très-pâle et presque invisible, parce que sa combustion ne donne lieu à aucun dépôt de matière solide, la vapeur d'eau étant le seul produit qui résulte de sa combustion. Au contraire, la flamme de l'hydrogène bi-carboné est très-vive, parce que l'hydrogène bi-carboné laisse en brûlant un petit dépôt de charbon, lequel restant quelque temps contenu au sein de la flamme avant d'être brûlé, y devient lumineux à cause de sa haute température. Le gaz emprunte à ce corps étranger séjournant quelques instants dans la flamme, sa propriété lumineuse.

C'est en vertu du même principe qu'on a pu employer pour l'éclairage la flamme naturellement très-pâle de l'hydrogène pur. Il a suffi de placer au milieu du gaz hydrogène en combustion un petit cylindre ou *corbillon* formé de fils de platine très fins. Ce cylindre, porté au rouge blanc, répand un éclat des plus vifs, et la flamme du gaz hydrogène est ainsi rendue très-éclairante.

L'hydrogène pur, consacré à l'éclairage, s'obtient en faisant passer de la vapeur d'eau sur du charbon incandescent. L'eau se décompose et donne naissance à du gaz hydrogène pur et à de l'acide carbonique, que l'on absorbe au moyen de la chaux pour ne laisser que l'hydrogène pur. Ce procédé est très-simple, mais le prix de revient du gaz hydrogène est trop élevé pour que l'on ait pu en adopter l'usage d'une manière générale.

Gaz portatif. — On transporte quelquefois le gaz à domicile dans d'immenses voitures de tôle mince, contenant des outres élastiques munies d'un robinet et d'un tuyau. Pour distribuer le gaz, on serre par un moyen quelconque, des courroies qui compriment cette outre et chassent le gaz dans le gazomètre ou réservoir du consommateur.

LA BOUGIE STÉARIQUE.

Vers l'année **1831**, on a commencé à faire usage en France, et bientôt après dans les autres parties de l'Europe, de l'éclairage au moyen de la *bougie stéarique*. Imaginée, dans l'origine, pour servir à l'éclairage de luxe et remplacer la dispendieuse bougie de cire dans l'éclairage des salons, ce nouveau produit, fabriqué à plus bas prix, n'a pas tardé à devenir d'un usage général dans les ménages. Il a remplacé à la fois la bougie de cire, que l'industrie ne fabrique plus aujourd'hui, et dans beaucoup de cas la chandelle même, dont l'usage est si désagréable et que son bas prix oblige seul à conserver encore.

Composition de la bougie stéarique. — La bougie stéarique est ainsi nommée parce qu'elle est formée d'un acide gras qui porte le nom d'*acide stéarique*. Mais qu'est-ce que cet acide stéarique lui-même ? L'acide stéarique n'est autre chose que le suif qui compose l'ancienne chandelle, mais débarrassé, par une opération chimique, d'un composé liquide qu'il renferme, l'acide oléique, auquel le suif employé en chandelle doit tous ses inconvénients, savoir : son extrême fusibilité, sa mollesse et sa mauvaise odeur.

Le suif peut être considéré comme la réunion de deux produits, l'un solide, l'acide stéarique, l'autre liquide, *l'acide oléique*. L'opération que l'on fait subir au suif pour le transformer en acide stéarique ou bougie stéarique, se réduit à le débarrasser du produit liquide, c'est-à-dire l'acide oléique, pour le réduire à sa partie concrète, c'est-à-dire à l'acide stéarique. Ainsi débarrassé de la matière liquide qui l'accompagne dans le suif, l'acide stéarique constitue une matière sèche, peu fusible, suffisamment éclairante, et qui, brûlée à l'aide d'une mèche qui n'a pas besoin d'être mouchée (car elle se mouche seule en s'infléchissant à l'extérieur de la flamme de manière à s'y consumer entièrement), fournit un éclairage commode, propre, et, relativement peu dispendieux.

Préparation de l'acide stéarique. — La préparation de l'acide stéarique destiné à être moulé en bougies, consiste à décomposer le suif par la chaux ; on obtient ainsi un *savon de chaux*, c'est-à-dire un mélange d'oléate et de stéarate de chaux. Ce mélange de stéarate et d'oléate de chaux est ensuite décomposé par l'acide sulfurique étendu, qui forme du sulfate de chaux et met en liberté les acides stéarique et oléique. Pour séparer ces deux acides, se débarrasser de l'acide oléique liquide et ne conserver que l'acide stéarique solide, on soumet ce mélange, enveloppé dans une étoffe de laine, à une pression exercée d'abord à froid, ensuite à chaud, au moyen d'une presse hydraulique. Par cette pression, aidée de

la chaleur, l'acide oléique s'écoule, et il ne reste qu'un
toureau d'acide stéarique, sous la forme d'une masse
blanche, sèche et friable. Coulée dans des moules, à
l'intérieur desquels on a tendu d'avance une mèche de
coton nattée et tressée, cette matière constitue la bougie
stéarique.

Quel est l'inventeur de la bougie stéarique? — Il y
a eu deux phases différentes dans la série de travaux
qui ont eu pour résultat de doter l'industrie et l'économie domestique du produit qui nous occupe. Dans la première, la science a dévoilé la véritable composition des
matières grasses, et par conséquent celle du suif, et démontré la présence dans tous les corps gras, de deux
matières différentes, l'une solide et l'autre liquide. Dans
la seconde période, on a transporté dans la pratique et
dans l'industrie cette découverte de la science : on l'a
appliquée à la transformation du suif en bougie sèche.

Un chimiste de Nancy, nommé Braconnot, a constaté
le premier ce fait général, que tous les corps gras, sans
exception, se composent de deux principes immédiats,
l'un solide et l'autre liquide dont la prédominance relative
dans un corps gras quelconque, lui communique la
consistance solide, demi-fluide ou liquide. Un autre chimiste, M. Chevreul, a fait connaître ensuite les modifications que les corps gras éprouvent par l'action des alcalis, et prouvé que la formation des acides gras est une
des conséquences de l'action exercée par les alcalis sur
les matières grasses. C'est en 1813 que les acides stéarique et oléique ont été découverts par M. Chevreul.

L'application des acides gras à l'éclairage et la production manufacturière de la bougie stéarique sont dues
à M. de Milly, qui commença en 1831 cette fabrication
et la propagea ensuite dans toute l'Europe. Le nom de
bougie de l'Étoile, par lequel on désigne encore quelquefois la bougie stéarique, provient de ce que la première
usine de M. de Milly était située à Paris, près de la bar-
rière de l'Étoile.

ÉCLAIRAGE PAR LES HYDROCARBURES LIQUIDES.

Le suif, les huiles végétales ou le gaz, peuvent être remplacés, comme moyen d'éclairage, par divers liquides que l'on trouve dans la nature avec une certaine abondance, et qui, formés de carbone et d'hydrogène comme le gaz de l'éclairage, peuvent fournir un éclairage très-économique en raison de leur bas prix. L'huile essentielle qui provient de la distillation du bitume naturel connu sous le nom de schiste ou d'asphalte, c'est-à-dire *l'huile de schiste*, l'essence de térébenthine, que l'on obtient en distillant la résine qui découle des pins, les huiles essentielles de naphte et de pétrole, etc., peuvent être accommodées aux besoins de l'éclairage. Seulement, comme ces différents liquides, extrêmement riches en carbone et en hydrogène, ont besoin, pour brûler sans fumée et sans odeur, d'un courant d'air très-actif, on a dû imaginer des lampes d'une disposition particulière dans lesquelles, par un tirage convenable, on fait affluer une grande quantité d'air dans le point où s'effectue la combustion du liquide éclairant.

De tous les hydrocarbures liquides, l'huile de schiste est aujourd'hui le composé le plus employé, parce qu'il fournit un éclairage très-brillant et très-économique. Son usage est déjà très-répandu dans les fabriques et dans les ateliers. L'odeur, bien difficile à éviter, qui résulte de sa combustion, empêche d'adopter l'huile de schiste dans l'éclairage domestique.

Il ne faut pas manquer de faire remarquer ici que l'emploi de l'huile de schiste dans l'éclairage n'est pas exempt de dangers, en raison de l'inflammabilité de ce produit. Les huiles végétales ne sont pas inflammables par elles-mêmes; elles ne peuvent brûler que par l'intermédiaire d'une mèche, c'est ce qui donne une sécurité absolue pour l'emploi et le maniement de ce liquide éclairant à l'intérieur de nos maisons. Au contraire, l'huile de schiste, l'essence de térébenthine mélangée d'alcool et connue alors sous le nom de *gazogène*, etc., s'enflamment directement par l'approche d'un corps en combustion, tel qu'une allumette. Cette fâcheuse propriété commande beaucoup de précautions et de soins dans le maniement de ces liquides consacrés à l'éclairage. Dans les ateliers et les fabriques éclairés à l'huile de schiste, on a la sage précaution de fixer, à demeure, les lampes contre le mur, ou de les suspendre invariablement au plafond, de manière que l'appareil d'éclairage ne puisse jamais être changé de place, car il pourrait arriver des accidents pendant ce transport.

L'application de l'huile de schiste à l'éclairage est due à un fabricant français, nommé Selligue, qui établit la première usine consacrée à la distillation des schistes, et qui imagina la lampe aujourd'hui en usage pour la combustion des hydrocarbures liquides.

ÉCLAIRAGE ÉLECTRIQUE.

Le dernier mode d'éclairage dont nous ayons à nous occuper, est d'une découverte récente : c'est l'éclairage électrique, c'est-à-dire l'application qui a été faite de l'arc lumineux résultant de la décharge d'une forte pile voltaïque, pour se procurer une source puissante d'illumination.

On sait que le courant électrique s'établissant entre les deux extrémités disjointes d'un fil conducteur, développe entre ces deux extrémités disjointes un arc d'un grand éclat lumineux, qui n'est autre chose que l'étincelle électrique ayant pris un large développement par la grande masse d'électricité due à la pile très-puissante dont on fait usage.

Si l'on attache deux fils métalliques aux deux pôles d'une très-forte pile voltaïque en activité, et que, sans établir entre eux le contact, on maintienne l'extrémité de ces fils à une certaine distance, suffisante pour permettre la décharge électrique, c'est-à-dire la recomposition des deux électricités contraires qui parcourent les conducteurs, il se manifeste une étincelle, ou plutôt une incandescence entre les deux extrémités de ces conducteurs. Cet effet lumineux provient de la neutralisation des deux électricités contraires, dont la recomposition développe assez de chaleur pour qu'il en résulte une apparition de lumière. Quand on emploie quarante à cinquante couples de la pile de Bunsen, l'arc lumineux présente une intensité prodigieuse.

L'élément essentiel de la lampe *photo-électrique*, se compose de deux tiges de cuivre *a*, *b*, (fig. 72),

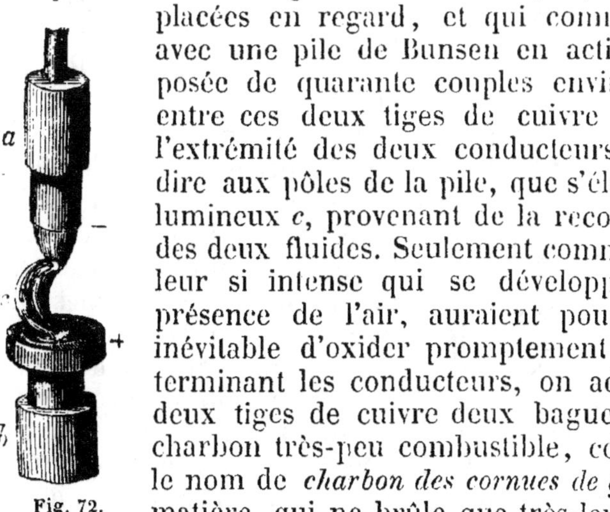

placées en regard, et qui communiquent avec une pile de Bunsen en activité composée de quarante couples environ. C'est entre ces deux tiges de cuivre placées à l'extrémité des deux conducteurs, c'est-à-dire aux pôles de la pile, que s'élance l'arc lumineux *c*, provenant de la recomposition des deux fluides. Seulement comme la chaleur si intense qui se développe, et la présence de l'air, auraient pour résultat inévitable d'oxider promptement le métal terminant les conducteurs, on adapte aux deux tiges de cuivre deux baguettes d'un charbon très-peu combustible, connu sous le nom de *charbon des cornues de gaz*. Cette matière, qui ne brûle que très-lentement à

Fig. 72.

l'air, est très-commode pour servir de conducteur terminal, et c'est entre les deux pointes de charbon que s'établit l'arc lumineux éclairant.

La figure 73 représente la lampe *photo-électrique* avec tous ses accessoires. A un support isolant formé d'un tube de verre *v* sont attachées deux baguettes métalliques *a*, *b*, qui constituent les pôles de la pile. Deux pointes de charbon terminent les conducteurs. Comme les charbons finissent par s'user en brûlant à l'air, par suite de la durée de l'expérience, on fait descendre à l'aide de la poignée de bois *e* la tige *cd* dans la coulisse *d*, et on rapproche ainsi les charbons l'un de l'autre à mesure que la combustion, usant leur pointe, aurait pour résultat d'augmenter leur écartement et dès lors de diminuer ou d'arrêter le courant électrique.

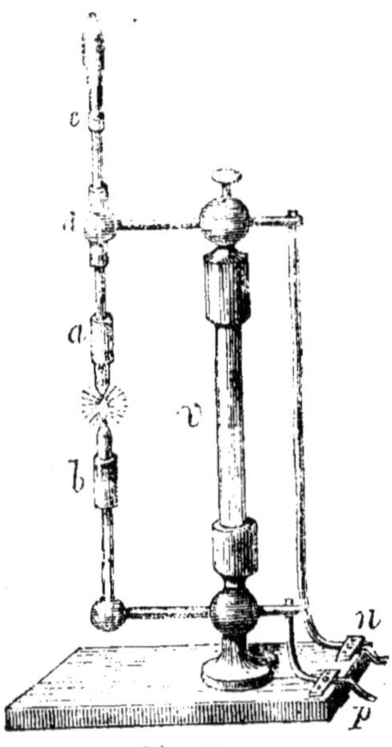

Fig. 73.

L'éclairage au moyen de la pile voltaïque, n'est pas encore entré dans la pratique ; il ne sert que dans quelques cas spéciaux, ou comme moyen de produire de beaux effets de lumière dans les théâtres ou les fêtes publiques.

La difficulté principale qui empêche de consacrer la lampe électrique aux usages habituels de l'éclairage privé, c'est son excès même de puissance. Pour obtenir la lumière électrique, il faut employer au moins quarante couples de Bunsen, et l'énorme foyer lumineux que l'on produit ainsi ne peut ensuite être réduit ni diminué. Pour tirer parti de cette lumière dans les conditions habituelles de l'éclairage, il faudrait pouvoir affaiblir son intensité excessive et la réduire à ne fournir que le volume de lumière que donnent nos appareils ordinaires d'éclairage ; il faudrait pouvoir diviser en mille petits flambeaux l'arc étincelant produit par le courant électrique ; il faudrait subdiviser en petites fractions, de manière à les distribuer en différents points, la puissante lumière qui jaillit entre les deux pôles quand on met en action un nombre convenable de couples de la pile de Bunsen, en terminant les conducteurs par deux pointes de charbon placées en regard. Or, ce résultat n'a pu être atteint jusqu'ici. Cette circonstance est d'autant plus regrettable, que l'éclairage électrique serait encore plus économique que le gaz, qui constitue pourtant le plus économique de tous nos moyens actuels d'éclairage.

XXII

LES AÉROSTATS.

Les frères Montgolfier inventent les ballons à feu. — Les frères Étienne et Joseph Montgolfier, fabricants de papier dans la petite ville d'Annonay, en Vivarais, sont les inventeurs des ballons à feu, que l'on désigne souvent, en raison de cette circonstance, sous le nom de *montgolfières*. Considérant que tout gaz plus léger que l'air doit s'élever dans l'atmosphère, par suite de la différence de densité de ce gaz avec l'air environnant, les frères Montgolfier composèrent artificiellement un gaz très-léger par un moyen fort simple, c'est-à-dire en chauffant un volume d'air contenu dans une enveloppe de fort papier. Après s'y être préparés par des essais convenables, ils rendirent leurs concitoyens témoins du résultat de leurs expériences.

Le 4 juin 1783, une foule immense se pressait sur une des places de la petite ville d'Annonay. La machine aérostatique, faite de toile d'emballage et doublée de papier, portait à sa partie inférieure un réchaud sur lequel on brûla de la paille et de la laine, pour produire le gonflement du ballon au moyen de l'air chaud. Les acclamations des spectateurs saluèrent la machine, qui s'éleva en dix minutes à cinq cents mètres de hauteur.

Les membres des états du Vivarais, qui assistaient à cette expérience, adressèrent le procès-verbal de cette belle opération à l'Académie des sciences de Paris, qui manda aussitôt Étienne Montgolfier dans la capitale, et décida que l'expérience serait répétée à ses frais.

Le physicien Charles. — Mais tout Paris était impatient de jouir de ce spectacle nouveau. On ouvrit une souscription publique qui produisit 10 000 francs en quelques jours. Charles, professeur de physique d'un grand renom, se chargea de présider à la confection du ballon, qui fut exécuté dans les ateliers des frères Robert, constructeurs d'appareils de physique.

Personne, à Paris, ne connaissait encore la nature du gaz dont s'étaient servi, à Annonay, les frères Montgolfier : on savait seulement, d'après la relation transmise par les états du Vivarais, que ce gaz était « moitié moins pesant que l'air ordinaire. » Sans perdre son temps à rechercher quel était ce gaz, et sans savoir que l'air chaud avait été le moyen employé par les frères Montgolfier, Charles résolut d'emplir son ballon avec le gaz hydrogène, corps qui n'était connu que depuis fort peu de temps dans les laboratoires de chimie, et qui pèse quatorze fois moins que l'air.

Le 27 août 1783, ce ballon à gaz hydrogène, lancé au milieu du jardin des Tuileries, par Charles et Robert, parvint, en moins de deux minutes, à mille mètres de hauteur. Les applaudissements et les cris d'enthousiasme des trois cent mille spectateurs de cette belle expérience, saluèrent l'ascension du premier aérostat à gaz hydrogène.

Montgolfier à Paris. — Pour répondre au désir manifesté par l'Académie des sciences, Étienne Montgolfier se rendit bientôt dans la capitale. Le 19 septembre 1783, il répéta l'expérience du ballon à feu, telle qu'il l'avait faite à Annonay. On avait enfermé dans une cage d'osier, suspendue à la partie inférieure du ballon, un mouton, un coq et un canard. Ces premiers navigateurs aériens firent un heureux voyage et, après s'être élevés à une assez grande hauteur, ils touchèrent la terre sans accident.

Premier ballon à feu portant des voyageurs. — Le succès de ces belles expériences encouragea Montgolfier à construire un ballon propre à recevoir des hommes. Il disposa donc, autour de la partie extérieure de l'orifice du ballon, une galerie circulaire faite en osier, recouverte de toile, formant une sorte de balustrade à hauteur d'homme, et destinée à donner place aux aéronautes. Un jeune physicien, Pilâtre des Rosiers et un officier français, le marquis d'Arlandes, osèrent s'aventurer sur ce dangereux esquif.

Le 21 octobre 1783, après de longues hésitations de la part de Montgolfier et du roi Louis XVI, qui concevaient des craintes sur le sort des courageux aéronautes, Pilâtre des Rosiers et le marquis d'Arlandes s'élancèrent dans les airs, portés par un ballon à feu construit par Étienne Montgolfier. Ils partirent du château de la Muette, situé au bois de Boulogne. Leur voyage aérien fut très-heureux. On les reçut, à leur descente, en véritables triomphateurs.

La figure 74 empruntée à un dessin de cette époque, représente la montgolfière qui emporta Pilâtre des Rosiers et le marquis d'Arlandes dans ce premier voyage aérien.

Fig. 74.

Première ascension d'un ballon à gaz hydrogène portant des voyageurs. — La brillante expérience de Pilâtre des Rosiers fut bientôt répétée avec un ballon à gaz hydrogène, qui présentait beaucoup plus de sécurité qu'un ballon à feu pour un voyage aérien. Cette expérience eut lieu le 1er décembre 1783. Charles et Robert partirent du jardin des Tuileries, et descendirent, deux heures après, à neuf lieues de Paris, dans la prairie de Nesle.

L'expérience que nous venons de rapporter a marqué une grande date dans l'histoire de l'art qui nous occupe, car c'est à cette occasion que le physicien Charles créa tous les moyens qui ont été mis en usage depuis dans les voyages aériens, savoir : la soupape pour faire descendre l'aérostat, en donnant issue au gaz, — la nacelle qui reçoit l'aéronaute, — le lest pour modérer la vitesse de la descente, — l'enduit de caoutchouc appliqué sur le ballon de soie pour s'opposer à la déperdition du gaz hydrogène, — enfin l'usage du baromètre qui indique, par les variations de hauteur de la colonne de mercure, si l'équipage aérien monte ou descend dans l'atmosphère, et pour mesurer au besoin la hauteur à laquelle se trouve le ballon.

La figure 75 représente les dispositions qui furent prises par le physicien Charles, pour remplir son ballon de gaz hydrogène. Le gaz se formait à l'intérieur de plusieurs tonneaux contenant de l'acide sulfurique, du fer et de l'eau ; ces tonneaux étaient munis d'un tube de métal qui conduisait l'hydrogène dans un tonneau plus grand, à demi rempli d'eau, pour le dépouiller des gaz étrangers solubles dans l'eau ; en sortant de ce grand tonneau, le gaz hydrogène se dirigeait, au moyen d'un tube de caoutchouc, dans l'intérieur du globe de soie.

Blanchard franchit en ballon le Pas-de-Calais. — Blanchard, aéronaute français, après avoir fait plusieurs brillantes ascensions, conçut un projet d'une audace incroyable pour une époque où la science aérostatique était encore pleine d'hésitations et d'incertitudes. Il annonça qu'au premier vent propice, il passerait en ballon de Douvres à Calais, en franchissant le bras de mer qui sépare l'Angleterre de la France.

Le 7 janvier 1785, Blanchard s'éleva, en effet, avec un

Irlandais, le docteur Jeffries, dans un ballon à gaz hydrogène, qui fut lancé de la côte de Douvres. Comme ils étaient

Fig. 75.

au-dessus de la mer et environ au tiers du voyage, leur
ballon commença à descendre : ils jetèrent leur lest,
le ballon remonta et cingla vers la France. Comme ils

voyaient déjà les côtes de France, le ballon qui perdait du gaz, se mit à descendre avec rapidité. Ils lancent à la mer leurs provisions de bouche, leurs agrès, et même leurs vêtements. Mais le ballon continuait à descendre. Enfin, après avoir couru plus d'une fois le danger de tomber à la mer, ils atteignirent la côte et descendirent aux portes de Calais, où l'on fit aux intrépides voyageurs une réception splendide. Blanchard reçut du maire des lettres qui lui accordaient le titre de citoyen de Calais, et son ballon fut déposé, en commémoration de cet événement, dans la principale église de la ville.

Mort de Pilâtre des Rosiers. — Le physicien Pilâtre des Rosiers, qui avait déployé un talent et un zèle remarquables pour les progrès de l'aérostation, périt peu de temps après, le 5 juin 1785, en voulant imiter la tentative audacieuse de Blanchard. Il avait imaginé de combiner en un système unique les deux moyens dont on s'était servi jusque-là, c'est-à-dire, la montgolfière et l'aérostat à gaz hydrogène. Il se proposait de franchir ainsi la Manche et d'aborder en Angleterre en partant de la côte de Boulogne. Mais quelques instants après le départ et avant même qu'il ne fût parvenu au-dessus de l'Océan, l'étoffe du ballon à gaz hydrogène s'étant déchirée pendant que l'aéronaute tirait la soupape, l'aérostat, vide de gaz, tomba sur la montgolfière, et par son poids précipita l'appareil sur la terre. Pilâtre des Rosiers, qui périt dans cette circonstance, était accompagné d'un physicien de Boulogne nommé Romain, qui partagea sa triste fin.

Fig. 76.

La figure 76 représente, d'après une gravure de cette époque, *l'aéro-montgolfière*, de Pilâtre des Rosiers.

Les aérostats employés dans les guerres de la république. — Les globes aérostatiques, maintenus captifs au moyen de cordes, à une hauteur convenable dans l'atmosphère, pouvaient fournir des postes d'observation pour découvrir les forces et les manœuvres des troupes ennemies. On pensa, en 1794, à mettre ce moyen au service des armées françaises, et l'on créa à cet effet quelques compagnies d'*aérostiers*. Un jeune physicien nommé Coutelle, reçut le commandement de la première compagnie d'aérostiers. Le ballon du capitaine Coutelle rendit de véritables services à la bataille de Fleurus. On se servit encore des aérostats dans quelques campagnes de la république. Mais la carrière militaire des ballons ne fut pas de longue durée. Le premier consul Bonaparte, qui n'accordait point de confiance à l'emploi des ballons dans les armées, licencia les deux compagnies d'aérostiers et fit fermer l'école que l'on avait établie dans les jardins du château de Meudon pour étudier, sous la direction de Coutelle, les applications militaires des aérostats.

Voyages aériens entrepris dans l'intérêt des sciences. — Ce n'est qu'en 1803, vingt ans après la découverte des ballons, que l'on commença à employer les aérostats comme moyen d'observation scientifique. La première ascension entreprise dans un but scientifique, fut exécutée à Hambourg le 18 juillet 1803, par un physicien flamand nommé Robertson, aidé de son compatriote l'Hoest. Parvenus à une grande hauteur, ils se livrèrent à diverses observations de physique.

En France, MM. Biot et Gay-Lussac exécutèrent en 1804, une très-belle ascension qui donna lieu à plusieurs observations très-importantes pour la science. Dans un second voyage, M. Gay-Lussac partit seul et s'éleva jusqu'à 7016 mètres au-dessus du niveau de la mer. Dans ces régions élevées le baromètre était descendu de la hauteur de $0^m,76$, qu'il marquait à terre, à celle de $0^m,32$. Le thermomètre qui marquait 27 dégrés à terre, marquait dans le ballon parvenu à cette hauteur, 9 degrés

au-dessous de zéro. Dans ces hautes régions, la séche-
resse était extrême ; un parchemin se crispait comme
devant le feu ; la respiration et la circulation du sang de
l'observateur étaient accélérées à cause de la grande raréfaction de l'air.

En 1850, MM. Barral et Bixio ont exécuté une ascension scientifique qui a donné peu de résultats utiles.

Jusqu'ici on est loin d'avoir tiré des aérostats tous les
avantages qu'ils peuvent fournir pour l'étude scientifique
de l'atmosphère.

Théorie de l'ascension des aérostats. — Lorsqu'un
corps est plongé dans l'air, il est soumis à l'action de
deux forces opposées : d'une part la pesanteur qui tend
à l'abaisser, et d'autre part, une poussée de l'air en sens
contraire qui tend à le soulever : cet effort de bas en
haut est égal au poids même de l'air déplacé par le
corps. Si donc le corps plongé dans l'air pèse moins que
l'air qu'il déplace, c'est la poussée de celui-ci qui prédo-
mine sur le poids du corps, et le corps prend un mouvement ascensionnel. La machine aérostatique des frères
Montgolfier était remplie d'air chaud. Or, l'air chaud pesant moins que l'air froid, puisqu'il n'est que de l'air
dilaté qui, sous le même volume, contient moins de
matière, il arrivait que l'air chaud du ballon, augmenté
du poids de l'appareil, pesait moins que le même volume
d'air extérieur ; donc le ballon devait monter. Mais l'air
va en diminuant de densité à mesure qu'on s'élève :
l'appareil doit donc s'arrêter et demeurer en équilibre
quand il rencontre une couche d'air telle que le volume
qu'il en déplace pèse précisément autant que lui.

L'explication que nous venons de donner de l'ascension des montgolfières ou ballons à feu, rend nécessairement compte de la cause de l'ascension des aérostats à gaz
hydrogène. Un ballon rempli de gaz hydrogène déplace un
volume égal d'air atmosphérique ; mais comme le gaz hydrogène est beaucoup plus léger que l'air, il est nécessairement poussé de bas en haut par une force égale à la

différence qui existe entre la densité de l'air et celle du gaz hydrogène. Le ballon doit donc s'élever dans l'atmosphère jusqu'à ce qu'il rencontre des couches d'une densité précisément égale à celle de sa propre densité, et, arrivé là, il doit rester en équilibre. Pour que l'aérostat redescende, il faut nécessairement remplacer une partie du gaz hydrogène qui le remplit par de l'air atmosphérique, et il ne peut toucher terre que lorsque le gaz hydrogène a été expulsé et remplacé totalement par de l'air atmosphérique.

Opérations à exécuter pour l'ascension d'un aérostat. — Dans la plupart des ascensions aérostatiques qui s'opèrent dans les grandes villes, on se contente de remplir le ballon avec du gaz d'éclairage, c'est-à-dire avec l'hydrogène bicarboné provenant de la décomposition de la houille, qui est environ deux fois plus léger que l'air. Il suffit alors d'engager dans l'orifice inférieur du ballon, un tuyau de conduite recevant de l'usine le gaz d'éclairage. Mais la trop faible différence qui existe entre la densité de l'air et celle du gaz de l'éclairage oblige d'employer des ballons d'un volume considérable quand on veut élever des personnes ou des objets un peu lourds.

Les dimensions des ballons peuvent être extrêmement réduites si l'on remplit le ballon avec du gaz hydrogène pur, dont la densité est quatorze fois inférieure à celle de l'air [1].

On prépare très-facilement le gaz hydrogène pur, en faisant réagir sur des fragments de zinc ou de fer de l'eau et de l'acide sulfurique. On place ces substances dans des tonneaux qui communiquent par des tuyaux de conduite avec un tonneau central défoncé à sa partie inférieure, et plongeant dans une cuve pleine d'eau. En même temps que le gaz hydrogène se produit par la réaction de l'eau et de l'acide sulfurique sur le zinc ou

---

1. La densité de l'air étant 1,00, la densité ou le poids spécifique du gaz hydrogène pur est de 0,06.

le fer, il se forme aussi du gaz acide sulfureux : c'est ce gaz irrespirable et irritant qui provient de la combustion du soufre à l'air et qui se produit quand on enflamme une allumette. Le gaz hydrogène ainsi souillé d'acide sulfureux, se débarrasse de ce produit nuisible en traversant la cuve pleine d'eau, c'est-à-dire le tonneau central, et en s'y lavant parfaitement : l'acide sulfureux demeure dissous dans l'eau. Le gaz ainsi purifié se rend dans l'aérostat par un long tube en toile, fixé par un bout au tonneau central et par l'autre à l'aérostat.

La figure 77 fait voir tous les détails du remplissage d'un aérostat par le gaz hydrogène pur préparé au moyen de l'acide sulfurique et du fer.

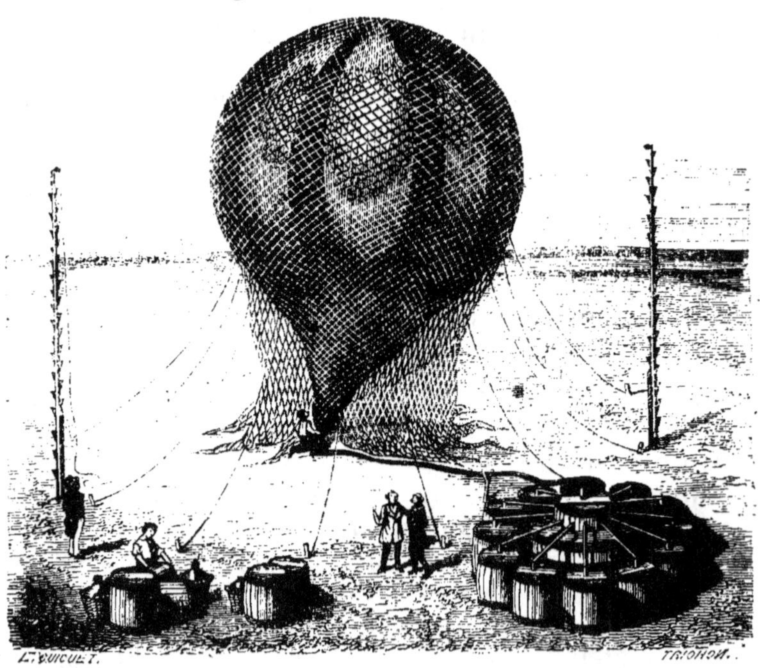

Fig. 77.

On ne remplit jamais l'aérostat qu'à moitié ou aux trois quarts de sa capacité. En effet, à mesure que le ballon s'élèvera, il pénétrera dans des couches d'air de moins en moins denses qui le presseront ainsi de moins en moins : dès lors le gaz intérieur, se dilatant proportionnellement à la diminution de pression, gonflera progressivement le ballon, en sorte que si celui-ci eût été entièrement rempli au moment du départ, la dilatation du gaz n'aurait pas manqué de faire éclater l'enveloppe.

Il est presque inutile de faire ressortir l'immense supériorité des aérostats à gaz hydrogène sur les ballons à feu. Pour ces derniers, la grande quantité de combustible qu'il fallait emporter, la faible différence qui existe entre la densité de l'air échauffé et celle de l'air froid, la nécessité d'alimenter, de surveiller sans cesse le feu dans la corbeille suspendue à la partie inférieure du ballon, étaient des obstacles et des dangers presque insurmontables. Aussi, ne se sert-on jamais de l'air chaud que pour lancer des ballons perdus, c'est-à-dire des montgolfières. Pour élever des aérostats montés par des voyageurs, on ne doit jamais employer que le gaz de l'éclairage ou le gaz hydrogène pur.

La nacelle, la soupape, le lest. — La nacelle dans laquelle se place le voyageur aérien, est suspendue au-dessous du ballon, et soutenue par un filet en corde qui enveloppe le globe tout entier. La soupape qui a été imaginée par le physicien Charles, s'adapte à la partie supérieure du ballon, et l'aéronaute peut la manœuvrer comme il le veut, à l'aide d'une longue corde. Quand il ouvre la soupape, une partie du gaz s'échappe, et comme ce gaz est remplacé par un même volume d'air, le poids de l'appareil augmente, et le ballon peut ainsi descendre lentement et graduellement. Mais si le ballon en descendant se dirige vers un édifice, une forêt, une rivière, et qu'il y ait quelque danger pour l'aéronaute et pour la conservation de son appareil, comment éviter ce danger? Le moyen est très-simple et a encore été indiqué par Charles. En partant, l'aéronaute a eu soin de placer dans sa nacelle des sacs pleins de sable : dans

le cas dont nous parlons, il vide un de ces sacs, et le
ballon se trouvant allégé d'autant, sa force ascension-
nelle augmente ; il s'élève et peut conduire l'aéronaute
dans un endroit plus favorable pour y prendre terre.
On conçoit encore que par le même moyen on puisse
modérer et ralentir la chute d'un aérostat.

Le parachute. — On nomme *parachute* un appareil

Fig. 78.

qui a été imaginé, pour donner plus de sécurité à la descente aérostatique. Si, par une cause quelconque, le
ballon n'offre plus les conditions de sécurité voulues,
l'aéronaute, en se plaçant dans la nacelle du parachute,

peut s'abandonner à l'air et arriver à terre sans accident. Faisons pourtant remarquer que cet appareil n'a jamais été employé jusqu'ici comme moyen de sauvetage dans un voyage aérien; il n'a encore servi qu'aux aéronautes de profession, pour étonner le public par le saisissant spectacle d'un homme qui se précipite courageusement dans l'espace du plus haut des airs.

Le parachute, que représente la figure 78, est une sorte de vaste parasol de cinq mètres de rayon, formé de trente-six fuseaux de taffetas cousus ensemble et réunis au sommet, à une rondelle de bois. Quatre cordes partant de cette rondelle, soutiennent la nacelle destinée à recevoir l'aéronaute. Au sommet de l'appareil se trouve pratiquée une ouverture qui permet à l'air comprimé de s'échapper.

Le parachute modère la rapidité de la descente par la large surface qu'il présente à la résistance de l'air.

Le parachute dont on se sert aujourd'hui est le même appareil que Jacques Garnerin, aéronaute français, a osé employer le premier. Le 22 octobre 1797, en présence d'une foule étonnée de son courage, Jacques Garnerin se précipita, protégé par le parachute, d'une hauteur de mille mètres. Ce spectacle a été depuis prodigué aux yeux avides des spectateurs, par sa nièce, Élisa Garnerin, par madame Blanchard, et de nos jours par Godard et Poitevin.

Direction des aérostats. — On se demande bien souvent s'il est possible de diriger à son gré les ballons flottants dans les airs. Les études approfondies, faites de nos jours par les géomètres et les physiciens, ont prouvé qu'il serait impossible d'obtenir la direction des ballons, parce que l'on ne possède aujourd'hui aucun appareil suffisant pour combattre l'énorme puissance des vents et des courants de l'atmosphère, et en même temps assez léger pour être enlevé dans les airs avec le ballon.

XXIII

PUITS ARTÉSIENS.

On nomme *puits artésiens* des trous de sonde verticaux pratiqués dans le sol, et au moyen desquels les eaux situées à une certaine profondeur remontent jusqu'à la surface de la terre, et jaillissent quelquefois à de grandes hauteurs.

Historique. — L'usage de la sonde, pour la recherche des eaux artésiennes, remonte aux temps les plus reculés. La Syrie, l'Égypte, les oasis de l'ancienne chaîne Libyque, présentent un certain grand nombre de puits obtenus à l'aide de ce procédé. Olympiodore, qui vivait dans le vi⁰ siècle à Alexandrie, dit que dans les oasis il existe des puits creusés à 300 et même à 500 aunes (48 et 80 mètres), qui lancent des rivières à la surface du sol.

Depuis un temps immémorial, le forage des sources jaillissantes est pratiqué par les Chinois, ce peuple extraordinaire qui, dans le mystère et le silence de son isolement, revendique une si grande part dans toutes les grandes inventions de l'esprit humain. Dans la province d'Outong-kiao, sur une étendue de dix lieues de longueur et de quatre de large, on a compté plus de dix mille puits dont la profondeur pouvait atteindre quelquefois jusqu'à trois mille pieds.

Pour creuser ces puits d'une si grande profondeur, les Chinois employaient un appareil à percussion, dont on ne connaît pas bien toutes les dispositions. On sait seulement que la pièce principale est un cylindre cannelé en fonte pesant de un à trois quintaux, et soutenu par une corde attachée à un arbre horizontal dont le pied est assujetti au sol. Cet instrument se nomme *mouton*. Des hommes le font danser au fond du puits, comme un pilon au fond d'un mortier, en faisant ployer sous leur poids, puis en laissant se redresser le grand arbre incliné auquel il est suspendu.

Les puits artésiens en Europe. — En Europe, dès le commencement des temps modernes, nous voyons l'usage des puits artésiens répandu dans le nord de l'Italie. Les armes de la ville de Modène sont deux tarières de fontainier avec cette épigraphe : *Avia pervia*. L'ouvrage le plus ancien dans lequel on trouve quelques données certaines sur l'emploi de la sonde pour le percement des puits, est celui que publia en 1691 Bernardini Ramazzini, professeur au lycée de médecine de Modène.

Dominique Cassini, appelé d'Italie en France par Louis XIV, s'efforça d'y faire connaître les procédés dont il s'était servi, dans sa première patrie, pour construire les puits forés. Mais les anciens puits forés de l'Artois, qui subsistent encore aujourd'hui, témoignent que l'usage de la sonde était depuis longtemps connu en France. Ce fut au temps de Louis le Gros, en 1126, que le premier puits artésien fut creusé dans le couvent des Chartreux de Lillers, dans le département actuel du Pas-de-Calais. Cette fontaine, qui n'a pas cessé de donner de l'eau jusqu'à nos jours, n'impose à la commune qu'une bien petite dépense, celle de remplacer tous les vingt-cinq ans le tubage en bois.

Bernard Palissy, l'illustre auteur des *Rustiques figurines*, dont nous avons cité les travaux et rappelé la destinée malheureuse en parlant des poteries, décrit un instrument qu'il avait conçu et qui est absolument l'analogue de notre sonde, ou mieux, qui en est le premier élément. « En plusieurs lieux, dit Bernard de Palissy, « les pierres sont fort tendres, et singulièrement quand « elles sont encore dans la terre ; pourquoi il me semble « qu'une *torsière* la percerait aisément, et après la torsière

« on pourrait mettre l'autre tarière et, par tel moyen,
« on pourrait trouver du terrain de marne, voire des
« eaux, pour faire puits, lesquelles bien souvent pour-
« raient monter plus haut que le lieu où la pointe de la
« tarière les aura trouvées, et cela se pourra faire moyen-
« nant qu'elles viennent de plus haut que le fond du
« trou que tu auras fait. »

Le premier puits artésien creusé à Paris fut, dit-on,
celui que fit creuser Jacques Leborgne, dans l'hôpital
des Enfants-Rouges, fondé par la duchesse d'Alençon
sœur de François Ier. Depuis le premier quart du XIXe siècle,
le nombre des puits artésiens s'est considérablement
accru en France, en Allemagne, en Prusse, et dans la
plupart des pays de l'Europe. En 1818, la *Société d'encouragement pour l'Industrie nationale* attira beaucoup
l'attention sur ce système en proposant des prix pour les
meilleurs outils et instruments de forage. M. Héricart
de Thury, M. Degousée, se sont particulièrement distin-
gués par leurs travaux théoriques et pratiques dans l'art
du forage des puits. C'est grâce à leurs recherches que
cette branche importante des arts mécaniques a reçu, il
y a trente ans, un degré de perfectionnement remarquable. En 1844, le succès du forage entrepris par M. Mulot
à Grenelle, a excité un vif intérêt en France, et attiré très-
vivement l'attention et l'admiration publiques.

Considérations générales sur les puits artésiens. —
Les eaux artésiennes circulent généralement dans une
couche de terrain perméable et entre deux couches imperméables. La couche perméable est sablonneuse ou formée
de calcaire désagrégé, ou même composée de roches com-
pactes, mais présentant des fissures profondes. Les couches
imperméables sont du granit, de l'argile, de la marne, de la
craie, ou toute autre roche compacte sans fissures. Soit
donc une couche perméable $a\,d$, $c\,b$, comprise entre deux
couches imperméables; elle absorbera continuellement
les eaux pluviales par tout son pourtour, et se remplira
dès lors entre les deux couches imperméables jusqu'à une

certaine hauteur, au niveau *cd*, par exemple. Si l'on vient alors à percer tous les dépôts qui recouvrent la couche aquifère, l'eau souterraine qui y est contenue jaillira par le trou de sonde et s'élèvera au dehors jusqu'au niveau *cd* qu'elle atteint dans cette espèce de vase naturel que forme la couche aquifère *a d, c b*. L'eau s'élève donc dans les trous de sonde, en raison de la tendance qu'ont les

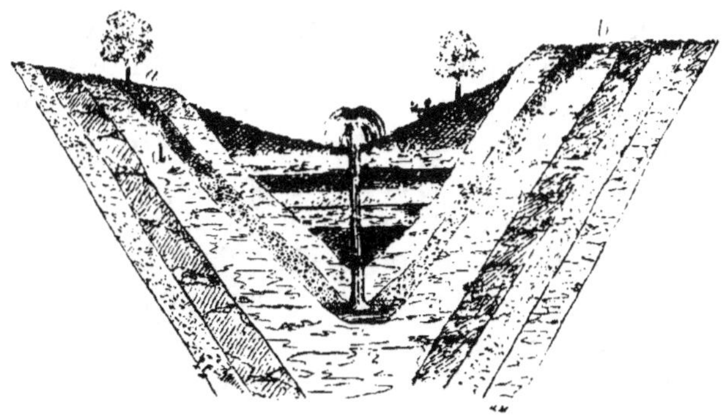

Fig. 79.

liquides à se mettre en équilibre ou au même niveau dans les vases communiquants.

L'exemple d'un bassin bien clos et demi-circulaire, comme celui que nous venons de figurer, se rencontre rarement dans la nature. Le bassin, de forme plus ou moins irrégulière, est souvent coupé, interrompu par mille accidents de terrain, en sorte qu'une partie de la nappe d'eau souterraine s'échappe par des fissures latérales; il en résulte que l'eau ne peut pas s'élever exactement à la hauteur de son point de départ, ou à la hauteur qu'elle occupe dans les branches du vase naturel qui la contient. Le frottement que l'eau éprouve, avant d'arriver au trou de sonde, diminue aussi la hauteur de la colonne jaillissante : en effet, ces eaux se meuvent dans des canaux irréguliers et encombrés de détritus qui leur opposent une grande résistance.

« Pour trouver des eaux jaillissantes, dit M. Dégousée,

« on devra rechercher ces espaces plus ou moins encais-
« sés dans des saillies dominantes, vers lesquelles les cou-
« ches de la plaine se relèvent quelquefois de manière à
« présenter leur tranche. Il résulte en effet de cette dis-
« position que les eaux extérieures, s'infiltrant dans les
« couches perméables, affleurent en venant s'appuyer sur
« les coteaux de bordure, et, suivant avec ces couches les
« inflexions du fond, sont d'autant plus susceptibles de
« remonter par les trous de sonde et de donner naissance
« à des puits artésiens, que les points d'infiltration sont
« plus élevés et les points de déperdition plus éloignés. »

Puits artésien de Grenelle. — Les eaux qui alimentent la magnifique source jaillissante de Grenelle, aux
portes de Paris, coulent du dessous d'une superficie d'environ soixante lieues de pays, et partant de Langres, sui-
vent à peu près la direction de Bar-sur-Seine, Lusigny,
Troyes, Nogent-sur-Seine, Provins. C'est à Langres
qu'affleure une couche épaisse de sable vert essentiellement perméable, située sous Paris et renfermant une
puissante nappe d'eau. Au-dessus de ces grès, sous Paris, se trouvent des couches de craie et d'argiles imperméables, qui affleurent en Champagne à une altitude
plus grande que celle de Paris. Le plateau de Langres
est parfaitement placé pour favoriser le jaillissement des
eaux dont il est le point de départ, car son altitude au-
dessus du niveau de la mer est de 473 mètres, tandis que
celle de Paris n'est que de 60 mètres.

Arago avait calculé d'une manière approximative qu'à
Paris l'épaisseur des couches à traverser pour atteindre
les sables verts, c'est-à-dire la couche aquifère du plateau de Langres, était de 460 mètres. D'après ces données, M. Mulot commença le forage du puits de Grenelle
le 3 novembre 1833. En 1835 on avait atteint une profondeur de 400 mètres par un travail très-régulier; mais
alors, une cuiller consistant en un cylindre d'un poids
énorme, étant tombée au fond du puits, on ne put l'en
retirer que par morceaux, et ce travail opéré avec

les ciseaux et la lime à une aussi grande profondeur, dura quatorze mois. Le 26 février 1841, le forage étant arrivé à 548 mètres, un volume d'eau considérable en sortit.

Pendant près d'un an, le puits de Grenelle lança une énorme quantité de graviers provenant de la dégradation de ses parois. Enfin, il se dévia de sa direction primitive perpendiculaire, et lança néanmoins, en 24 heures, 4 500 000 litres d'une eau limpide dont la température s'élevait à 27°. Le jet de cette eau atteint aujourd'hui la hauteur de 96 pieds au-dessus du sol.

M. Héricart de Thury, dans son rapport du 8 avril 1840, avait annoncé quels seraient le nombre et la nature des couches de terrain à traverser, et à quelle profondeur on devait trouver l'eau. Il avait dit : l'eau jaillira des grès verts à 575 mètres environ, et elle parut à 548 mètres : elle donnera 4000 litres par minute, et elle donne 4000 litres par minute : elle aura une température de 30° degrés : elle sera douce, dissoudra parfaitement le savon et conviendra à tous les usages domestiques. Toutes ces prédictions de la science ont été confirmées.

Puits artésien de Passy. — Le puits qu'on exécute en ce moment dans les anciennes carrières de Passy, près de Paris, présente des proportions gigantesques. On compte atteindre la même nappe d'eau qu'à Grenelle ; mais comme le lieu est plus élevé, il faudra creuser plus profondément. Ce grand travail a été commencé par M. Kind, habile ingénieur Saxon.

La méthode appliquée à Passy n'est pas la même que celle qui fut employée à Grenelle. A Grenelle, l'instrument de forage était une sorte d'énorme tire-bouchon. A Passy, on se sert, pour creuser la terre, d'un ciseau ou trépan, armé de sept dents en acier fondu et pesant 1800 kilogrammes. A Grenelle, l'instrument de forage était attaché à une longue tige de fer. A Passy, le trépan est supporté par des tiges en bois de dix mètres de longueur vissées l'une à l'autre. L'ensemble de ces tiges et du trépan est suspendu à l'une des extrémités d'un balancier, à l'autre extrémité duquel est attachée une tige s'adaptant au piston d'un cylindre à vapeur. La tige qui porte le trépan reçoit ainsi un mouvement alternatif vertical. Quand ce trépan a foré le puits sur une profondeur de 1 mètre à 1^m,50, on le détache de l'extrémité du balancier et on le remonte à l'aide d'un câble plat enroulé sur un treuil, mis en mouvement par un second cylindre à vapeur. Les détritus sont retirés du puits au fur et à mesure que l'outil entame la terre. On fore pendant six heures, ensuite on procède au curage pendant le même temps. On emploie pour le curage un seau cylindrique en tôle, qu'on descend au fond du puits après en avoir retiré le trépan. Le fond du seau est formé de deux clapets s'ouvrant de dehors en dedans. Par le choc du seau au fond du puits, les matières boueuses ou pierreuses pénètrent dans son intérieur en ouvrant les clapets, qui se referment ensuite sous le poids de ces mêmes matières. Le terme des travaux du puits foré de Passy n'est pas encore atteint. Un accident survenu en 1858, a retardé le moment de la réussite définitive.

XXIV

PONTS SUSPENDUS.

Considérations générales. — Les ponts suspendus se composent de câbles ou de chaînes de fer, tendus d'une rive à l'autre d'un fleuve ou d'une rivière, et supportant, au moyen de tiges de suspension, un tablier qui donne passage aux piétons et aux voitures. Les avantages les plus spéciaux de ces ponts sont leur position indépendante du lit des fleuves et des torrens impétueux au-dessus desquels on n'aurait pu établir des piles de pierre, la facilité, la promptitude et l'économie de leur construction, enfin leur hardiesse, leur légèreté et leur élégance. Tandis que dans les ponts fixes, la largeur des arches n'a jamais dépassé 60 mètres lorsque la voûte est en pierre, 73 mètres quand elle est en fer, et 119 mètres quand on emploie seulement le bois (ces nombres étant des limites maximum qu'il a été permis d'atteindre, mais en deçà desquelles on s'est presque toujours tenu), la portée des arches des ponts suspendus, au contraire, peut s'étendre jusqu'à 500 mètres. Ils franchissent les vallées les plus profondes et relient entre eux les faîtes les plus escarpés. D'autant plus solides et d'autant moins dangereux que leur portée est plus grande, ils deviennent l'ornement architectural des abîmes par la grâce et la légèreté de leurs courbes.

Résumé historique. — C'est à l'Asie que revient l'honneur des premiers essais de ponts suspendus. Le voyageur Turner, dans la relation de son ambassade au Thibet, parle d'un pont appelé *Chouka-Chazum*, et composé d'un plancher en bambou, appuyé sur cinq chaînes de fer. La longueur de ce pont était de 146 mètres; les habitants lui attribuaient une origine fabuleuse.

L'*Histoire générale des voyages* parle de l'existence, en en Chine, de deux autres ponts du même genre.

Ces ponts, que les écrivains chinois ont pittoresquement appelés *ponts volants*, sont souvent tellement élevés qu'ils ne peuvent être traversés sans crainte. Un pont de cette espèce existe encore dans la Shenise; il s'étend d'une montagne à une autre, sur une longueur de 400 pieds dans le vide. De la surface des eaux dans le fond du précipice au tablier du pont, il y a 500 pieds. La plupart de ces *ponts volants* sont assez larges pour que quatre hommes puissent y chevaucher de front; des balustrades solides et élégantes sont placées de chaque côté pour la sécurité des voyageurs. Il n'est pas impossible que les missionnaires chrétiens envoyés en Chine, n'aient connu ce fait il y a cent cinquante ans, et ce renseignement, communiqué aux ingénieurs européens, a pu être la cause première de l'introduction de ponts suspendus en Europe.

Depuis assez longtemps, dans l'Amérique du Sud, des ponts suspendus relient entre eux les hauts sommets des Andes et des Cordillères. M. de Humboldt traversa, en 1812, la rivière de Chambo sur un pont suspendu de 40 mètres de longueur. Dans ces contrées, où le fer est rare, les câbles sont construits avec des lianes, et les cordes, fournies par les fibres de l'*Agave americana*.

En Europe, on trouve dans un recueil de machines publié à Venise en 1617, deux planches représentant des ponts suspendus, l'un en chaînes de fer, l'autre en cordes. En 1741, un pont fut construit sur la Lees, entre les comtés de Durham et d'York : un petit plancher de deux pieds de large, pour le passage des piétons, était établi sur deux chaînes en fer. Long de 70 pieds, il est muni seulement, d'un côté, d'une main courante ; suspendu à plus de 60 pieds au-dessus d'un torrent, il éprouve un balancement considérable. Mais le premier pont suspendu permanent pour le passage des voitures, établi d'après le système moderne, a été construit par M. Findley en Amérique.

Après l'Amérique, l'Angleterre vit s'élever des ponts suspendus sur plusieurs points de son territoire.

Quant à la France, les guerres continuelles qui l'épuisèrent, au commencement de ce siècle, arrêtant l'essor naturel de son industrie et l'isolant du mouvement des autres nations, retardèrent parmi nous la naturalisation des ponts suspendus. Le premier pont de ce genre fut établi dans la célèbre petite ville d'Annonay, par les frères Seguin, neveux des Montgolfier. Ce pont n'était destiné qu'aux piétons, mais les constructeurs eurent bientôt le mérite de jeter sur le Rhône, entre Tain et Tournon, le premier pont suspendu propre aux voitures qui ait été vu en France. Depuis cette époque, les ponts suspendus remplacèrent bientôt partout les bacs dont on se servait pour traverser les rivières, et la France n'a plus rien eu à envier, sous ce rapport, à l'Amérique ni à l'Angleterre.

Construction des ponts suspendus. Les câbles. — Les câbles, qui doivent servir à supporter le tablier du pont, sont tendus d'un bord à l'autre du cours d'eau ou de la dépression qu'il s'agit de franchir, et supportent ce tablier au moyen de tiges de suspension. Ces câbles sont formés de fils de fer ayant tous la même longueur, non tordus ensemble, mais juxtaposés parallèlement, et reliés de distance en distance à l'aide de fils recuits qu'on nomme *ligatures*.

On doit donner aux câbles une dimension suffisante pour qu'ils supportent, sans chance de rupture, le poids des fardeaux accidentels qui peuvent se présenter. Il faut tendre d'une manière égale tous les fils, de peur que, un petit nombre seulement supportant l'effort, ils ne se rompent et ne déterminent ainsi la chute du pont. Mais cette condition n'est pas rigoureusement réalisable. Il faut avoir soin de faire bouillir les fils dans un mélange d'huile et de litharge, et de les recouvrir ensuite de plusieurs couches de peinture à l'huile lorsqu'ils sont réunis pour former le câble, afin de les mettre à l'abri de l'oxidation. Les cables en fils de fer sont faciles à fabriquer et on les emploie très-généralement en France.

Chaînes. — Les chaînes, dont le rôle est le même que celui des câbles, sont formées de barres de fer forgé reliées entre elles par des boulons. Le forgeage de ces pièces doit être fait avec le plus grand soin, car il suffit d'un grave défaut dans l'une d'elles pour que sa rupture entraîne la chute du pont. C'est là le grand inconvénient des chaînes. Quoi qu'il en soit, elles sont presque exclusivement usitées en Angleterre, et leur usage tend même à se substituer en France à celui des câbles, quand il ne s'agit pas seulement de passerelles, mais de ponts que doivent traverser des voitures lourdement chargées.

Tablier. — Le tablier se partage en une chaussée pour les voitures et en deux trottoirs placés de chaque côté pour le passage des piétons. Il se compose de traverses soutenues aux deux bouts par les tiges de suspension. Elles sont reliées par les longuerines formant le trottoir. La liaison des traverses est très-importante, elle a pour but d'éviter les ondulations produites par le passage des voitures en répartissant leur poids sur un plus grand nombre de tiges. Le plancher de la chaussée est formé de forts madriers fixés sur les traverses et dans le sens perpendiculaire au leur, et de planches clouées sur les madriers en travers du pont. Le plancher des trottoirs est formé de planches clouées sur les longuerines qui se trouvent au bout des traverses et sur celles qui bordent la chaussée.

Culées. — Plus la courbure des chaînes est oblique par rapport au sol, moins l'effort que les chaînes ou les câbles ont à supporter est considérable. C'est pour cela qu'on élève beaucoup les points d'appui des ponts suspendus, afin de donner aux chaînes la plus grande courbure possible. Les points d'appui sont des massifs en maçonnerie ou des colonnes de fonte. En général, il y en a deux placés sur les rives, et quelquefois un troisième placé au milieu de la rivière et qui prend le nom de *pile*. Au delà des points d'appui fixés sur les deux rives, les chaînes s'infléchissent vers le sol, où elles se fixent à des massifs de maçonnerie appelés *culées*. Ces chaînes, qui se dirigent dans un sens inverse de celui du pont, sont dites *chaînes de retenue*. Grâce à cette ingénieuse disposition, la résistance de tous les efforts transmis le long de la chaîne est dirigée dans le sens des points d'appui et tend non pas à les renverser, mais à les écraser, ce qui n'est pas facile. Les chaînes se fixent définitivement dans des chambres souterraines.

Épreuve du pont suspendu. — Les ponts supendus ne sont jamais livrés à la circulation sans avoir été soumis à une épreuve préalable, dans laquelle ils doivent supporter une charge dépassant de beaucoup celle qu'ils supporteraient s'ils étaient couverts d'hommes se coudoyant les uns les autres. On exige en effet qu'un pont suspendu puisse supporter pendant vingt-quatre heures la charge de 200 kilogrammes par mètre de surface; or des hommes se coudoyant, n'y produiraient en moyenne qu'une charge de 70 kilogrammes, et l'ouragan le plus furieux ne produirait pas plus d'effet qu'une charge de 68 kilogrammes. Cependant, afin de ne pas trop ébranler les matériaux de construction, on permet pour six mois le passage sur le pont, après qu'il a subi une épreuve moitié moindre, dans laquelle le tablier est chargé seulement de 100 kilogrammes par mètre carré. Mais après le délai fixé par cette autorisation provisoire, l'épreuve entière doit être faite.

Ponts suspendus les plus remarquables. — Le pont de Fribourg, jeté sur une profonde vallée, n'a qu'une seule travée de 265 mètres de longueur, et les chaînes sont amarrées dans le roc; celui de Menay en Angleterre possède trois travées; il est élevé d'à peu près 30 mètres au-dessus de la mer et les bâtiments à voiles peuvent passer dessous. Le pont de Cubzac, en France, a cinq travées et 500 mètres de longueur. Il est supporté par des colonnes de fonte et donne aussi passage aux navires. Le pont de Rouen possède une arche en fonte, très-élevée et située au milieu de la Seine; on la franchit à l'aide d'un pont-levis qu'on soulève lors du passage des navires. Les massifs de maçonnerie qui supportent cette arche sont assez écartés l'un de l'autre pour livrer passage aux plus larges des vaisseaux qui fréquentent le port.

XXV

LA PHOTOGRAPHIE.

Joseph Niepce crée la photographie. — C'est à Joseph Nicéphore Niepce, né à Châlon-sur-Saône en 1765, que revient l'honneur de la découverte extraordinaire dont nous allons nous occuper. A 27 ans, Joseph Niepce faisait, comme lieutenant, une partie de la campagne d'Italie, et en 1794, il était nommé administrateur du district de Nice. En 1802, il rentra dans sa ville natale, où il fut rejoint par son frère Claude Niepce. Retirés dans une petite maison de campagne sur les bords de la Saône, aux environs de Châlon, les deux frères s'y occupèrent d'industrie et de science appliquée. Le début des recherches de Niepce remonte à l'année 1813, et ses premiers succès au commencement de l'année 1814.

Le problème que Niepce poursuivait consistait à fixer les images de la chambre obscure. Cet instrument con-

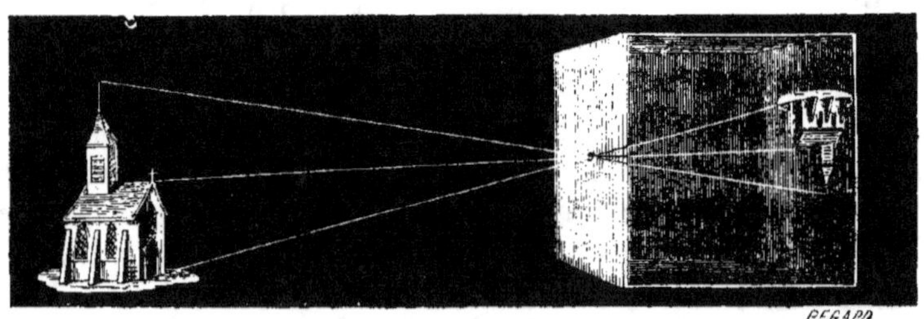

Fig. 80.

siste en une boîte, fermée de toutes parts, à l'exception d'une petite ouverture par laquelle pénètrent les rayons lumineux. Ces rayons lumineux, en s'entre-croisant, vont former une image renversée et raccourcie des objets sur un écran placé au fond de la boîte.

La figure 80 met en évidence le phénomène d'optique qui se passe dans la chambre obscure, et qui a pour résultat de donner à l'intérieur de cet instrument une image renversée des objets extérieurs.

Porta, physicien Napolitain, qui le premier fit connaître le phénomène auquel donne lieu la chambre obscure, imagina de placer une lentille biconvexe devant l'ouverture de cet instrument. L'image gagna beaucoup en éclat, en netteté et en coloris.

C'est en 1824 que Niepce résolut le problème qu'il s'était proposé, qui consistait à fixer l'image de la chambre obscure. L'agent chimique impressionnable à la lumière dont il fit choix, fut le *bitume de Judée*, matière noire qui, exposée à la lumière, se modifie chimiquement et perd sa solubilité dans les liqueurs spiritueuses. Il appliquait une couche de bitume de Judée sur une lame de cuivre recouverte d'argent, et plaçait cette lame au foyer de la chambre obscure. Après une action assez prolongée de la lumière, il retirait la plaque et la plongeait dans un mélange d'huile de pétrole et d'essence de lavande. Les parties influencées par la lumière demeuraient intactes, les autres se dissolvaient. Ainsi formé, l'enduit de bitume représentait les clairs; la plaque dénudée du métal représentait les ombres; les parties de l'enduit partiellement dissoutes, les demi-teintes. Malheureusement, il ne fallait pas moins de dix heures pour un dessin, à cause de la lenteur avec laquelle se modifie le bitume de Judée sous l'influence de la lumière. Pendant ce temps, le soleil poursuivant sa route, déplaçait les ombres et les lumières.

Par ce procédé, encore bien imparfait on le voit, Niepce parvint à former des planches à l'usage des graveurs, car tel était son but. En attaquant ces plaques par un acide faible, le métal se creusait dans les parties que n'abritait pas l'enduit résineux, et l'on pouvait ensuite se servir de cette planche pour tirer des gravures sur papier. Niepce appelait ce nouveau procédé de gravure *héliographie*.

Daguerre. — Dans ce moment, un autre expérimentateur s'occupait à Paris des mêmes travaux ; c'était le peintre Daguerre qui s'était fait un certain renom par l'invention du Diorama. Mais Daguerre n'avait encore obtenu aucun résultat satisfaisant de ses longues tentatives, quand il apprit qu'au fond de sa province, un homme était parvenu à résoudre le problème dont il s'occupait, c'est-à-dire à fixer les images de la chambre obscure.

Le peintre parisien ayant réussi à se mettre en rapport avec l'inventeur chalonnais, lui proposa de s'associer à lui pour continuer de poursuivre en commun la solution du problème qu'ils avaient abordé chacun de son côté. Le 14 décembre 1829, un traité fut, à cet effet, signé entre eux à Chàlon.

Niepce ayant communiqué à Daguerre le secret de ses procédés, Daguerre s'applique aussitôt à les perfectionner. Il remplace le bitume de Judée par la résine qu'on obtient en distillant l'essence de lavande ; il ne lave plus la plaque dans une huile essentielle, il l'expose à l'action de la vapeur fournie par cette essence à la température ordinaire. Cette vapeur se condensait seulement sur les parties restées dans l'ombre et respectait les clairs représentés par la résine blanche. Les ombres étaient représentées par une sorte de vernis transparent formé par la résine dissoute dans l'huile essentielle. En même temps, Daguerre change complétement les bases du procédé dont Niepce s'était servi. Tandis que Niepce ne faisait de la plaque qu'un moyen d'arriver à la gravure, c'est-à-dire cherchait à obtenir, par l'action de la lumière, une planche typographique propre à donner des épreuves sur papier, Daguerre, au contraire, veut que le dessin définitif demeure sur la plaque. Ainsi l'image sera formée sur métal au lieu d'être tirée sur papier, comme le voulait Niepce, le premier inventeur ; c'est le système de Daguerre qui prévalut.

Les deux associés venaient de substituer aux substances résineuses l'iode, qui donne une grande sensibilité aux plaques d'argent, lorsque Niepce mourut à l'âge de 63 ans. Après vingt ans de travaux, il mourut pauvre et ignoré ; la gloire ne devait rayonner que plus tard autour du nom de l'homme qui avait produit la plus curieuse découverte de son siècle.

Continuant ses recherches, Daguerre eut bientôt le bonheur de découvrir la merveilleuse influence des vapeurs de mercure sur l'apparition de l'image photographique. Il reconnut que l'image formée par l'action de la lumière sur une plaque revêtue d'iodure d'argent, est d'abord invisible, mais qu'elle apparaît subitement si on expose cette plaque aux vapeurs mercurielles.

C'est le 7 janvier 1839 qu'Arago annonça publiquement à l'Académie des sciences de Paris, la découverte de Niepce et Daguerre. Le 19 août 1839, Arago rendit publics les procédés des inventeurs, qui jusqu'alors étaient demeurés secrets. Le gouvernement accorda une récompense nationale à Daguerre et au fils de Niepce.

Description du procédé photographique de Daguerre. — Dans le procédé de Daguerre, c'est-à-dire dans le *daguerréotype* ou *photographie sur métal*, les images se forment à la surface d'une lame de cuivre recouverte d'argent. On expose cette lame aux vapeurs que l'iode dégage spontanément : cet iode se combine avec l'argent, et il se forme ainsi une mince couche d'iodure d'argent qui est excessivement sensible à l'action des rayons lumineux. On place la plaque iodurée au foyer de la chambre noire, et on amène sur cette plaque l'image formée par la lentille de l'instrument. La lumière, avons nous dit, a la propriété de décomposer l'iodure d'argent ; les parties de la plaque, vivement éclairées, subissent donc cette décomposition, tandis que celles qui sont dans l'ombre demeurent intactes.

Retirée de la chambre obscure, la plaque recouverte d'iodure d'argent décomposé par la lumière, ne présente encore aucune trace visible d'image. On la soumet alors, dans une boîte fermée, aux vapeurs émises par le mercure, que l'on chauffe légèrement. Cette opération fait apparaître l'image. En effet, les vapeurs viennent se condenser seulement sur les parties que la lumière a frappées, c'est-à-dire sur les parties décomposées de la couche d'iodure d'argent. Un vernis éclatant de mercure accuse donc les parties éclairées, et les ombres sont représentées par la surface même de la plaque dans les parties non recouvertes par le mercure. Il ne reste plus qu'à débarrasser la plaque de l'iodure d'argent qui l'imprègne encore, car cet iodure d'argent noircirait sous l'influence de la lumière et ferait ainsi disparaître le dessin. Pour cela, on plonge la plaque dans une dissolution d'hyposulfite de soude, sel qui a la propriété de dissoudre l'iodure d'argent non impressionné par la lumière.

Perfectionnements de la découverte de Niepce et Daguerre. — Dans le procédé que nous venons de décrire, il fallait pour obtenir une épreuve, exposer la plaque pendant un quart d'heure à une lumière très-vive. Ces épreuves miroitaient désagréablement par l'effet du métal; on ne pouvait reproduire les objets animés; le ton du dessin n'était pas harmonieux; on n'avait que la silhouette des masses vertes des arbres; enfin l'image pouvait s'effacer peu à peu par suite de la volatilisation lente du mercure. La plupart de ces défauts résultaient de la trop longue exposition de la plaque à la lumière.

La première modification faite au procédé primitif de l'inventeur, porta sur la chambre obscure. M. Charles Chevalier en y introduisant un double objectif achromatique, put concentrer une plus grande quantité de lumière sur la plaque, et réduire ainsi la durée de l'exposition lumineuse à deux ou trois minutes. Par ce moyen, le champ de vue était agrandi, et on pouvait faire varier à volonté les distances focales de la lentille.

En 1841, M. Claudet, artiste français, qui exploitait à Londres le procédé de Daguerre, découvrit que le chlorure d'iode appliqué sur la plaque préalablement iodée, augmente singulièrement la sensibilité lumineuse de la plaque. Le brome, le bromure d'iode, l'acide chloreux sont des *substances accélératrices* encore plus puissantes et découvertes postérieurement. Avec l'acide chloreux, on a obtenu des épreuves irréprochables en une demi seconde.

La découverte des substances accélératrices permit de faire des portraits. Jusqu'alors, l'obligation pour le modèle de se tenir longtemps en plein soleil, n'avait permis que d'obtenir des figures contractées et grimaçantes.

Il restait encore un dernier perfectionnement à ajouter à la méthode de Daguerre. Les images miroitaient, comme nous l'avons déjà dit; de plus, le dessin manquait de fermeté, parce qu'il ne résultait que de l'opposition des teintes du mercure et de l'argent; le plus frêle attouchement suffisait pour effacer l'image. Tous ces inconvénients disparurent par la découverte, due à M. Fizeau, du procédé qui sert à *fixer* les épreuves. Si l'on verse sur l'épreuve une dissolution de chlorure d'or mêlée à de l'hyposulfite de soude, et si on chauffe légèrement la plaque, elle se recouvre d'une mince feuille d'or métallique. Dès lors l'argent ne miroite plus autant; en effet, il est bruni par la mince couche d'or qui se dépose à sa surface; les noirs sont aussi plus vigoureux, et le mercure qui constitue les blancs s'amalgamant avec l'or et prenant un plus vif éclat, le dessin devient plus net et plus ferme. Enfin, l'image peut dès lors résister au frottement, parce que le mercure qui formait le dessin à l'état de globules très-petits et peu adhérents, est maintenant recouvert d'une lame d'or qui adhère à la plaque.

Procédé actuellement suivi pour obtenir une épreuve de photographie sur métal. — Pour résumer ce qui précède, nous ferons connaître en peu de mots les moyens qui sont employés aujourd'hui pour obtenir une épreuve de photographie sur métal, c'est-à-dire une épreuve au *daguerréotype* proprement dit.

La lame de plaqué d'argent, préalablement polie avec des soins minutieux, est exposée aux vapeurs d'iode pour provoquer la formation d'une mince couche d'iodure d'argent; — on la soumet à l'action des vapeurs du brome, du chlorure d'iode ou d'autres substances accélératrices; — on place la plaque dans la chambre obscure, et on laisse arriver sur cette plaque les rayons lumineux; — on la soumet aux vapeurs mercurielles pour faire apparaître l'image; — on lave l'épreuve à l'hyposulfite de soude pour enlever l'iodure d'argent non attaqué; — enfin, on fixe l'épreuve par le chlorure d'or.

Photographie sur papier. — La photographie sur plaque métallique a un inconvénient capital, c'est que chaque opération ne fournit qu'un type unique. Comme inconvénients secondaires, on lui reproche, avec raison, le miroitage métallique, qui est si choquant sur la plupart des épreuves, et qu'il est presque impossible de bannir. En outre, le dessin ne reposant qu'à la surface de la plaque, n'est qu'un mince voile qui ne présente pas la résistance nécessaire à un objet de durée.

La photographie sur papier a apporté le complément le plus brillant à la découverte qui nous occupe, car elle est exempte de tous les inconvénients qui sont inhérents à la daguerréotypie. Elle présente, en effet, cet immense avantage, qu'un premier dessin étant une fois obtenu, il peut fournir un nombre immense de reproductions; cette condition est d'une importance essentielle. En second lieu, dans les photographies sur papier, l'image n'est pas formée seulement à la surface du papier, mais elle pénètre assez profondément dans sa substance, ce qui est une condition de résistance et de durée.

La photographie sur papier, cette modification si nécessaire de la méthode de Niepce et Daguerre, a été
découverte en 1839, par M. Fox Talbot, amateur anglais.
Ce n'est pourtant qu'à partir de 1845, que cette nouvelle
méthode a été connue et s'est répandue en Europe.

Théorie et pratique des opérations de la photographie sur papier. — Avant de faire connaître le procédé
pratique de la photographie sur papier, nous donne-
rons une idée générale de l'opération.

Si l'on expose à l'action de la lumière solaire les sels
d'argent, lesquels sont naturellement incolores, ils noircissent en se décomposant. Si donc, on place au foyer
d'une chambre obscure une feuille de papier imprégné
de chlorure ou d'iodure d'argent, les parties vivement
éclairées de l'image noircissent la couche de chlorure
d'argent existant sur la feuille de papier, tandis que
les parties obscures ne la modifient point. On a de cette
manière un dessin dans lequel les parties claires apparaissent en noir et les ombres en blanc : c'est ce qu'on
appelle une *image négative*. Qu'on place maintenant
cette image sur une feuille de papier imprégnée d'un
sel d'argent et qu'on expose le tout au soleil, les parties blanches du dessin laisseront passer les rayons lumineux, les parties noires les arrêteront. Il en résultera
donc sur le papier ainsi recouvert par l'épreuve négative
et imprégné du sel d'argent, une épreuve dite *positive*
sur laquelle les clairs et les ombres seront dans une
position normale.

Passons maintenant au procédé pratique.

Pour obtenir l'épreuve négative dans la chambre
obscure, on reçoit l'image sur une feuille de papier en-
duite d'iodure d'argent mélangé d'un peu d'acide acétique, puis on l'expose au foyer de la chambre obscure.
Au bout d'une demi-minute environ, l'action chimique est produite.

Cependant, quand on retire la feuille de papier de la
chambre obscure, on n'y voit point d'image. Pour la

faire apparaître, on plonge l'épreuve dans une dissolution d'acide gallique, qui forme un sel noir, le *gallate d'argent*, dans tous les points où il s'est formé de l'oxyde d'argent libre, c'est-à-dire dans tous les parties que la lumière a frappées. On enlève l'excès du sel d'argent non influencé, on lave l'épreuve dans une dissolution d'hyposulfite de soude, et on obtient ainsi l'épreuve négative. Plaçant cette épreuve sur une feuille de papier imprégnée de chlorure d'argent et exposant au soleil pendant 15 à 20 minutes ou à la lumière, diffuse pendant un temps qui varie d'une demi-heure à quatre heures, on obtient l'image positive qu'il faut laver comme tout à l'heure et pour le même motif avec l'hyposulfite de soude.

Ajoutons que l'on peut tirer un nombre très-considérable d'épreuves positives, avec l'épreuve négative ou le *cliché*.

Photographie sur verre, emploi du collodion. — L'irrégularité de la pâte du papier empêche d'obtenir sur cette substance des épreuves à contours nets et arrêtés. La découverte de la *photograhie sur verre* a remédié à cette imperfection en permettant d'obtenir des dessins dans lesquels le trait est doué de la plus rigoureuse précision. Dû à M. Niepce de Saint-Victor, cet artifice consiste à former l'image négative sur la surface, parfaitement égale ou polie, d'un morceau de verre ou de glace, recouverte d'une matière transparente telle que l'albumine. On obtient ainsi une surface parfaitement plane et polie, presque égale, sous ce rapport, à la plaque du daguerréotype, et sur laquelle le dessin photographique s'imprime en épreuve négative avec les contours les plus précis et les mieux arrêtés. Avec ce cliché négatif sur verre, on tire ensuite des épreuves positives sur papier.

Voici maintenant les opérations pratiques qui servent à obtenir une épreuve au moyen de la photographie sur verre.

Sur une lame de glace on étale une légère couche

d'albumine liquide, c'est-à-dire de blanc d'œuf délayé dans l'eau. On laisse sécher cette couche, qui forme sur la lame de glace un enduit transparent et poli. A cette albumine, on a eu d'avance la précaution d'ajouter une petite quantité d'iodure de potassium. Quand on veut opérer, on *sensibilise* l'albumine en plongeant la lame de verre recouverte de l'enduit d'albumine dans une dissolution d'azotate d'argent aiguisée d'un peu d'acide acétique. Il se forme, par l'action de l'iodure de potassium sur l'azotate d'argent, une certaine quantité d'iodure d'argent ; c'est là l'agent photographique, c'est-à-dire la matière qui doit-être impressionnée par les rayons lumineux.

Ainsi imprégnée d'iodure d'argent, la plaque de verre est portée dans la chambre obscure où elle reçoit l'action de la lumière qui doit former l'image négative. Au sortir de la chambre noire, on soumet cette épreuve aux opérations ordinaires qui servent à faire apparaître et à fixer les épreuves négatives sur papier, c'est-à-dire qu'on la traite par l'acide gallique pour faire apparaître l'image et par l'hyposulfite de soude pour la fixer.

Ainsi obtenu, ce cliché négatif sur verre sert ensuite à tirer, sur papier, des épreuves positives.

On voit donc que le verre n'est employé que pour obtenir l'épreuve négative destinée à servir de type ; quant aux épreuves positives, elles sont toujours tirées sur papier. Il faut être prévenu de cette circonstance, car le mot de *photographie sur verre* est susceptible d'induire en erreur, en faisant supposer, à tort, que les épreuves positives elles-mêmes sont tirées sur verre.

Depuis l'année 1851, on a substitué à l'albumine pour former l'enduit organique recouvrant la lame de verre, une matière nouvelle, *le collodion*, qui n'est autre chose qu'une dissolution de coton-poudre dans l'alcool additionné d'éther. Le collodion active à un degré prodigieux la sensibilité lumineuse de l'iodure d'argent. Grâce au collodion, on peut obtenir des épreuves négatives en huit à dix secondes. On peut même obtenir ainsi des images

instantanées, c'est-à-dire fixer sur la plaque photographique des objets animés d'un mouvement rapide, tels
que les nuages chassés par le vent, une voiture emportée par des chevaux, un bateau fendant les flots, ou les
vagues moutonneuses de la mer.

La photographie sur verre pratiquée au moyen du
collodion, est aujourd'hui le moyen presque universellement employé pour obtenir les épreuves dites de *photographie sur papier*. C'est le moyen qu'emploient tous les
photographes pour les portraits. Le collodion permet,
en effet, d'opérer avec une rapidité prodigieuse.

La photographie sur verre a été proposée en 1847, par
M. Niepce de Saint-Victor, neveu de Nicéphore Niepce,
le créateur de la photographie. L'application du collodion aux arts photografiques est due à M. Archer, de
Londres, et à M. Le Gray, de Paris.

XXVI

L'ÉTHÉRISATION.

Voici une des plus curieuses conquêtes faites par la
science pour soulager les maux de l'humanité. La Provi-
dence divine, qui a imposé à sa créature le joug de la
douleur, a pourtant daigné permettre que l'homme eût
à sa disposition le moyen de suspendre pour quelques
instants son aiguillon terrible. Nous allons présenter le
tableau rapide de la découverte de la méthode extraordinaire trouvée de nos jours, qui permet d'abolir tempo-
rairement la douleur physique, et qui est aujourd'hui
universellement en usage sous le nom de *méthode anesthésique* [1].

---

1. De *a* privatif et de αἴσθησις, *sensibilité*.

Moyens anesthésiques essayés chez les anciens et chez les modernes. — L'idée de supprimer ou de diminuer la douleur dans les opérations chirurgicales, est aussi vieille que la médecine elle-même; mais jusqu'à notre époque, le succès n'avait couronné aucune des nombreuses recherches qui furent entreprises sur cette question, depuis la naissance de la chirurgie. Le naturaliste Pline prétend que le marbre du Caire, réduit en poudre et appliqué en liniment avec du vinaigre, endort les parties qu'on veut couper ou cautériser. Dioscoride assure que le suc épaissi des baies de la plante nommée *mandragore*, était employé par les chirurgiens de son temps pour abolir la douleur d'une opération, lorsqu'il s'agissait de couper ou de cautériser un membre. On ne voit pas néanmoins que ces moyens aient jamais été mis en usage dans la chirurgie des anciens.

Breuvages narcotiques usités au moyen âge. — Il est certain qu'au moyen âge on savait préparer des boissons narcotiques qui abolissaient la sensibilité. Les malheureux soumis au supplice de la question pouvaient ainsi se soustraire à d'abominables tortures. Mais ces moyens, uniquement connus du personnel des cachots, n'entrèrent jamais dans la pratique de la chirurgie.

Essais faits dans les temps modernes pour abolir la douleur dans les cas chirurgicaux. — A partir de la renaissance de la chirurgie, c'est-à-dire vers le milieu du xviᵉ siècle, on fit beaucoup de tentatives pour trouver le moyen d'abolir la douleur. On employa successivement l'opium, agent toxique qui a l'inconvénient de provoquer des congestions cérébrales; — la compression des membres qui ajoute une nouvelle douleur à celle qu'on n'atténue qu'à peine; — l'application de la glace qui ne pouvait produire une insensibilité complète; — l'ivresse alcoolique, qui provoque l'imbécillité, l'abrutissement et le dégoût, sans amener l'insensibilité physique; — le haschisch, qui donne des ailes à l'imagination, en laissant le corps en proie à toutes les sensations physiques. Mais aucun de ces moyens n'avait produit l'effet qu'on en avait espéré.

Jusqu'en 1846, la science chirurgicale était donc demeurée impuissante à vaincre la douleur ; elle proclamait, en se résignant, qu'éviter la douleur dans les opérations était une chimère qu'il n'était pas permis de poursuivre. Cependant cette chimère allait se réaliser ; l'homme allait bientôt pouvoir braver « cette misérable boutique et magasin de cruauté du chirurgien, » comme l'appelait Ambroise Paré, et sourire sous le fer de l'opérateur.

Humphry Davy découvre les propriétés exhilarantes et stupéfiantes du protoxyde d'azote. — En 1798, le jeune Humphry Davy entrait comme chimiste dans l'institution pneumatique du docteur Beddoës, à Clifton, créée pour soumettre à une étude thérapeutique les gaz que la chimie naissante venait de découvrir. Par un singulier hasard, le premier gaz qu'il eut à examiner fut le protoxyde d'azote, qui se trouva doué des propriétés physiologiques les plus extraordinaires. Davy constata que le protoxyde d'azote jetait les personnes qui le respiraient dans un état tout particulier d'excitation, de trouble et de plaisir. La sensibilité et les facultés intellectuelles étaient exaltées au plus haut degré, et quelquefois l'âme était si complétement arrachée à l'impression des causes extérieures, que les organes de l'individu soumis à l'influence de ce gaz devenaient insensibles à la douleur physique. Dans le mémoire où Davy consigna le résultat de ses expériences, on trouve ce passage important : « Le protoxyde d'azote « paraissant jouir entre autres propriétés, de celle de « détruire la douleur, on pourrait probablement l'em- « ployer avec avantage dans les opérations de chirurgie « que n'accompagne pas une grande effusion de sang. » Les expériences de Davy furent répétées dans plusieurs autres villes d'Angleterre, et bientôt après en France et en Allemagne. Elles ne donnèrent pas toutes les mêmes résultats ; les effets du gaz variaient selon les individus soumis aux expériences, et peut-être selon l'état plus ou moins grand de pureté du gaz.

Les inspirations d'éther employées comme moyen thérapeutique. — Les résultats physiologiques obtenus avec le protoxyde d'azote donnèrent l'idée de faire usage en médecine de l'inspiration des vapeurs d'un liquide extrêmement volatil, l'éther sulfurique. On ne saurait dire à quelle époque précise l'idée se présenta de substituer les vapeurs d'éther au gaz protoxyde d'azote ; mais il est constant qu'en Angleterre et en France, vers 1815, quelques médecins faisaient respirer à leurs malades, pour certaines affections, les vapeurs d'éther au moyen d'un flacon à deux tubulures. Bien plus, en Angleterre et en Amérique, les élèves en chimie et en pharmacie demandaient aux vapeurs d'éther cette ivresse que procurait le protoxyde d'azote. Seulement l'action de l'éther présentait des dangers. Un gentleman, rapporte M. Faraday, placé sous l'influence des vapeurs éthérées, tomba dans une léthargie qui dura trente heures et dont il faillit ne pas se réveiller.

Horace Wels essaye les inspirations du protoxyde d'azote comme agent anesthésique. — En 1844, un dentiste d'Artford (États de Connecticut) en Amérique, essaya le premier d'administrer le gaz protoxyde d'azote comme moyen d'abolir la sensibilité. Il respira lui-même ce gaz, et se faisant arracher une dent, il ne ressentit aucune douleur. Il exécuta alors cette même opération sur dix ou quinze personnes avec un succès complet.

Horace Wels se rendit à Boston pour y répéter, publiquement dans un hôpital, ses curieuses expériences. Quand les élèves furent réunis, Horace Wels administra le gaz à un individu souffrant de douleurs dentaires, et se mit en devoir de lui arracher la dent malade. Mais soit que le gaz fût impur, ou que l'individu fût réfractaire à son influence, il jeta des cris sous le coup de l'instrument; les élèves se mirent à siffler le malheureux opérateur, qui se retira plein de confusion.

Horace Wels, désespéré, repartit pour Hartford. Après une longue maladie que lui causa le chagrin de son échec public, il abandonna ses recherches. Le premier auteur des expériences sur l'anesthésie eut une fin misérable; il termina sa carrière par le suicide. En 1847, quand la méthode anesthésique, nouvellement inaugurée, remplissait les deux mondes du bruit de ses triomphes, il se donna la mort, ne voulant pas survivre au regret qu'il éprouvait de n'avoir pu pousser jusqu'au bout une découverte dont d'autres recueillaient la gloire.

Jackson et Morton font les premiers essais de l'éther comme agent anesthésique. — Docteur en médecine, chimiste et géologue distingué, Charles Jackson fit sur lui-même en 1842 des expériences qui l'amenèrent à reconnaître que l'inspiration des vapeurs d'éther sulfurique n'offrait point de dangers, et que l'ivresse éthérée amenait une insensibilité générale du corps sans que cet état remarquable fût nuisible à la santé. Persuadé dès lors que l'on pourrait opérer un malade soumis à l'influence de l'éther sans qu'il ressentît la moindre douleur, mais n'ayant pas toutefois assez de confiance dans le fait pour oser le vérifier lui-même sur l'homme vivant, il conseilla à un dentiste de Boston, nommé William Morton, de faire cet essai sur un de ses clients.

Le 1er septembre 1846, Willam Morton fit pour la première fois, sur un habitant de Boston, l'essai des vapeurs d'éther pour une extraction de dent. Plongé dans l'ivresse éthérée, l'individu n'eut aucune conscience de l'opération.

Morton répéta plusieurs fois et avec le même succès cette expérience importante. Tout permettait dès lors d'essayer l'emploi de l'éther comme moyen anesthésique dans une opération chirurgicale proprement dite.

A la prière de Morton, et à l'aide d'un appareil préparé et apporté par lui, le docteur Waren procéda, dans l'hôpital de Boston, le 14 octobre 1846, à cette vérification décisive. Il enleva une tumeur du cou à un malade éthérisé, qui, pendant l'opération, ne manifesta aucun signe de douleur, et déclara, après avoir repris ses sens, n'avoir rien senti pendant que le bistouri divisait ses chairs. A cette déclaration du malade, la salle retentit des applaudissements enthousiastes des spectateurs. Dès ce jour, une découverte d'une importance capitale était acquise à l'humanité.

L'éthérisation en Europe. — Le 19 décembre 1846, l'éthérisation pénétrait en Angleterre ; on essayait, à Londres, l'emploi des vapeurs d'éther dans de grandes opérations chirurgicales, qui furent pratiquées sans que les malades eussent aucun sentiment de la douleur.

En France, c'est M. Jobert (de Lamballe) qui constata le premier l'action stupéfiante de l'éther. MM. Velpeau, Malgaigne, Roux et Laugier, obtinrent, peu de jours après, les mêmes résultats. Le 1er février 1847, M. Velpeau communiquait cette belle découverte à l'Académie des sciences de Paris.

Le bruit des résultats extraordinaires obtenus, grâce aux vapeurs d'éther, dans les hôpitaux de Londres et de Paris, se répandit promptement dans toute l'Europe, et dans le courant de l'année 1847, la nouvelle méthode était connue et mise en pratique dans le monde entier.

Découverte des propriétés anesthésiques du chloroforme. — Les chirurgiens français perfectionnèrent la méthode anesthésique, soit en construisant d'ingénieux appareils propres à administrer les vapeurs d'éther, soit en précisant les opérations chirurgicales qui appellent ou qui doivent faire rejeter l'éthérisation, soit enfin en recherchant si d'autres substances ne jouiraient pas des merveilleuses propriétés de l'éther.

Quelques-unes des différentes espèces qui composent la grande classe des éthers, l'essence de moutarde, la créosote, le camphre, l'essence d'amandes amères, l'essence de lavande, etc., produisent en effet des phénomènes d'anesthésie chez l'homme ou les animaux. Mais la substance qui donna les résultats les plus extraordinaires, sous ce rapport, fut le *chloroforme*, corps très-voisin des éthers par sa composition. C'est un savant français, M. Flourens, qui a constaté le premier les propriétés anesthésiques du chloroforme.

Le 10 novembre 1847, M. Simpson, chirurgien d'Édimbourg, communiqua à la *Société médico-chirurgicale* de cette ville, un mémoire dans lequel il rendait compte d'un grand nombre d'observations qui semblaient devoir donner le premier rang au chloroforme comme agent anesthésique. En effet, il suffisait d'une minute d'inhalation des vapeurs de ce liquide pour provoquer une insensibilité absolue.

Aujourd'hui, le chloroforme est à peu près le seul composé qui soit en usage dans les hôpitaux; la promptitude extraordinaire de ses effets a amené presque tous les chirurgiens à le substituer à l'éther.

Manière d'administrer le chloroforme ou l'éther pour abolir la douleur dans les opérations chirurgicales. — Quand on fait usage d'éther sulfurique, le malade respire les vapeurs de ce liquide à l'aide d'un tube placé au-devant de sa bouche et qui aboutit à un vase de verre contenant une éponge arrosée d'éther. Le malade respire de cette manière un air qui se charge, en traversant le flacon, d'une certaine quantité de vapeurs d'éther. Introduit dans les poumons, et se trouvant ainsi mis en contact avec le sang à travers la faible épaisseur des nombreux vaisseaux qui parcourent cet organe, l'éther est rapidement absorbé et ne tarde pas à produire sur l'économie l'action qui lui est propre.

Avec le chloroforme, dont l'action anesthésique est plus rapide et plus profonde, on ne fait usage d'aucun appareil d'inhalation. Le chirurgien se contente d'arroser de chloroforme une compresse ou le creux d'un mouchoir ou d'une éponge disposée en entonnoir, que l'on place sous le nez du malade. Au bout d'une ou deux minutes, l'action se manifeste et le malade tombe dans l'insensibilité.

Phénomènes de l'anesthésie générale. — Quand on soumet une personne bien portante à l'inhalation régulière des vapeurs d'éther ou de chloroforme, voici la série des phénomènes qu'il est possible d'observer.

Le chloroforme ayant été absorbé par les mille ramifications vasculaires du poumon, la chaleur générale du corps s'élève, la face rougit, l'œil brille, la vue se trouble; des mouvements désordonnés, le rire ou les larmes, des cris ou des paroles incohérentes, annoncent l'excitation et le trouble qui envahissent les facultés intellectuelles : le malade n'a plus dès lors conscience du monde extérieur, il rêve. Mais bientôt à cet état d'excitation succèdent une torpeur et un anéantissement complets; la face pâlit, les paupières se ferment, le cœur bat très-lentement. C'est alors que l'insensibilité est complète et qu'on peut travailler la machine humaine sans que l'âme emportée dans la région des rêves en ait la moindre conscience : cet état peut durer de sept à huit minutes. Au bout de ce temps, un réveil paisible vient ranimer ce mort vivant, qui ne garde qu'un vague souvenir des impressions et des songes rapides qui l'ont bercé pendant ce sommeil extraordinaire.

L'insensibilité dans laquelle est plongée l'économie pendant cet étrange état physiologique, est absolue : déchirez, tordez, broyez les chairs, la face du sujet ne présente pas le plus léger frémissement, l'oreille n'entend plus, l'œil ne voit plus, le cerveau ne sent plus.

Quant à l'intelligence, elle est singulièrement exaltée sous l'empire des premiers effets du chloroforme ou de l'éther. Les idées se pressent si vite qu'il semble qu'on ait beaucoup vécu en peu de temps; l'excitation morale provoque le rire, les larmes, ou le délire chez certains sujets. Mais bientôt cette excitation s'affaiblit et s'éteint en même temps que l'intelligence tombe dans un demi-sommeil. C'est alors une extase délicieuse : le sujet, détaché des réalités de la vie, croit nager entre ciel et terre dans un état de ravissement inexprimable.

A cet état succède le sommeil, escorté de rêves presque toujours en rapport avec l'âge, le goût et les habitudes des personnes endormies. Ces rêves peuvent être tristes ou gais ; certains opérés couchés sur la table de torture se croyaient transportés en paradis et se plaignaient, au réveil, d'être encore sur cette terre. D'autres, plongés dans les flammes de l'enfer, s'écriaient : « Ah! « mon Dieu! je brûle, je brûle! et sans jamais avoir « l'espérance d'en sortir! »

Quand le sommeil est devenu plus profond, les rêves mêmes disparaissent et il ne reste de l'homme, en apparence, que cette périssable argile dont Dieu l'a pétri.

Utilité de la méthode anesthésique. — L'abolition de la douleur dans les opérations chirurgicales, rend d'inestimables services. Il est bien reconnu que la douleur causée par une opération, les conséquences d'une douleur excessive, et même sa seule appréhension de la part des malades, déterminent souvent les accidents les plus graves et ont même suffi pour amener la mort. En supprimant la douleur, l'anesthésie conjure ces redoutables effets. Il a été constaté de plus que la mortalité, à la suite des grandes opérations a notablement diminué depuis l'introduction dans les hôpitaux de l'éther et du chloroforme, et que les suites des opérations présentent moins de gravité depuis l'emploi des moyens anesthésiques ; enfin on a reconnu que la guérison est plus rapide chez les malades amputés sous l'influence du chloroforme que chez ceux qui ont été opérés sans son secours.

Une certaine chance de danger accompagne quelquefois l'administration du chloroforme. Mais cette chance est, numériquement, excessivement faible, car sur plus de cent mille malades soumis à l'action de l'éther, il en est à peine deux ou trois qui aient positivement succombé à l'action de cette substance. Toutefois, ces faits doivent être pris en considération, et l'on ne doit se soumettre à l'action de l'éther et du chloroforme que pour des opérations vraiment graves.

On voit, en résumé, que l'éthérisation est une des plus belles découvertes des temps modernes, un des bienfaits les plus précieux dont la science ait enrichi l'humanité.

XXVII

LE DRAINAGE.

Définition. — Donner aux eaux stagnantes qui imbibent les terres un écoulement régulier, sans produire néanmoins une dessiccation complète, tel est le but de l'opépération connue sous le nom de *drainage*. Le mot *drainage* dérive du verbe anglais *to drain* qui signifie *égoutter, dessécher au moyen de conduits souterrains.*

L'eau qui demeure en stagnation, soit à la surface du sol, soit en dessous de cette surface, nuit considérablement au développement des plantes utiles. C'est là un fait d'expérience. Le drainage, en donnant un écoulement à cette eau, doit donc produire un assainissement très-efficace du sol.

Dans les quelques lignes que nous allons rapporter, un avocat de Bordeaux, M. Martinelli a fait comprendre d'une manière aussi simple qu'heureuse le but et l'utilité du drainage. « Prenez ce pot à fleurs, dit M. Martinelli; pour-« quoi ce petit trou au fond? Je vous demande cela parce « qu'il y a toute une révolution agricole dans ce petit « trou. Il permet le renouvellement de l'eau, en l'éva-« cuant à mesure. Et pourquoi renouveler l'eau? Parce

« qu'elle donne la vie ou la mort : la vie, lorsqu'elle ne
« fait que traverser la couche de terre, car d'abord elle
« lui abandonne les principes fécondants qu'elle porte
« avec elle, ensuite elle rend solubles les éléments desti-
« nés à nourrir la plante : la mort, au contraire, lors-
« qu'elle séjourne dans le pot, car elle ne tarde pas à
« corrompre et à pourrir les racines, et puis elle empê-
« che l'eau nouvelle d'y pénétrer. »

Par l'opération du drainage, on ménage dans chaque champ ce *petit trou* du pot à fleurs. Il est représenté par des tuyaux en poterie que l'on place dans
les fossés, tranchées ou drains, creusés dans les terres à
assainir. Les tuyaux communiquent les uns avec les autres et débouchent à l'air libre au point le plus bas de
chaque système de rigoles. L'eau qui imprègne le sol
arrive en s'infiltrant jusqu'aux tuyaux de terre cuite, s'y
introduit à travers les joints qui existent entre leurs extrémités, et s'écoule suivant la pente du sol, par l'extrémité
la plus basse de la ligne des drains.

Bons effets du drainage. — Il résulte, d'un drainage bien fait, que les eaux de pluie s'écoulent rapidement à travers le sol, et que le niveau des eaux
stagnantes s'abaisse : dès lors, une moindre évaporation se faisant à la surface de la terre, la chaleur du
sol s'accroît, car l'eau, pour passer de l'état liquide à
l'état de vapeur, a besoin d'une grande quantité de
chaleur. — En outre, le sol drainé a moins de tendance à se fendre et se conserve frais pendant l'été. —
Les eaux de pluies rapidement absorbées ne peuvent
plus dégrader la surface des terres et entraîner au
loin les principes utiles des fumiers. — Les terres humides drainées peuvent être labourées en presque
toute saison. — L'époque de la maturité des récoltes
est considérablement rapprochée. — Il se fait sans
cesse autour des racines un renouvellement d'air et
d'eau c'est-à-dire des principes les plus nécessaires
à l'alimentation des végétaux ; en effet, l'eau qui im-

bibe le sol et qui s'écoule peu à peu dans les tuyaux, est immédiatement remplacée par de l'air atmosphérique, et celui-ci par de l'eau, laquelle à son tour est remplacée par un volume égal d'air et ainsi de suite. — Ajoutons enfin que l'assainissement du climat est une conséquence du drainage. Les fièvres intermittentes épidémiques ont disparu dans plusieurs localités après l'exécution de grands travaux de drainage. On voit donc quel ensemble varié d'avantages procure cette opération agricole, dont la découverte est un véritable bienfait public.

Résumé historique. — Chez les Romains, le premier auteur qui ait parlé des rigoles souterraines est Columelle, savant agronome qui vivait l'an 42 de Jésus-Christ et qui publia un traité en douze livres intitulé *De re rustica*. « Si le sol est humide, dit Columelle, il faudra faire « des fossés pour le dessécher et donner de l'écoulement « aux eaux. On fera pour les fossés cachés des tran- « chées de trois pieds de profondeur que l'on remplira « jusqu'à moitié de petites pierres ou de gravier pur et « on recouvrira le tout avec la terre tirée du fossé. » Palladius, agronome qui a écrit longtemps après Columelle, a donné aussi une description des fossés souterrains. Le drainage pratiqué à l'aide de fossés couverts contenant des matériaux perméables n'est donc point une invention tout à fait moderne.

Olivier de Serres, le père de l'agriculture française, dont le *Théâtre de l'agriculture* a été imprimé en 1600, va plus loin que Columelle. Il donne une description complète du drainage, tel à peu près qu'on l'exécute de nos jours, et recommande expressément son emploi.

Le capitaine Walter Bligh, en Angleterre, a reproduit les principes exposés par Olivier de Serres, et ses compatriotes ont voulu lui accorder l'honneur d'avoir le premier eu l'idée des tranchées profondes. Un autre anglais, Elkington, praticien éclairé et persévérant, employa une méthode qui ne diffère que bien peu de celle d'Olivier de Serres. La *méthode Elkington* consiste dans l'emploi simultané des fossés couverts et des puits.

Mais une invention d'une importance capitale, et dont l'honneur revient à bon droit à l'Angleterre, c'est la substitution des tuiles, et ensuite des tuyaux, aux matériaux qu'on employait anciennement pour remplir le fond des fossés d'assainissement. L'invention et l'emploi d'outils convenables pour ouvrir les tranchées, de machines propres à fabriquer les tuyaux, la rapidité et le peu de frais des opérations exécutées avec le secours de ces machines, ont rendu le drainage plus applicable, et par suite, plus général. Aujourd'hui on ne pourrait presque nulle part fouiller le sol de la Grande-Bretagne sans y rencontrer des tuyaux de drainage.

A la Belgique revient l'honneur d'avoir introduit sur le continent le drainage perfectionné par les procédés imaginés en Angleterre.

En France, des propriétaires éclairés, entre autres, M. le marquis de Bryas, ont fait de louables efforts pour populariser le drainage, et grâce à leur dévouement, au concours des sociétés savantes, à l'appui et aux encouragements du gouvernement, tout fait espérer que nous n'aurons bientôt plus rien à envier à l'Angleterre ou à la Belgique en ce qui concerne cette grande opération, dont les conséquences sont incalculables pour l'augmentation de la valeur des terres cultivées.

Sols qu'il convient de drainer. — Les terrains sur lesquels le drainage s'applique avec utilité, sont les *terres froides*, c'est-à-dire qui reposent sur un sous-sol imperméable, et les *terres fortes*, c'est-à-dire celles où l'élément argileux domine.

Les *terres froides* sont dans le cas d'un pot de fleurs dont le fond ne serait pas percé. Leur état constant d'humidité est très-défavorable à la végétation ; les racines y pourrissent ; à la plus légère gelée une croûte de glace s'attache autour des jeunes plantes ; une évaporation constante refroidit leur sol ; les plantes qui n'ont pas été détruites par la gelée végètent languissamment, murissent mal, et les récoltes peuvent être complétement compromises dans les années pluvieuses.

Les *terres fortes* ou argileuses ne laissent pas assez facilement pénétrer l'eau pluviale qui tombe à leur surface, et d'autre part, la retiennent trop fortement lorsqu'elles en sont imprégnées. Les vents et le soleil les durcissent et arrêtent la végétation. Les pluies accidentelles ravinent leur surface et entraînent les engrais le long des pentes ; les pluies continues les imbibent complétement, l'eau y est fortement retenue et les dommages causés par l'évaporation et les gelées s'y font cruellement sentir. Elles opposent, en outre, de grandes difficultés à la culture. En résumé, tout terrain où l'eau séjourne soit à fleur de terre soit à une petite profondeur, demande à être assaini ou drainé, car ces deux expressions signifient la même chose.

Signes extérieurs du besoin du drainage. — « Partout, dit M. Barral, où, quelques heures après une pluie, on aperçoit de l'eau qui séjourne dans les sillons ; partout où la terre est forte, grasse, où elle s'attache aux souliers, où le pied soit des hommes, soit des chevaux, laisse, après le passage, des cavités dans lesquelles l'eau demeure comme dans de petites citernes ; partout où le bétail ne peut pénétrer après un temps pluvieux sans enfoncer dans une sorte de boue ; partout où le soleil forme sur la terre une croûte dure, légèrement fendillée, resserrant comme dans un étau les racines des plantes ; partout où l'on voit les dépressions du terrain notablement plus humides que le reste des pièces, trois ou quatre jours après les pluies ; partout où un bâton enfoncé dans le sol à une profondeur de 40 à 50 centimètres forme un trou qui ressemble à une sorte de puits, au fond duquel l'eau stagnante s'aperçoit, on peut affirmer que le drainage produira de bons effets. »

L'aspect de la végétation est aussi un excellent indice

de la nécessité du drainage. Les bonnes plantes sont chassées de ces terres inhospitalières, où ne croissent plus que les habitantes des marais que le sarclage ne saurait faire disparaître, mais que le drainage anéantira. Telles sont les prêles, les renouées, les menthes ou baumes sauvages, les Iris jaunes ou Glayeuls des marais, les laiches, les scirpes, les joncs, les renoncules, le colchique d'automne, dont les feuilles ressemblent de loin à celles d'un gros poireau et dont les fleurs présentent un long entonnoir d'un lilas tendre et que les animaux ont la prudence de ne pas brouter, etc., etc. On a remarqué que, dans un pâturage humide, il n'y a que deux plantes que les animaux mangent avec plaisir, et que ces deux plantes sont dans une proportion insignifiante par rapport aux autres espèces mauvaises qui étouffent ces pauvres nourrices : ces deux plantes sont la flouve odorante et le trèfle ordinaire.

Manière d'exécuter le drainage. — Nous allons décrire rapidement la série d'opérations qu'il faut exécuter pour drainer un terrain.

Sondage. — On commence par pratiquer des sondages qui servent à faire connaître la nature du sous-sol, sa consistance, son degré de perméabilité, enfin l'épaisseur des couches de terrain et la manière dont elles sont superposées. Pour sonder, on creuse, à la pioche ou à la bêche, des fossés de 1 mètre 50 à 1 mètre 80 dans diverses parties du terrain à drainer. Cette opération préliminaire permet de saisir les difficultés plus ou moins grandes que nécessitera le creusement des tranchées, et de déterminer approximativement par avance les frais du travail d'assainissement.

Tracé. — Quand ces premières études sont terminées, on dresse le plan du terrain, on cherche par le nivellement son relief exact, de manière à pouvoir, sans se tromper, placer les drains dans la direction des plus grandes pentes pour faciliter l'écoulement de l'eau. En effet, la pesanteur étant la seule force qui détermine l'écoulement de l'eau à travers les drains, l'inclinaison des lignes de tranchées doit favoriser cet écoulement.

Un réseau de drainage se compose de fossés couverts de diverses grandeurs; les plus petits de ces fossés sont appelés *petits drains;* ceux qui reçoivent directement les eaux des petits drains sont nommés *collecteurs du premier ordre;* ceux qui reçoivent les eaux des collecteurs de premier ordre sont les *collecteurs de deuxième ordre*, etc.

Les petits drains doivent être dirigés suivant les lignes de plus grande pente du terrain; le nivellement fera connaître les points où l'on devra amener les branches des drains principaux. Ceux-ci sont établis à $0^m,04$ ou $0^m,05$ plus bas que les drains dont ils reçoivent les eaux, et ils doivent se raccorder à angle aigu avec eux. Ce raccordement s'effectue au moyen d'une ouverture circulaire, pratiquée dans le plus gros tuyau et dans laquelle pénètre le plus petit. Chaque drain doit former une ligne parfaitement droite, afin que l'eau ne rencontre pas d'obstacles dans son cours souterrain. L'extrémité des maîtres-drains, au point où ils débouchent dans les ruisseaux ou canaux de décharge à l'extérieur, est garnie d'une grille en fer qui s'oppose à l'introduction des matières qui pourraient obstruer les tuyaux.

La figure 81 est le plan d'un champ de $4^h,4$ drainé. Les petits drains débouchent dans les maîtres-drains DE, EB, AB, qui communiquent en E et en B avec le canal de décharge, qui leur donne définitivement issue au dehors.

Creusage et profondeur des drains. — On emploie pour le creusage des drains, la bêche, la pioche, la pelle à puiser. Il faut donner aux tranchées une profondeur telle qu'en enlevant toute l'eau surabondante, elles abaissent en même temps la hauteur de l'eau stagnante, de manière que cette eau ne puisse remonter jusqu'aux racines; cette profondeur est comprise entre

0^m,90 et 1^m,60. Elle influe sur la largeur des drains, car plus ceux-ci sont profonds, plus il faut de place aux ouvriers pour les creuser. Quant à l'écartement des drains, il varie avec la nature du sol.

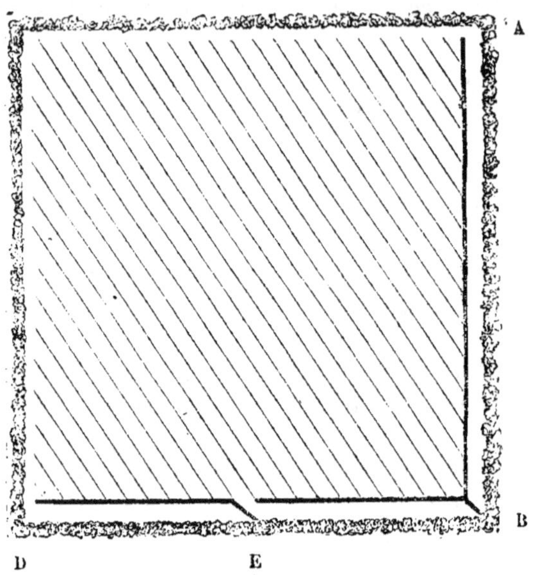

Fig. 81.

Composition des drains. — Dans les premiers essais de drainage, on se borna à placer au fond des fossés que l'on avait creusés, une suite de pieux croisés en chevalet sur lesquels on assujettissait des fagots de menu bois ou d'épines, et on recouvrait le tout de terre.

Bientôt on exécuta ces drains au moyen de pierres. Pour drainer ainsi une terre, tantôt on place au fond des tranchées, sur une hauteur de 30 à 40 centimètres, des pierrailles d'un faible volume, qui laissent entre elles des interstices où l'eau s'introduit et peut s'écouler au dehors et on recouvre le tout de gazon et de terre; tantôt on emploie des pierres plates disposées comme le montre la figure **82**, qui représente une coupe de l'un de ces canaux.

Le canal est formé, comme on le voit, au moyen de pierres plates pour former la conduite, et de pierrailles pour recouvrir et protéger ce conduit. Ce dernier procédé est bien préférable au précédent, mais il exige de larges tranchées, il nécessite un temps considérable et des soins qui le rendent très-dispendieux. Ainsi établis, les drains peuvent durer plusieurs siècles. Ajoutons que les briques peuvent remplacer avec avantage les pierres plates, mais les conduits ainsi construits sont encore très-coûteux.

Fig. 81.

On a enfin très-heureusement remplacé ces divers moyens de construire les conduites d'eau en fabriquant à très-bas prix des tuyaux en poterie, qui l'emportent de beaucoup sur tous les moyens précédents, sous le rapport de la durée et de l'économie.

Tuyaux. — Ces tuyaux sont cylindriques : leur longueur varie de $0^m,30$ à $0^m,40$; leur diamètre de $0^m,03$ à $0^m,02$. Les avantages de la forme circulaire pour les tuyaux sont nombreux et importants. Cette forme permet d'obtenir, avec une quantité déterminée de matière, la plus grande surface d'écoulement : c'est celle qui oppose au mouvement de l'eau le moins de résistance, en sorte que le diamètre des tuyaux peut être réduit au minimum : c'est encore celle qui résiste le mieux aux chocs et aux pressions extérieures, en sorte que l'épaisseur des parois peut n'être que de $0^m,01$ pour les plus petits. Ainsi, les tuyaux cylindriques sont tout à la fois légers, et faciles à transporter; ils occupent peu de place au fond des tranchées, s'obstruent difficilement et coûtent fort peu. Enfin, s'ils sont de bonne terre, et si on les a posés avec soin, leur durée est, pour ainsi dire, illimitée.

Placés simplement bout à bout dans le fond des drains, ces tuyaux sont reliés entre eux, comme le montre la figure 83, par des manchons ou colliers dans lesquels leurs extrémités sont emboîtées : le diamètre des colliers

Fig. 83.

est tel que le tuyau puisse entrer facilement dans le collier. C'est par les joints de ces tuyaux que se fait, comme nous l'avons dit, la pénétration de l'eau qui imbibe le sous-sol.

La pose de ces tuyaux doit être faite par un homme soigneux et expérimenté, car c'est de cette opération que dépend en grande partie le succès du drainage.

Machines à fabriquer les tuyaux. — Sans machines à fabriquer les tuyaux, la propagation générale du drainage aurait été impossible. C'est en Angleterre qu'ont été construites les premières machines de ce genre. Le principe commun des machines les plus répandues, consiste à faire avancer un piston dans l'intérieur d'une boîte de fer contenant de la bonne argile à tuiles. La face de la boîte opposée au piston est munie d'une filière. Pressée par le piston, la terre sort en se moulant à travers la filière, et compose ainsi le tuyau. Au sortir du moule les tuyaux viennent se placer sur une table où ils sont coupés de la longueur voulue à l'aide d'un fil de cuivre. Des machines qui fonctionnent à la fois dans les deux sens à l'aide d'une double boîte et d'un double piston, peuvent fabriquer par jour 12 000 de ces tuyaux.

XXVIII

LE STÉRÉOSCOPE.

Considérations préliminaires. —Les objets extérieurs forment au fond de notre œil une image semblable à celle qu'on observe dans la chambre obscure ; mais nos deux yeux ne sont pas placés exactement de la même manière par rapport à l'objet que nous considérons ; aussi les images produites à l'intérieur de chacun de ces organes, ne sont-elles pas exactement pareilles ; l'une est plus étendue que l'autre ; l'une est plus colorée que l'autre, etc. Nous recevons donc deux impressions distinctes, deux images différentes d'un même objet ; et pourtant tout le monde sait bien que ces deux perceptions se fondent, s'allient, en un jugement simple, c'est-à-dire que nous n'apercevons qu'un objet unique. C'est là un phénomène bien curieux et qui tient à diverses causes : à l'éducation des yeux, à une habitude prise dès l'enfance, à un effort, sans doute réel, mais dont nous n'avons pas conscience, et qui, combinant entre elles les deux images dissemblables perçues par chacun de nos deux yeux, les complète l'une par l'autre et en forme une seule conforme à l'objet considéré, c'est-à-dire présentant le relief qui existe dans la nature.

Cet effort de notre intelligence, sourd en quelque sorte, nous donne le sentiment du relief.

Ce sentiment du relief s'efface quand on regarde avec les deux yeux des objets très-éloignés. Notre jugement devient alors incertain et même trompeur. Pourquoi ? Parce que l'intervalle qui sépare nos yeux est relativement si petit, que les deux images de l'objet situé

à une grande distance ne présentent plus de différence entre elles, s'accordent sans effort sur nos deux
rétines et ne produisent plus dès lors la sensation du
relief.

Ainsi la sensation du relief d'un corps vu par les deux
yeux, résulte de la combinaison que fait notre intelligence des deux images dissemblables de ce corps, formées, l'une sur la rétine de l'œil droit, l'autre sur la
rétine de l'œil gauche.

On a fait à cette proposition une objection grave en apparence, en disant que les personnes borgnes de naissance
ou accidentellement, perçoivent les reliefs, apprécient les
distances et les effets de perspective, à peu près comme
celles qui jouissent de leurs deux yeux. Mais il faut tenir
compte dans ce cas de l'exercice des autres sens, et d'une
longue habitude. Il est, du reste, un fait important à no-
ter : c'est que, quand un individu privé d'un œil regarde
un objet éloigné, la direction de son regard, la position
de sa tête varient continuellement sans qu'il en ait conscience ; il cherche instinctivement à obtenir sur sa rétine unique diverses images destinées à suppléer aux
deux images naturelles des deux rétines. « Ce mouvement,
dit M. l'abbé Moigno, est d'ailleurs assez rapide pour
que la seconde image se forme avant la disparition
de la première, et que de leur existence simultanée
résulte l'estimation de la distance avec la perception du
relief. »

Historique. — Euclide et Galien connaissaient déjà ce
fait, que l'accouplement des deux images dissemblables
reçues sur les deux rétines, donne la sensation du
relief.

Porta, physicien italien, Gassendi et plus récemment
M. Harris et le docteur Smith, avaient des idées assez
précises sur le sujet qui nous occupe.

M. de Haldat, savant physicien de Nancy, qui s'est
beaucoup occupé des phénomènes de la vision, a le premier étudié expérimentalement les effets de la vision

simultanée de deux objets de forme et de couleurs dissemblables. M. de Haldat n'avait plus qu'un pas à faire pour construire le stéréoscope; mais il se laissa devancer par un illustre physicien anglais, M. Wheatstone.

Stéréoscope à miroirs. — Le 25 juin 1838, le *stéréoscope à miroirs* de M. Wheatstone faisait sa première apparition au sein de la *Société royale de Londres*. Dans cet instrument on produisait l'effet du relief en faisant coïncider deux images à peu près semblables par leur mutuelle réflexion sur des miroirs plans convenablement placés.

Le stéréoscope de M. Wheatstone était complétement oublié quand sir David Brewster construisit le sien. Un premier modèle de cet instrument fut fabriqué sous les yeux de ce physicien, à Dundee, en Écosse. Mais les opticiens de Londres et de Birmingham ne se prêtèrent pas à le propager. Ce petit appareil serait peut-être retombé dans l'oubli, sans un voyage que le physicien écossais fit à Paris en 1850. M. l'abbé Moigno, frappé des délicieux effets du stéréoscope de M. Brewster, le pria d'en confier la construction à un habile opticien de Paris, M. Jules Dubosq. L'heure du succès avait sonné. Le stéréoscope devint populaire en France un an avant d'avoir attiré l'attention en Angleterre. Depuis l'Exposition universelle de 1851, on a vendu plus d'un demi-million de *stéréoscopes de Brewster*.

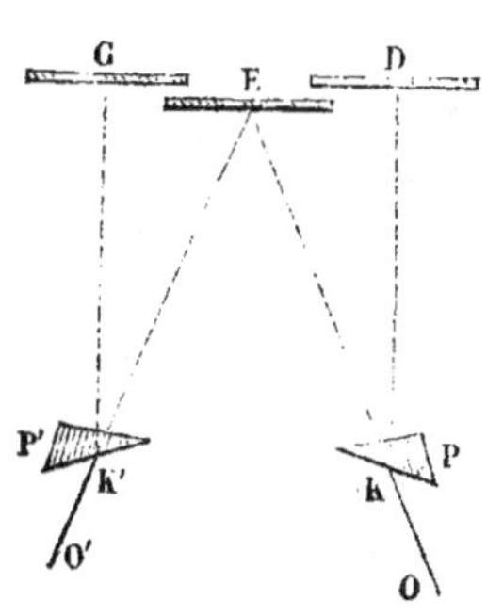

Fig. 84.

Stéréoscope par réfraction, ou stéréoscope de Brewster. Théorie et description de cet instrument. — Soient D et G (figure 84) deux images à peu près semblables d'un même objet, et telles qu'elles sont vues pour l'une de l'œil droit, et pour l'autre de l'œil gauche. Considérons deux points D et G de ces images, et plaçons deux prismes de verre transparents PP′ sur le trajet des rayons lumineux émis par ces points. Ces rayons, en traversant les deux prismes, se réfractent et arrivent aux yeux de l'observateur suivant la direction KO et K′O′. Mais alors l'œil croit les voir partir d'un point unique E, lieu d'intersection des deux lignes OK et O′K′. En sorte que si l'angle des deux prismes et leur distance aux images G et D sont bien déterminés, les deux images se rejoindront en E et nous donneront la sensation du relief.

Pour répondre à cette condition, les deux prismes doivent être rigoureusement égaux et dévier les rayons de la même quantité. Sir David Brewster a résolu ce problème, et c'est peut-être là sa vraie part d'invention dans la construction du stéréoscope. Il a substitué aux deux prismes les deux moitiés M M′ d'une même lentille biconvexe, dans lesquelles on taille deux nouvelles lentilles LL′ symétriques et qu'on ajuste aux extrémités de deux tubes.

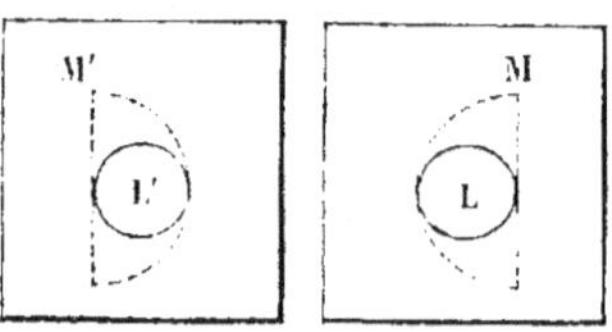

Fig. 85.

On voit (figure 86) le stéréoscope de Brewster. C'est une boîte, à l'une des parois de laquelle on a percé une ouverture fermée par la fenêtre mobile F. L'intérieur de la fenêtre est recouvert de papier d'étain et constitue une sorte de réflecteur. On introduit les dessins par la coulisse AB. Les deux tubes LL renferment les prismes lentilles : on peut les enfoncer ou les retirer, de manière à les approprier aux différentes vues.

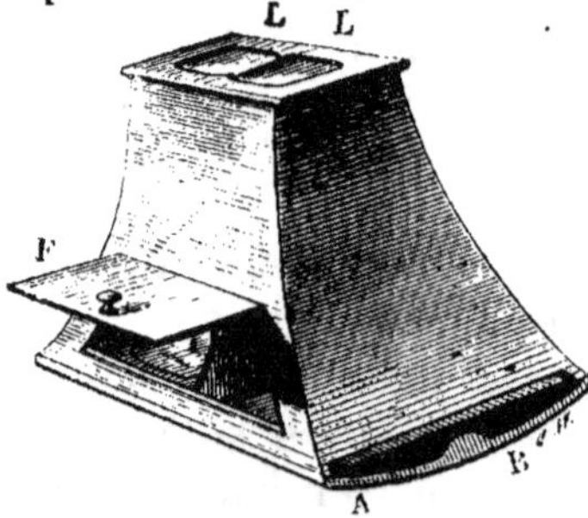

Fig. 86.

Les prismes lenticulaires, outre qu'ils dévient et superposent les images, ont encore la propriété de les amplifier. C'est, comme on le voit, un nouvel avantage du stéréoscope de M. Brewster sur le stéréoscope de M. Wheatstone.

Images stéréoscopiques. — Les images stéréoscopiques sont deux vues du même objet, qui ne diffèrent que très-peu l'une de l'autre. Elles représentent cet objet comme l'observateur le verrait en regardant cet objet alternativement avec l'œil droit et avec l'œil gauche. Placées dans le stéréoscope, elles se réunissent en une image unique par l'effet des deux lentilles, et nous donnent ainsi la sensation du relief.

Le daguerréotype permet de produire très-facilement deux images de bas-reliefs, de statues, de portraits, satisfaisant à cette condition. Pour cela, on prend successivement de la même distance et sous des angles égaux de quelques degrés à droite et de quelques degrés à gauche, avec une même chambre obscure, deux images de l'objet qu'on a choisi. Des images photographiques, ainsi obtenues sur métal ou sur papier, produisent dans le stéréoscope des effets magiques et ont ouvert une ère nouvelle aux applications de la photographie.

XXIX

LE CAOUTCHOUC.

Origine et propriétés du caoutchouc. — Le caoutchouc est contenu dans le suc laiteux de plusieurs végétaux ; il s'y trouve sous la forme de petits globules en suspension dans une liqueur aqueuse, absolument comme le sont les globules de graisse dans le lait. Si on abandonne ce suc laiteux à lui-même, les globules de caoutchouc montent à la surface, comme la crème vient surnager le lait maintenu en repos. Mais dans le lait et les émulsions produites par les graisses, la matière qui se rassemble à la surface de la liqueur aqueuse, est un corps gras, tandis que les globules de caoutchouc n'ont rien de commun avec une matière grasse. C'est un corps particulier dont nous allons énumérer rapidement les curieuses et utiles propriétés.

Liquide dans les végétaux qui le contiennent, le caoutchouc change de consistance quand il en est séparé. D'abord épais et mou, il prend bientôt sous l'influence de l'air, la couleur, l'apparence et la consistance du cuir. Élastique à la température ordinaire, il devient rigide comme du bois à une température de quelques degrés au-dessous de 0. Il se ramollit à 100°, sans s'altérer, et peut se souder intimement à lui-même. A 150°, il se change en une matière visqueuse qui, par le refroidissement, ne reprend plus les propriétés primitives du caoutchouc. Mis en contact avec l'eau, le caoutchouc absorbe le quart de son poids de ce liquide : il devient alors blanc et opaque comme de la porcelaine. L'éther, le sulfure de carbone, les carbures d'hydrogène liquides et les corps gras, dissolvent une partie du caoutchouc que l'on soumet à leur action. Le caoutchouc forme avec le soufre un composé très-important sur lequel nous reviendrons plus loin.

Découverte du caoutchouc. — Le caoutchouc a été employé depuis très-longtemps par les naturels des régions tropicales de l'ancien et du nouveau monde ; ce n'est pourtant qu'à la fin du siècle dernier, qu'il a été connu en Europe. Le célèbre voyageur et naturaliste La Condamine composa en 1751 la première description scientifique de cette substance, et c'est l'ingénieur Fresneau qui découvrit, dans la Guyane française, l'arbre qui la produit.

Aux Indes orientales, on retire le caoutchouc du figuier élastique (*ficus elastica*), arbre très-répandu dans le royaume d'Assam. On importe aussi de Java de grandes quantités de caoutchouc provenant du *ficus radula* et de *ficus prinoides*. Au Brésil et à la Guyane, on l'extrait du *siphonia cahucha*. C'est même cette dernière espèce qui lui a donné son nom. Le caoutchouc du Brésil entre dans la consommation Européenne pour une proportion plus que décuple de celle du caoutchouc qu'on retire des Indes orientales.

Pour se procurer le caoutchouc, les Indiens font, de mai à septembre, et tous les huit jours, un certain nombre d'incisions autour du tronc de l'arbre. Le suc laiteux en découle, et il est reçu dans des calebasses ou dans de grandes feuilles. Le commerce reçoit ce produit en grands prismes grossiers, qui ont été obtenus par les naturels en faisant couler le suc dans des tranchées pratiquées dans le sol où il se coagule. Les naturels confectionnent encore des moules en argile plastique représentant des masses pyriformes, des figures d'animaux ou des pieds d'homme. Ils trempent plusieurs fois ces moules grossiers dans le caoutchouc un peu épaissi, et quand le dépôt est assez abondant, ils le laissent durcir, puis brisent le moule et font sortir l'argile intérieure par le goulot de la bouteille, soit au moyen de chocs répétés, soit au moyen d'un simple lavage à l'eau.

Il arrive souvent que les masses pyriformes ou les poires de caoutchouc, ont leurs couches de superposition mal soudées, qu'elles renferment des impuretés, comme du sable et des débris végétaux provenant des moules employés par les naturels, et surtout de leurs manœuvres frauduleuses. Il est donc nécessaire de purifier le caoutchouc avant de l'employer. Pour cela, on le soumet à l'action de cylindres armés de dents, tournant en sens inverse avec une vitesse inégale. En faisant arriver dans ces appareils un petit filet d'eau, les matières étrangères écrasées par le laminoir sont entraînées peu à peu, et les morceaux de caoutchouc purifié se soudent les uns aux autres. Le caoutchouc ramolli constitue bientôt une masse homogène qu'on obtient sous la forme de blocs rectangulaires en la plaçant dans des moules et en la soumettant à une forte pression. On peut détacher de ces blocs, au moyen de couteaux mus d'un mouvement très-rapide, des feuilles aussi minces que l'on veut. Si celles-ci ont été obtenues à un centimètre d'épaisseur et qu'elles soient ensuite divisées en parallélipipèdes, elles constituent ces petits carrés de gomme élastique employés par tous les dessinateurs.

Applications. — En 1820, on parvint en Angleterre à ramollir le caoutchouc de manière à l'étendre en lames très-minces et à le faire servir à la fabrication de tissus imperméables. C'est à Makintosh de Glascow qu'on doit cette heureuse innovation.

Pour obtenir les fils de caoutchouc employés à la fabrication des tissus élastiques, on divise cette substance en lanières, puis en bandes très-étroites, au moyen de machines appropriées. En élevant légèrement la température, on augmente l'élasticité du caoutchouc ; on distend ces bandes étroites en fils dix fois plus longs en les étirant et en les entourant sur des dévidoires chauffés par la vapeur d'eau. On les soumet ensuite à une basse température et les fils perdant leur élasticité deviennent propres à être introduits dans les tissus. On peut les revêtir de soie, de coton, etc., avant de les placer sur le métier à la Jacquard qui doit les tisser. Jusqu'ici le caoutchouc a conservé sa rigidité. Mais il reprendra son élasticité si on le chauffe à 60 ou 70 degrés. Le tissu conserve alors une élasticité permanente.

Caoutchouc vulcanisé. — *Vulcaniser* le caoutchouc, c'est le soumettre à l'action du soufre. On procède à cette opération de différentes manières ; on peut immerger les feuilles de caoutchouc dans un bain de soufre fondu, ou les pétrir avec du soufre en poudre. On sulfure encore le caoutchouc à l'aide du chlorure de soufre, du bromure de soufre, ou du polysulfure de potassium. Mais quelle que soit la méthode que l'on préfère, il est un point essentiel : c'est d'élever la température vers 140 ou 150 degrés. Après la première opération, c'est-à-dire, la sulfuration simple, le mélange conserve encore toutes les propriétés du caoutchouc non altéré : la propriété de durcir par un abaissement de température, de se ramollir par la chaleur, de se souder à lui-même quand les sections sont récemment faites, de se dissoudre dans l'éther, l'huile de térébenthine, etc. Mais après la seconde opération, pendant laquelle on élève la température du caoutchouc sulfuré vers 150 degrés, cette matière a pris des propriétés toutes nouvelles et qui sont précieuses pour une foule d'applications dans l'industrie et les arts. Elle ne se dissout plus dans les liquides que nous venons de citer, mais seulement s'en imprègne et se gonfle par leur contact. Elle ne peut plus se souder avec elle-même et résiste sans s'altérer à une température qui aurait changé en une sorte de poix le caoutchouc ordinaire : un abaissement sensible de température ne lui enlève pas son élasticité.

M. Payen s'est assuré que le caoutchouc vulcanisé ne conserve que 1/100 de soufre.

La découverte de la vulcanisation du caoutchouc, qui fait perdre à cette matière ses principaux inconvénients, a imprimé les plus rapides progrès à son emploi général. A partir de ce moment, ses applications se sont extrêmement multipliées.

Quel est l'inventeur du caoutchouc vulcanisé? Dès l'année 1842, M. Goodyear de New-Haven, dans l'État de Connecticut, avait importé en Europe des chaussures de caoutchouc dont l'élasticité résistait aux plus grands froids, et qui présentaient les autres propriétés propres au caoutchouc que l'on connut plus tard sous le nom de *vulcanisé*. Mais M. Goodyear n'avait point pris de brevet et il tirait parti de sa découverte en tenant son procédé secret. M. Haucok, de Newington près de Londres, qui s'occupait des mêmes recherches que M. Goodyear, découvrit la transformation opérée par le soufre dans le caoutchouc, l'appela *vulcanisation* et obtint une patente avant M. Goodyear. Ce dernier était cependant le premier in-

venteur, et si l'honneur de la découverte de la vulcanisation doit se partager entre deux noms, la plus large
part doit peut-être appartenir à M. Goodyear.

Les applications du caoutchouc vulcanisé sont immenses : on en fait des tampons de machines pour amor-
tir les chocs, des rondelles pour les cylindres des machines à vapeur, des soupapes pour les divers systèmes de
pompes, des chaussures, des gants, des bandes pour suspendre le lit des malades dans les hôpitaux, des rouleaux
pour les machines à imprimer et à lithographier, des
appareils chirurgicaux, des fils, des ressorts, des balles,
des ballons qui font la joie des enfants, des têtes de pou-
pées, des figures d'animaux, etc.

En forçant la vulcanisation, M. Goodyear a créé un
nouveau produit, dur comme de la pierre ou de l'ivoire.
En augmentant successivement la proportion de soufre
on obtient des composés dont la souplesse va insensible-
ment en diminuant depuis le produit ordinaire jusqu'au
produit complétement rigide. A côté du caoutchouc
souple, on a donc du caoutchouc qui imite le buffle,
l'écaille, le fanon de baleine, etc. C'est ainsi que M. Goodyear a obtenu des manches de couteau sculptés, des
crosses de fusil ornementées, des lorgnettes de théâtre,
des instruments de musique, etc., etc.

Nous ne quitterons pas le long chapitre des applications industrielles du caoutchouc sans dire un mot
des étoffes rendues imperméables à l'aide de cette substance. Pour produire cette imperméabilité, on étend à
la surface de l'étoffe une couche de caoutchouc pâteux : on le rend tel en le traitant par le sulfure de carbone, l'essence de térébenthine ou l'huile de houille
rectifiée. On ajoute quelquefois à ces substances un peu
d'alcool et d'éther. La couche de caoutchouc pâteux est
égalisée avec une règle horizontale : on la laisse sécher;
on étend une seconde couche, et ainsi de suite selon l'é-
paisseur voulue. Sans laisser sécher la dernière couche,
on y applique un deuxième tissu et les couches de caout-

chouc sont ainsi comprises entre deux épaisseurs d'étoffe. On peut encore obtenir des étoffes imperméables en plaçant une lame de caoutchouc très-mince et échauffée entre deux tissus, et faisant passer le tout au laminoir. C'est avec des étoffes ainsi rendues imperméables qu'on obtient des vêtements confortables et élégants, des bouées de sauvetage, des bateaux insubmersibles, des appareils pour les plongeurs, des lits hydrostatiques, des baignoires, des cuvettes flexibles et portatives, etc., etc.

XXX

LA GUTTA-PERCHA.

Origine et propriétés de la gutta-percha. — La gutta-percha, véritable suc végétal concret, qui rappelle par quelques-uns de ses caractères le caoutchouc, n'a été jusqu'ici retirée que d'un seul arbre, l'*isonandra gutta*. Cet arbre, d'un très-bel aspect, porte à une hauteur de 20 mètres sa tête chargée d'un feuillage riche et touffu. Il est fort répandu dans les archipels de la Malaisie (Océanie), et c'est presque exclusivement du port de Singapore que vient toute la gutta-percha que le commerce introduit en Europe. Les naturels n'exploitent pas l'*isonandra* par incisions régulières et convenablement ménagées. Ils abattent l'arbre pour en extraire tout le suc qu'il contient, et qui peut s'élever jusqu'à 18 kilogrammes. Trois cent mille pieds ont été ainsi coupés aux environs de Singapore, et par cette opération barbare cette espèce végétale a un moment disparu. A Bornéo et à Sumatra on mélange la vraie gutta-percha avec le suc d'autres essences analogues.

La gutta-percha semble se composer de caoutchouc et d'un peu de résine. Elle diffère surtout du caoutchouc par sa consistance, qui à la température ordinaire est analogue à celle des gros cuirs. Elle conserve de la souplesse même à 10° au-dessous de zéro. En passant de 25 à 48°, elle se ramollit et devient pâteuse : les rayons solaires de l'été produisent le même effet à sa surface. A 60°, elle est molle et plastique ; on peut la laminer en feuilles, l'étirer en fils et reproduire par la pression tout le fini des moules. A 120° elle fond, mais peut reprendre sa forme habituelle si on la ramène à sa température première. Par la vulcanisation la gutta-percha devient dure comme de la pierre ; elle est inaltérable par la chaleur et propre à la refonte.

On reçoit en Europe la gutta-percha sous la forme de poires brunes ou blanchâtres dont le poids s'élève de 1 à 4 kilogrammes. Comme les naturels introduisent dans sa masse des pierres, de la terre et autres objets qui la souillent, il faut la purifier, et on le fait par des moyens analogues à ceux qui servent à la purification du caoutchouc.

Applications de la gutta-percha. — Matière tenace, légère, inaltérable par les agents chimiques, s'usant peu, pouvant prendre toutes les formes quand elle a été ramollie, prenant, par le refroidissement, une consistance intermédiaire entre celle du cuir et celle du bois en conservant une légère élasticité, la gutta-percha devait recevoir dans l'industrie de très-nombreuses applications.

On l'a d'abord employée à remplacer encore ces courroies de cuir qui, dans les machines, servent à la transmission des mouvements. On l'utilisa plus heureusement dans la confection des clapets, des pistons ou des armatures des corps de piston des pompes à eau. On la substitue au cuir avec beaucoup d'avantages dans la confection des chaussures ; des semelles entières de gutta-percha coûtent moins que les semelles de cuir, résistent davantage au frottement et se réparent très-aisément en soudant un morceau de la même substance sur la partie usée par un long service. Ce genre de chaussure est très-hygiénique, car le pied étant préservé de toute humidité, conserve sa chaleur naturelle.

Étendue en lames minces sur des murs salpêtrés, la gutta-percha les empêche d'exhaler au dehors leur dangereuse humidité. En lames plus épaisses, elle commence à remplacer le plomb et l'étain qui recouvrent les comptoirs des débitants de vin, de bière et de cidre. On double des vases de bois avec des lames de gutta-percha pour la conservation de l'eau; on fait des tuyaux de gutta-percha pour conduire ce même liquide. Des cuvettes, des verres à boire, des encriers qu'on ne peut ni rompre ni bosseler, se fabriquent avec cette même substance.

Dans le dernier voyage polaire entrepris à la recherche d'un navigateur anglais, sir John Franklin, un bateau de gutta-percha rendit de grands services dans des circonstances où des bateaux de bois eussent été brisés par les glaces.

La gutta-percha résiste aussi à l'action de l'eau salée. Son inaltérabilité par les acides, les alcalis, les dissolutions salines diverses rend cette substance bien précieuse dans le laboratoire du chimiste et dans la manufacture de l'industriel. Il y a en Angleterre des fabriques où l'on conserve l'acide chlorhydrique dans de grands réservoirs doublés en gutta-percha. On fait circuler cet acide dans des tuyaux, on l'élève au moyen de pompes, on le transporte dans des vases inaltérables, non fragiles et légers : ces tuyaux, ces pompes, ces vases sont en gutta-percha.

C'est à cette précieuse matière qu'on doit, comme nous l'avons dit dans un autre chapitre, la perfection et le bon marché des épreuves galvanoplastiques. Si l'on applique un bloc de gutta-percha chaude sur l'objet qu'on veut reproduire, et qu'on le presse fortement contre cet objet, la gutta-percha pénètre peu à peu dans les détails les plus délicats du modèle. On l'enlève en-

core molle, et en devenant rigide par le refroidissement,
elle garde l'empreinte qu'elle a reçue. On recouvre
alors ce moule de plombagine pour y opérer le dépôt
galvanique.

En pressant dans des moules convenables la gutta-
percha ramollie, on obtient des meubles et ces objets
innombrables de fantaisie artistique, plateaux à servir,
porte-montres, corbeilles de travail, statuettes, etc., dont
les détails sont pleins de finesse et de correction, et qu'on
peut impunément manier et exposer à tous les chocs.

La curieuse substance qui nous occupe jouit d'une
autre propriété singulière qu'on a immédiatement utilisée : elle conduit le son avec une grande perfection.
On en fait de petits cornets acoustiques qui s'adaptent
d'eux-mêmes à l'oreille. Des porte-voix en gutta-percha
ont été introduits dans l'intérieur des offices, des usines,
des magasins, et à bord des vaisseaux.

Une dernière application de la gutta-percha, et l'une
des plus importantes pour le progrès des relations des
hommes, c'est son emploi pour la télégraphie électrique
sous-marine. La gutta-percha jouit de la double propriété, qui manque au caoutchouc, d'être un isolant
parfait du fluide électrique et de résister à l'action chimique de l'eau de la mer. Cette double circonstance a
déterminé son emploi dans la confection des câbles de
la télégraphie sous-marine. Comme nous l'avons dit
dans un autre chapitre, on enferme dans une gaîne de
gutta-percha les fils métalliques des câbles sous-marins
destinés à la télégraphie électrique, qui se trouvent ainsi
garantis des déperditions électriques et de l'action cor-
rosive de l'eau de la mer. La gutta-percha peut donc
réclamer une large part dans la réalisation pratique de
la télégraphie sous-marine, l'un des événements sociaux
les plus importants des temps modernes.

FIN.

NOMS

DES PRINCIPAUX AUTEURS CITÉS DANS CET OUVRAGE.

TABLE DES CHAPITRES.

FIN DE LA TABLE DES MATIÉRES.

Paris. — Imprimerie de Ch. Lahure et Cⁱᵉ, rue de Fleurus, 9.

AUTRES LIVRES DE LECTURE COURANTE

PUBLIÉS PAR LA MÊME LIBRAIRIE.

Contes et historiettes à l'usage des jeunes enfants qui commencent à savoir lire, par Mme Z. Carraud, auteur de la *Petite Jeanne ou voir*. 1 volume in-12. Prix, cartonné.

Livre de lecture courante, en quatre parties, contenant la plupart des notions utiles qui sont à la portée des enfants de huit à douze ans, par M. Th. Lebrun, inspecteur honoraire des écoles primaires de la Seine. 4 volumes in-18, d'environ 400 pages chacun, cartonnés avec soin :

Chaque volume se vend séparément et contient une lecture pour chacun des jours de classe du trimestre.

1re partie (janvier, février, mars), autorisée par le Conseil de l'instruction publique. 1 fr. 05 c.

2e partie (avril, mai, juin), autorisée par le Conseil de l'instruction publique. 1 fr. 05 c.

3e partie (juillet, août, septembre). 1 fr. 05 c.

4e partie (octobre, novembre, décembre). 1 fr. 05 c.

Livre de morale pratique, ou choix de préceptes et de beaux exemples, par M. Th. H. Barrau. 1 vol. in-12, de près de 500 pages. Prix, cartonné. 1 fr. 50 c.

Ouvrage autorisé par le Conseil de l'instruction publique et approuvé par NN. SS l'archevêque de Paris, et les évêques de Versailles et de Pamiers,

Maurice ou le travail, par Mme Z. Carraud. 1 volume in-12. 1 fr.

Ouvrage approuvé par NN. SS. l'archevêque de Paris, et les évêques de Versailles, de Séez et de Quimper.

Patrie (la) ou tableau historique et descriptif de la France, par M. Barrau; livre de lecture à l'usage des écoles primaires. 1 volume in-12. Prix, cartonné. 1 fr. 50 c.

Petite Jeanne (la) **ou le Devoir,** par Mme Z. Carraud. Livre de lecture courante à l'usage des écoles primaires de filles. 1 volume in-12. Prix, cartonné. 1 fr.

Ouvrage couronné par l'Académie française et approuvé par NN. SS. le cardinal du Pont, archevêque de Bourges, et les évêques de Dijon, de Limoges, de Versailles, de Séez et de Quimper.

Petit-Pierre ou le bon cultivateur, par M. Ch. Calemard de Lafayette. 1 volume in-12. Prix, cartonné. 1 fr.

Premier livre de l'enfance, ou exercices de lecture et leçons de morale, à l'usage des très-jeunes enfants des écoles primaires; par M. DelaPalme, conseiller à la cour de cassation. 1 volume in-18, *imprimé en très-gros caractères*. Prix, cartonné. 50 c.

Autorisé par le Conseil de l'instruction publique.

Premier livre de l'adolescence, ou exercices de lecture et leçons d'_morale, à l'usage des écoles primaires; par le même auteur. Nouvelle édition. 1 volume in-18, *imprimé en caractères gradués.* 50 c.

Autorisé par le Conseil de l'instruction publique.

Robinson dans son île, ou abrégé des Aventures de Robinson, destiné à servir de second livre de lecture dans les écoles primaires; par M. Ambroise Rendu, conseiller honoraire de l'Université. 1 volume in-18. Prix, cartonné. 50 c.

Autorisé par le Conseil de l'instruction publique.

Simples lectures sur les sciences, les arts et l'industrie, à l'usage des écoles primaires, par M. Garrigues, ancien maître adjoint d'École normale; nouvelle édition entièrement refondue par M. Boutet de Monvel, professeur de physique et de chimie. 1 volume in-12. Prix, cartonné. 1 fr. 50 c.

Paris. — Imprimerie de Ch. Lahure et Cie, rue de Fleurus, 9.

www.ingramcontent.com/pod-product-compliance
Lightning Source LLC
LaVergne TN
LVHW021517170726
843501LV00004B/900